불확실성 · 불확정성 데이터에 의한 의사결정

石井博昭 · 森田 浩 · 齋藤誠慈 著
韓尚秀 譯

教友社

不確實・不確定性の 數理

石井博昭 外

Originally published in Japanese by osaka university press, Publishers, osaka, 2004
This Korean language edition Published in 2008
by Kyowoo Publishing Co., Ltd., Seoul

머 리 말

이 책은 불확실·불확정성의 수리를 다룬다. 우리들은 고대부터 불확실·불확정인 상황에서 살아 왔다. 옛날에 호랑이가 야습해 올지도 모르겠다 할 때 만일 오지 않는다는 것을 알고 있다면, 계속 누군가가 일어나 있을 필요가 없어진다. 불을 손에 넣고서는 불만 있으면 오지 않으므로 안심이다. 불확실성을 없애는 일은 특히 위험이 따르는 경우에는 중요한 가치를 갖는다. 우리들이 주식이라는 "고등도박"을 하는 경우에 되도록 정보를 수집하여 불확실성을 적게 하려 한다. 그 때문에 인사이더 거래를 생각하여 그의 제공자에 대가를 지불하려는 사람도 나온다. 대가가 소위 정보의 가치라고 불리우는 알맹이다.

이와 같은 불안정, 불안한 상황에서 인간은 계속 행동하여 온 것이다.

그러나 불확실 또는 불확정을 해석하여 그것에 합리적으로 대처하는 "과학적인" 연구가 시작된 것은 비교적 최근의 일이다. 이들 행동의 기본이 되는 것이 다양한 데이터이고, 이들의 데이터는 불확실성 또는 불확정성을 포함하여 얻어진다. 이와 같은 데이터에서 유용한 정보를 얻는 것이 우리들의 연구의 큰 목적이다. 대충 말해서 불확실성은 확률변수에 의한 것이고, 불확정성은 정보부족 등에 의한 것이다. 또 확률변동은 어느 쪽인가 하면 자연현상에 관계하는 부분이 많은 쪽이고, 불확정성은 사회현상에 관계하는 요소가 크다고 생각된다. 모든 것이 확정된 것이라면 지혜를 낼 필요가 없으며, 장래에의 희망을 잃어버린다. 확정은 때로는 날거나 타성의 상징이고 반드시 바람직한 것은 아니다. 다시 말하면, 어떤 의미에서는 확률적인 것, 불확정인 것은 공평 공정성을 보장하는 것이 된다.

이 책은 3부로 구성되어 있다.

제 1 부는 森田(모리다)씨가 불확실성의 수리를 전개하여 통계적 추정에 관하여 그의 유용성을 소개하고,

제 2 부는 *齊藤*(사이또)씨가 불확정성의 수리로서 퍼지이론과 그의 응용을 소개하고, 최근의 그의 연구성과로 나온 퍼지 미분방정식의 약간의 화제를 제공한다.

제 3 부는 *石井*(이시이)씨가 불확실과 불확정 양쪽이 존재하는 상황에서의 수리와 그의 응용을 퍼지 랜덤변수를 중심으로 기술한다.

본서에서 각부의 기호는 완전히 일치되지 않았다. 가령 전치를 1부에서는 ′으로, 2부

에서는 T로, 3부에서는 t(어느 쪽도 위의 부침)로 나타냈는데 각부의 성격을 중시하였기 때문이다. 감히 서로 다른 기호를 사용하고 있는 경우가 있으나 용서를 바란다.

2004년 4월

石井 博昭

역자 머리말

이 책은 불확실성, 불확정성 정보에서 가치있는 정보를 얻는 수리적 해법을 제시하였다.

1부는 불확실성의 수리로서 통계적 해법을 집약·정리하였고,
2부는 불확정성의 수리로서 퍼지이론을 설명하고, 그의 응용을 제시하였다.
3부는 불확실성, 불확정성 양쪽이 존재하는 현실의 상황에서의 의사결정의 수리와 그의 응용을 제시하였다.

본서는 이와 같이 불확실성, 불확정성인 상황에서 의사결정에 기본이 되는 이론을 다루었다. 방대한 내용을 불과 200여쪽으로 정리하여 집약된 양서로서 초보자에게는 이해가 어려운 점도 있겠으나, 통계적 해법의 정리에 크게 도움될 것이며, 퍼지이론의 초보지식을 가진 독자에게는 퍼지이론의 이론과 응용을 집약한 좋은 문헌이 될 것이다.

그리고 본서는 경상계열과 자연계열의 고급학년이나 대학원의 교재로서 대단히 좋은 문헌이 되리라고 생각한다.

퍼지이론의 기초적인 이론은 본서의 저자 石井 교수님의 저서를 많이 참고하여 편집한 유동선·이교원이 공저한 교우사 발행 "기초퍼지이론"을 참고하기 바란다.

역자가 유학길에 오른 1986년 오사카대학교 공학부에는 Fuzzy 이론을 연구하는 연구실이 공학부 응용물리학과 수리공학코스 西田俊夫 교수님 연수실에서 연구하고 있었다. Fuzzy 이론은 그 당시 일본에서도 생소한 초창기 이론이었으며, 시간관념이 정확한 일본사회에서는 좀처럼 보급되기 힘들 것이라는 인식 속에서도 동 코스의 石井 교수님(그 당시에는 준교수)은 열심히 연구에 전념하고 계셨다. 정확한 사회에도 한계가 있다는 지론에 입각한 판단이라고 생각한다. 그 이후 이 이론은 폭발적으로 일본 사회에 침투했고, 제어문제, 화상처리문제 등을 중심으로 발전을 거듭했다. 石井 연구실은 주로, Operations Research 문제의 파라메타가 애매한 확장 문제를 제안하고, 그 문제를 풀기 위한 최적화 알고리즘 연구에 열중하고 계셨다. 그 연구는 현재까지 지속되고 있으며, 현재로서는 Fuzzy Operations Research 라는 새로운 연구 영역을 제안하기까지 이르렀다. 이 저서는 역자의 스승님이신 石井 교수님의 장년에 걸친 연구를 집대성한 역작이라 할 수 있으며, 그 번역을 담당하게 된 것을 무한한 영광으로 생각한다. 같이 번역을 도와

주신 전 항공대학교 유동선 교수님은 역시 역자의 학부시절의 은사님이시며, 다년간 오사카대학교 石井 연구실과는 공동연구를 해오셨고, 역자의 유학시절 음으로 양으로 지도해주신 분이시다. 두 분의 은사님과 같이 이 책을 꾸밀 수 있었다는 점을 이 지면을 빌려 다시금 감사드리고 싶다. 마지막으로 역자의 늦은 원고 제출에도 불구하고 마지막까지 교정, 출판해주신 교우사 오판근 사장님께 감사드린다.

2008년 8월
역자 한상수

차 례

제 1 부 불확실성의 수리

제 2 부 불확정성의 수리

제 3 부 불확실·불확정인 경우의 의사결정

제 1 부

불확실성의 수리

제 1 장 확률과 확률분포

1. 확 률

불확실성이 있는 현상을 랜덤한 현상이라고도 한다. 영어에서 random이란 임의로라든가, 무작위란 의미가 있고, 그와 같은 현상에는 어떤 규칙도 없는 것 같이 생각되나 랜덤한 현상이란 일어나는 결과가 어떻게 되는지는 불확실하지만, 그 결과는 어떤 특정한 규칙에 따라서 일어나고 있는 현상인 것을 말한다. 이 규칙을 기술하는 방법의 하나가 **확률**(probability)로 생각하는 방법이다. 가령, 주사위를 던질 때, 어느 눈이 나오는가는 전혀 모르지만 바른 주사위라면 어느 눈도 같게 나온다라는 규칙이 있다.

어느 시행에서, 특정의 사건이 일어날 비율을 나타내는 것이 확률이다. 어떤 시행에 대하여 일어날 수 있는 사건을 구성하는 최소의 단위를 **기본사건**(elementary event)이라 한다. 각 기본사건이 일어나는 확률이 같을 때, 사건 E가 일어날 확률 $P(E)$는 전사건 Ω에 포함되는 기본사건의 수 $n(\Omega)$에 대한 사건 E에 포함되는 기본사건의 수 $n(E)$의 비율로 정의된다. 이 확률을 **수학적 확률**(mathematical probability)이라 한다.

$$P(E) = \frac{n(E)}{n(\Omega)} \tag{1.1}$$

여기서, $n(\cdot)$은 유한가산인 경우에는 개수를 나타내나, 무한가산이거나 비가산인 경우에는 크기나 농도로 나타낸다.

[예 1.1] 대소 두 개의 주사위를 동시에 던질 때, 나온 눈의 합이 10 이상이 되는 사건을 E라 하자. 대소 각각의 주사위가 나오는 눈을 x, y라면, 기본사건 (x, y)는 $x, y=1, 2, \cdots, 6$이므로, 전사건 Ω와 사건 E는 각각

$$\Omega=\{(1,1),\ (1,2),\ (1,3),\ \cdots,\ (6,5),\ (6,6)\}$$
$$E=\{(4,6),\ (5,5),\ (5,6),\ (6,4),\ (6,5),\ (6,6)\}$$

가 된다. $n(\Omega)=36$, $n(E)=6$이므로, 사건 E가 일어날 확률 $P(E)$는

$$P(E)=\frac{n(E)}{n(\Omega)}=\frac{6}{36}=\frac{1}{6}$$

이 얻어진다.

[예 1.2] 자연수 하나를 임의로 취할 때, 그것이 짝수가 될 사건을 E라 하자. Ω는 자연수 전체의 집합, E는 짝수 전체의 집합이 되어, 무한가산인 경우이다. 각각의 집합의 농도는 $n(\Omega)=1$, $n(E)=0.5$이므로, 사건 E가 일어날 확률은 $P(E)=0.5$가 얻어진다.

[예 1.3] 간격 l로 그은 평행선의 위에 길이 l의 막대를 떨어뜨렸을 때, 막대와 평행선이 만날 확률을 구하려 한다. [그림 1.1]과 같이 막대의 끝과 평행선의 거리를 x, 막대와 평행선이 이루는 각을 θ라면, 막대를 던졌을 때에 일어날 수 있는 전사건 Ω와 막대와 평행선이 만난다는 사건 E는 각각

$$\Omega=\{(x,\ \theta)\mid 0\le x\le l,\ 0\le\theta\le\pi\}$$
$$E=\{(x,\ \theta)\mid l(1-\sin\theta)\le x\le l,\ 0\le\theta\le\pi\}$$

이 된다. 집합의 크기를 (x, θ)평면에서 넓이로 나타내면

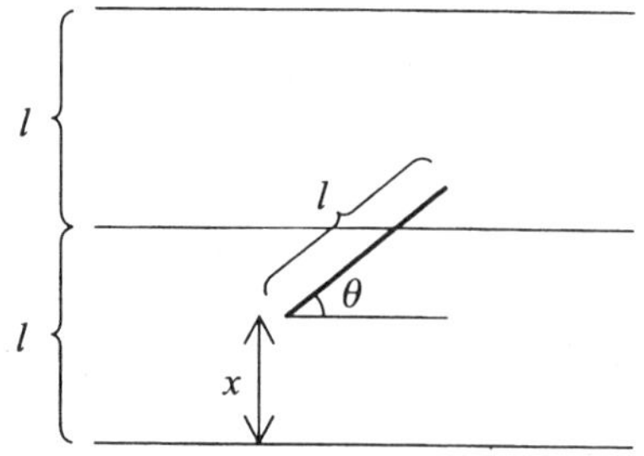

[그림 1.1] 평행선과 막대의 관계

$$n(\Omega) = \pi l$$

$$n(E) = \int_0^\pi l \sin\theta \, d\theta = 2l$$

이 되어, 사건 E가 일어날 확률 $P(E)$는

$$P(E) = \frac{n(E)}{n(\Omega)} = \frac{2l}{\pi l} = \frac{2}{\pi}$$

가 얻어진다.

등확률로 일어나는 기본사건으로 분할되지 않거나, 물리적으로 기본사건으로 표현하는 것이 어려운 경우에 쓰이는 것이 **통계적 확률**(statistical probability)이다. n회의 독립인 시행을 행했을 때, 사건 E가 r회 일어났다 하자. $n \to \infty$라 했을 때, 비율 r/n이 어떤 값에 수렴하면, 이 값을 사건 E가 일어나는 확률 $P(E)$로 정의한다.

$$P(E) = \lim_{n \to \infty} \frac{r}{n} \tag{1.2}$$

여기서 정의되는 확률은 다음 (i), (ii), (iii)의 공리에 반드시 맞지 않으면 안된다.

확률의 공리

(i) 임의의 사건 E가 일어나는 확률은 0 이상의 값을 취한다. $P(E) \geq 0$

(ii) 전사건 Ω에 대한 확률은 1이다. $P(\Omega) = 1$

(iii) 임의의 두 사건이 서로 배반이면, 어느 것인가가 일어날 확률은 각각이 일어날 확률의 합이 된다. $P(E \cup F) = P(E) + P(F)$

두 개의 사건 E와 F가 있어서 사건 E가 일어난다는 조건 아래에서 사건 F가 일어날 확률을 **조건부 확률**이라 하고, $P(F \mid E)$로 나타낸다. 이 확률은 사건 E를 전사건으로 볼 때에 사건 F가 일어날 확률인 것이므로 사건 E가 일어날 확률에 대하여, 사건 E와 F가 동시에 일어날 확률을 구하면 된다. 따라서

$$P(F \mid E) = \frac{P(E \cap F)}{P(E)} \tag{1.3}$$

이 된다.

[정리 1.1] (전확률의 공식) 전사건 Ω가 서로 배반인 사건 $E_1, E_2, \cdots$로 분할될 때, 즉 $\Omega = \bigcup_{i=1}^{\infty} E_i$일 때, 임의의 사상 A에 대하여

$$P(A) = \sum_{i=1}^{\infty} P(E_i)P(A|E_i)$$

가 성립한다.

증명 $A = \Omega \cap A = \left(\sum_{i=1}^{\infty} E_i\right) \cap A = \bigcup_{i=1}^{\infty} (E_i \cap A)$이고, $(E_i \cap A) \cap (E_j \cap A) = E_i \cap E_j \cap A = \phi$이므로 i

$$P(A) = P\left(\bigcup_{i=1}^{\infty} (E_i \cap A)\right) = \sum_{i=1}^{\infty} P(E_i \cap A) = \sum_{i=1}^{\infty} P(E_i)P(A \mid E_i)$$ ◀

[정리 1.2] (Bayes의 정리) 전사건 Ω가 서로 배반인 사건 $E_1, E_2, \cdots$로 분할될 때, 임의의 사건 A에 대하여

$$P(E_i \mid A) = \frac{P(E_i)P(A|E_i)}{\sum_{i=1}^{\infty} P(E_i)P(A|E_i)}$$

가 성립한다.

증명 (1.3) 식과 정리 1.1에서

$$P(E_i|A) = \frac{P(E_i \cap A)}{P(A)} = \frac{P(E_i)P(A|E_i)}{\sum_{i=1}^{\infty} P(E_i)P(A|E_i)}$$ ◀

[예 1.4] 어떤 전염병의 감염률은 0.1%라고 한다. 이 전염병에 감염되어 있는지를 살피는 검사가 있다. 양성반응이 나올 확률은 감염되고 있는 사람에서는 99.5%, 감염되고 있지 않는 사람에서는 1.2%이다. 검사를 받아서 양성반응이 나온 사람이 전염병에 감염되고 있을 확률을 구하고 싶다. 전염병에 감염되고 있다는 사건을 E, 양성반응이 나온다는 사건을 A라면

$$P(E)=0.001, \quad P(A|E)=0.995, \quad P(A|\bar{E})=0.012$$

가 된다. 구하는 확률은 $P(E|A)$이므로 Beyes의 정리에서

$$\begin{aligned} P(E|A) &= \frac{P(E)P(A|E)}{P(E)P(A|E)+P(\bar{E})P(A|\bar{E})} \\ &= \frac{0.001\times 0.995}{0.001\times 0.995+0.999\times 0.012} \\ &= \frac{0.000995}{0.000995+0.011988}=0.0766 \end{aligned}$$

이 된다. 이 확률은 꽤 작다. 실제 검사를 받는 사람은 감염의 의심이 있는 사람이므로, 수험자의 감염률은 좀더 높은 것으로 생각되는 것이 타당할 것이다. 가령 수험자의 감염률을 10%로 하면, 양성반응이 나온 사람의 감염확률은 90.2%가 된다.

2. 확률변수와 확률분포

어떤 시행에서 정해진 변수 X가 어떤 값을 취할 확률이 결정될 때, X를 **확률변수**(random variable)라고 한다. 확률변수와 그 확률의 관계를 나타낸 것이 **확률분포**(probability distribution)이다. X가 취하는 값 전체의 집합 Ω를 **표본공간**(sample space)이라 한다. X가 값 x를 취하는 확률은 $\Pr(X=x)$로 나타내고, X가 x 이하의 값을 취하는 확률은 $\Pr(X\leq x)$로 나타낸다. 확률 $\Pr(X\leq x)$는 변수 x의 함수 $F(x)$로 볼 수 있고, 이것을 X의 **분포함수**(distribution function)라 한다.

확률변수 X가 이산적인 값을 취할 때, X를 **이산형**(discrete) 확률변수라 한다. 표본공간을 $\Omega=\{x_k : k=1, 2, \cdots\}$로 나타내면, X가 값 x_k를 취할 확률 $p_k=\Pr(X=x_k)$에는 확률의 공리에서

$$p_k\geq 0, \quad \sum_{k=1}^{\infty} p_k=1$$

이 성립하지 않으면 안된다. 분포함수 $F(x)$는 $x_k\leq x$를 만족하는 k에 대응하는 p_k의 합으로서

$$F(x)=\Pr(X\leq x)=\sum_{x_k\leq x} p_k$$

로 나타내지고, 계단형의 단조증가함수가 된다.

[예 1.5] 두 개의 주사위를 동시에 던질 때, 나온 눈의 차를 X라 하자. X의 확률분포는 〈표 1.1〉과 같고, 분포함수의 그래프는 [그림 1.2]가 된다.

〈표 1.1〉 X의 확률분포

x	0	1	2	3	4	5
확률	$\frac{6}{36}$	$\frac{10}{36}$	$\frac{8}{36}$	$\frac{6}{36}$	$\frac{4}{36}$	$\frac{2}{36}$

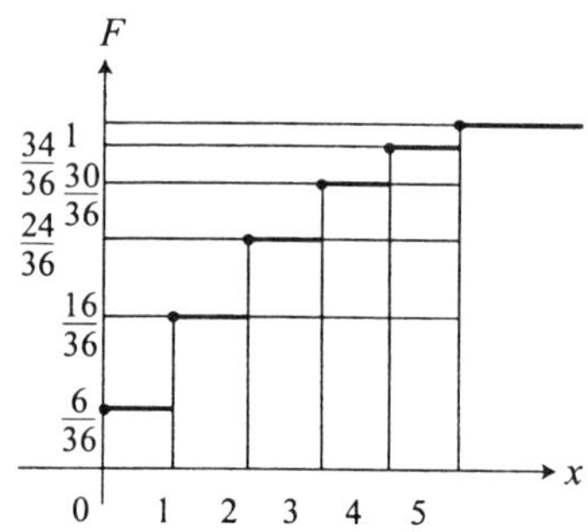

[그림 1.2] X의 분포함수

한편, X가 연속적인 값을 취할 때, X를 **연속형**(continuous) 확률변수라 한다. 연속적 확률변수 X의 분포함수 $F(x)$는 연속인 단조증가함수이고, 확률의 공리에서

$$\lim_{x \to -\infty} F(x) = 0, \quad \lim_{x \to \infty} F(x) = 1$$

이 성립한다. 분포함수 $F(x)$를 미분하여 얻어지는 함수 $f(x) = F'(x)$를 **확률밀도함수**(probability density function)라 한다. X가 a에서 b 사이의 값을 취할 확률 $\Pr(a < X \leq b)$는 확률밀도함수를 써서

$$\begin{aligned} \Pr(a < X \leq b) &= \Pr(X \leq b) - \Pr(X \leq a) \\ &= F(b) - F(a) \\ &= \int_a^b f(x)dx \end{aligned}$$

로 나타낸다.[1] 확률밀도함수는

$$f(x) \geq 0, \quad \int_{-\infty}^{\infty} f(x)dx = 1$$

을 만족하고, 분포함수와의 사이에는

$$F(x) = \Pr(X \leq x) = \int_{-\infty}^{x} f(t)dt$$

의 관계가 성립한다.

확률분포의 중심적 경향을 나타내는 것으로 **기대값**(expectation)이 있다. X의 기대값 $E(X)$는

$$E(X) = \sum_{k=1}^{\infty} x_k p_k \quad (\text{이산형 확률변수}) \tag{1.4}$$

$$E(X) = \int_{-\infty}^{\infty} xf(x)dx \quad (\text{연속형 확률변수}) \tag{1.5}$$

로 정의된다.[2] 기대값의 계산에서 이산형 확률변수에서는 확률변수가 취하는 값에 대한 합을 취하고 있는데 이산형 확률변수에서는 확률변수가 취하는 범위에 대한 적분을 구하고 있다. 여기서의 양자의 차이는 $\sum_{k=1}^{\infty}$와 $\int_{-\infty}^{\infty} dx$이고, 얻어지는 기대값 $E(X)$가 갖는 성질에 차이는 없다. 또, X의 함수 $g(X)$의 기대값 $E(g(X))$은

$$E(g(X)) = \sum_{k=1}^{\infty} g(x_k)p_k \quad (\text{이산형 확률변수})$$

$$E(g(X)) = \int_{-\infty}^{\infty} g(x)f(x)dx \quad (\text{연속형 확률변수})$$

로 나타내지며, 특히 X의 선형변환 $g(X) = aX + b$에 대하여

$$E(aX + b) = aE(X) + b \tag{1.6}$$

가 성립하고, 기대값에는 선형성이 성립한다.

확률분포의 흩어짐의 정도를 나타내는 것에 **분산**(variance)이 있다. X의 분산 $V(X)$

---

1) X가 한 값 a를 취할 확률 $\Pr(X=a)$는 0이다. 가령 "몸무게 X가 70kg일 확률"이라는 것은 $\Pr(X=70)$은 아니고, 측정단위를 1kg로 하면, $\Pr(69.5 \leq X \leq 70.5)$가 된다.

2) 평균(mean)이라고도 한다. 유한한 값을 갖지 않을 때는 기대값은 존재하지 않는다.

는 X와 그 기대값 $E(X)$의 차의 제곱 $g(X)=(X-E(X))^2$의 기대값 $E((X-E(X))^2)$으로 정의된다. 분산은

$$V(X)=E((X-E(X))^2)$$
$$=E(X^2)-E(2E(X)X)+[E(X)]^2 \tag{1.7}$$
$$=E(X^2)-[E(X)]^2$$

로 변형되므로, 분산은 X^2의 기대값에서 X의 기대값의 제곱을 뺀 것으로 구해진다.

X의 선형변환 $g(X)=aX+b$에 대하여는

$$V(aX+b)=E((aX+b-E(aX+b))^2)$$
$$=E((aX-aE(X))^2) \tag{1.8}$$
$$=a^2E((X-E(X))^2)$$
$$=a^2V(X)$$

가 되므로 분산에는 선형성은 성립하지 않는다. 분산의 양의 제곱근을 **표준편차**(standard deviation)라 하고 $\sigma(X)$로 나타낸다.[3]

3. 대표적인 확률분포

확률적인 현상을 나타내는 대표적인 확률분포를 살펴본다. 개개의 현상의 확률분포는 여러 가지가 있으나, 파라미터를 사용함에 따라 몇 개의 확률분포로 분류할 수 있다. 여기서는 기본이 되는 확률분포로서 이산적 확률분포에는 Bernoulli 분포, 2항분포, poisson 분포를, 연속적 확률분포에서서는 균등분포, 지수분포, 정규분포를 살펴보자.

• Bernoulli 분포(Bernoulli distribution)

성공인가 실패인가와 같은 두 개의 결과만이 일어나는 시행을 **Bernoulli의 시행**이라 한다. 이 경우 성공이면 1, 실패이면 0을 취한 확률변수를 X라 하자. X는 두 종류의 값밖에 취하지 않으므로, 표본공간은 $\Omega=\{0, 1\}$이다. 성공할 확률을 p, 실패할 확률을 $q(=1-p)$라 할 때, 확률변수 X는 **Bernoulli 분포**에 따른다고 한다. 그 평균과 분산은

3) 분산을 $\sigma^2(X)$로 나타내기도 한다.

$$E(X) = p$$
$$V(X) = pq$$

로 주어진다.

• 2항분포(binomial distribution)

Bernoulli의 시행을 독립적으로 n회 행할 때에 성공한 횟수를 X라면, X는 Bernoulli 분포에 따르는 n개의 독립인 확률변수의 합으로 나타내진다. X는 0에서 n까지의 정수 값밖에 취하지 않으므로, 표본공간은 $\Omega = \{0, 1, 2, \cdots, n\}$ 이다. Bernoulli 시행에서 성공할 확률을 p라 할 때, 확률변수 X는 2항분포 $B(n, p)$에 따르며, 그의 확률분포는

$$\Pr(X = x) = {}_nC_x p^x (1-p)^{n-x} = \frac{n!}{x!(n-x)!} p^x (1-p)^{n-x} \tag{1.9}$$

이 된다. 2항분포 $B(n, p)$의 평균과 분산은

$$E(X) = np$$
$$V(X) = np(1-p)$$

로 주어진다. 2항분포는 Lot의 불량률, TV의 시청률, 정당의 지지율 등 많은 경우에 이용된다.

• Poisson 분포 (Poisson distribution)

Bernoulli의 시행에서 성공할 확률 p가 극히 작을 때, 그의 성공횟수 X가 따르는 분포를 구해보자. n회의 독립시행 가운데 성공하는 횟수는 2항분포에 따르나, 그의 평균 $\lambda = np$을 일정하게 두고, $p \to 0$, $n \to \infty$로 할 때의 극한분포를 생각한다.

$$\begin{aligned} \Pr(X = k) &= \lim_{n \to \infty} {}_nC_k p^k q^{n-k} \\ &= \lim_{n \to \infty} \frac{n(n-1)\cdots(n-k+1)}{k!} \left(\frac{\lambda}{n}\right)^k \left(1 - \frac{\lambda}{n}\right)^{n-k} \\ &= \frac{\lambda^k}{k!} e^{-\lambda} \end{aligned} \tag{1.10}$$

이 된다. 이 분포를 Poisson 분포라 하고 $P_o(\lambda)$로 나타낸다. 그의 평균과 분산은

$$E(X) = \lambda$$
$$V(X) = \lambda$$

로 주어진다. 발생확률이 작을 때의 분포라는 사실에서 휘기현상의 발생횟수의 확률을 나타내는 분포로서 쓰이고, 단위면적당의 흠의 수, 단위시간당의 사고건수, 단위시간당의 손님의 도착수 등이 Poisson 분포에 따른다고 볼 수 있다. 미소시간 Δt에 사고가 일어날 확률 p는 극히 작고, 단위시간이 n개의 미소시간 Δt로 되는 것이라면, n은 충분히 크다고 생각할 수 있다.

• **균등분포**(uniform distribution)

연속적인 확률변수 X가 폐구간 $[a, b]$의 임의의 값을 취하고, 그의 확률밀도가 일정한 경우, 확률변수 X는 **균등분포** $U[a, b]$에 따른다고 하며, 그의 확률밀도함수 $f(x)$는

$$f(x) = \begin{cases} \dfrac{1}{b-a} & a \le x \le b \\ 0 & x < a,\ x > b \end{cases} \tag{1.11}$$

로 주어진다. $f(x)$의 그래프는 [그림 1.3]과 같은 직사각형꼴이 된다.

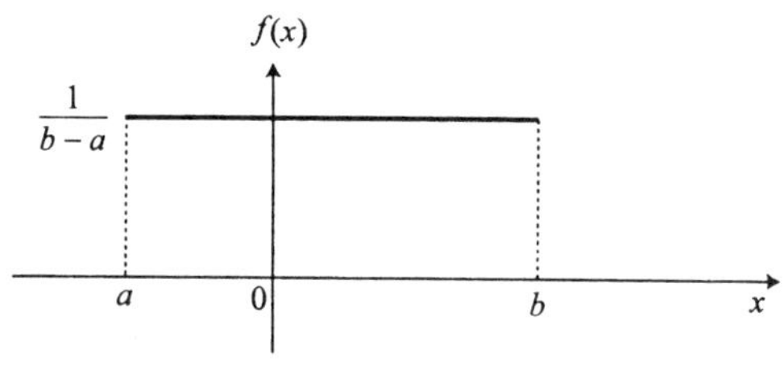

[그림 1.3] 균등분포

균등분포 $U[a, b]$의 평균과 분산은

$$E(X) = \frac{a+b}{2}$$
$$V(X) = \frac{(b-a)^2}{12}$$

로 주어진다. 0에서 1까지의 값이 모두 같은 확률로 나타나는 수를 0에서 1까지의 균등

난수라 하고, 이것은 균등분포 $U[0, 1]$에 따르는 확률변수의 실현값으로 볼 수 있다. 이 균등난수는 평균 0.5, 분산 $\frac{1}{12}$이다.

• **지수분포**(exponential distribution)

확률밀도함수 $f(x)$가

$$f(x)=\begin{cases}\frac{1}{\lambda}e^{-x/\lambda} & x\geq 0\\ 0 & x<0\end{cases}\quad(\lambda>0) \tag{1.12}$$

로 주어지는 확률변수 X는 **지수분포** $\mathrm{Exp}(\lambda)$에 따른다고 한다.

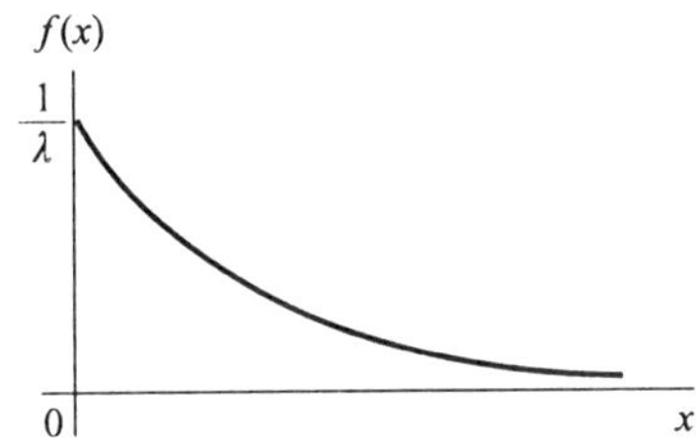

[그림 1.4] 지수분포

지수분포 $\mathrm{Exp}(\lambda)$의 평균과 분산은

$$E(X)=\lambda$$
$$V(X)=\lambda^2$$

로 주어진다. 즉 파라미터 λ는 평균을 나타내고, 평균과 표준편차가 같다. 지수분포는 고장의 분포로서 잘 쓰인다. 고장날 때까지의 시간을 확률변수 X로 나타낼 때, 시간 t까지 고장나지 않고, 시각 $(t, t+\Delta t)$의 사이에 고장나는 확률은

$$\Pr(t<X<t+\Delta t\mid X>t)=\frac{F(t+\Delta t)-F(t)}{1-F(t)}$$

가 된다. $\Delta t\to 0$일 때 단위시간당의 고장확률이 시각 t에 의하지 않고 일정한 값 s를 취한다고 가정할 수 있으면, 미분방정식

$$s=\lim_{\Delta t\to 0}\frac{F(t+\Delta t)-F(t)}{1-F(t)}\frac{1}{\Delta t}=\frac{F'(t)}{1-F(t)}$$

이 얻어진다. 이것을 풀면, 적분상수 C를 써서 $st=-\log(1-F(t))+\log C$

$$\frac{1-F(t)}{c}=e^{-st}\text{에서 } F(t)=1-Ce^{-st}$$

분포함수의 조건 $F(0)=0$에서 $C=1$이므로, 확률밀도함수는

$$f(t)=se^{-st}$$

가 구해진다. 이것은 평균 $1/s$의 지수분포이다.

- **정규분포**(normal distribution)

확률밀도함수 $f(x)$가

$$f(x)=\frac{1}{\sqrt{2\pi\sigma^2}}e^{-\frac{(x-\mu)^2}{2\sigma^2}} \tag{1.13}$$

으로 주어지는 확률변수 X는 **정규분포** $N(\mu,\ \sigma^2)$에 따른다고 한다. $f(x)$는 $x=\mu$에 관하여 대칭이고, 변곡점은 $x=\mu\pm\sigma$이다.

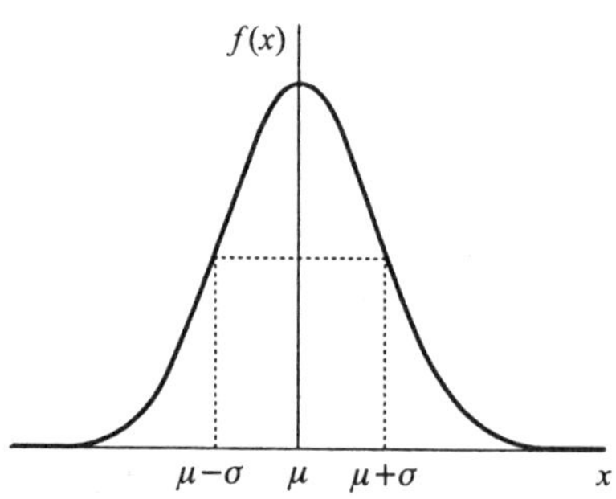

[그림 1.5] 정규분포

정규분포는 통계적 추측을 하는데 가장 기본이 되는 중요한 분포이고, 측정값이나 특성값, 관측오차 등이 정규분포에 잘 적합할 뿐만 아니라, 데이터가 많을 때에는 그의 평균값이 이루는 분포로서 쓰인다. 이 사실은 후술하는 중심극한정리로 입증된다.

정규분포 $N(\mu, \sigma^2)$의 평균과 분산은

$$E(X) = \mu$$
$$V(X) = \sigma^2$$

이다. 정규분포는 평균과 분산을 파라미터로 하는 확률분포이다. 특히 평균 0, 분산 1의 정규분포를 **표준정규분포**라 한다. 확률변수 X가 정규분포 $N(\mu, \sigma^2)$에 따를 때

$$Z = \frac{X-\mu}{\sigma} \tag{1.14}$$

는 표준정규분포에 따른다. (1.14) 식에 의한 **변환**을 **표준화**라 한다. 표준정규분포에 대해서 확률 $\Pr(Z \geq z)$의 값 $\varepsilon(z)$은 정규분포표에 나타내져 있고, 확률변수 X가 $a < X < b$되는 확률은 다음과 같이 표준화함으로써 구해진다.

$$\Pr(a < X < b) = \Pr\left(\frac{a-\mu}{\sigma} < Z < \frac{b-\mu}{\sigma}\right) = \varepsilon\left(\frac{a-\mu}{\sigma}\right) - \varepsilon\left(\frac{b-\mu}{\sigma}\right)$$

[예 1.6] 확률변수 X가 평균 60, 분산 10^2의 정규분포에 따를 때,

① $\Pr(X > 80) = \Pr\left(\frac{X-60}{10} > \frac{80-60}{10}\right) = \Pr(Z > 2.0) = \varepsilon(2.0) = 0.0228$

② $\Pr(X > 45) = \Pr\left(\frac{X-60}{10} > \frac{45-60}{10}\right) = \Pr(Z > -1.5)$

$= 1 - \varepsilon(1.5) = 1 - 0.0668 = 0.9332$

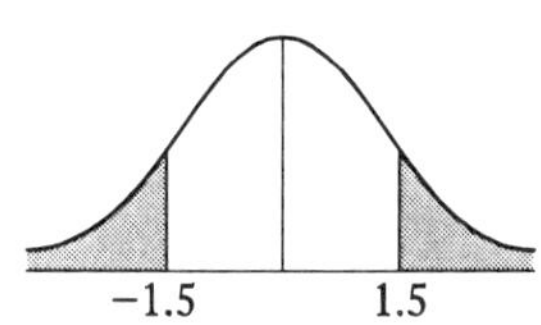

③ $\Pr(50 < X < 70) = \Pr\left(\frac{50-60}{10} < \frac{X-60}{10} < \frac{70-60}{10}\right)$

$= \Pr(-1.0 < Z < 1.0) = 1 - 2\varepsilon(1.0) = 1 - 2 \times 0.1587 = 0.6826$

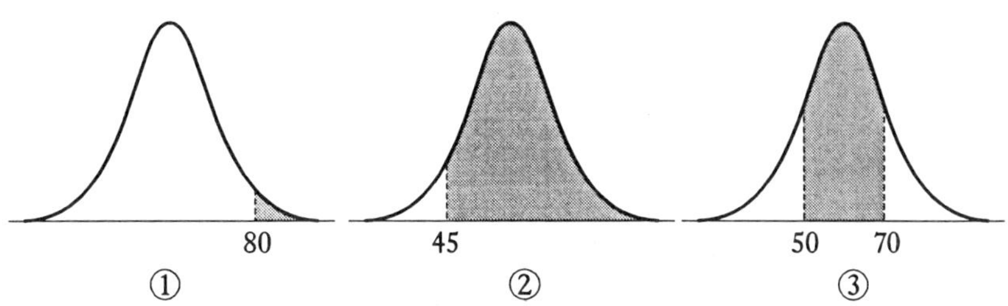

[그림 1.6] 정규분포의 확률계산

4. 다변량확률변수

우선 두 개의 확률변수 X_1과 X_2를 생각해 보자. X_1이 x_1 이하이고, X_2가 x_2 이하의 값을 취하는 확률을 X_1과 X_2의 **동시분포함수**(joint distribution function)라 하고,

$$F(x_1, x_2) = \Pr(X_1 \leq x_1, X_2 \leq x_2)$$

로 나타낸다. 이것은 x_1과 x_2의 함수로 볼 수 있다.

여기서, $x_2 = \infty$라 하면, $F(x_1, x_2)$은 x_1만의 함수가 되어, X_1의 분포함수가 된다. 이것을 X_1의 **주변분포함수**(marginal distribution function)라 한다.

$$F_1(x_1) = F(x_1, \infty) = \Pr(X_1 \leq x_1)$$

X_1과 X_2의 동시 분포함수가 미분가능하면, 확률밀도함수는 다음과 같다.

$$f(x_1, x_2) = \frac{\partial^2 F(x_1, x_2)}{\partial x_1 \partial x_2}$$

로 주어지고, 이것은 X_1과 X_2의 **동시확률밀도함수**(joint probability density function)이라 하고,

$$F(x_1, x_2) = \int_{-\infty}^{x_2} \int_{-\infty}^{x_1} f(t_1, t_2) dt_1 dt_2$$

이 된다. 마찬가지로 X_1과 X_2의 **주변확률밀도함수**(marginal probability density function)는 다음과 같이 정의된다.

$$F_1(x_1) = P(X_1 \leq x_1) = \int_{-\infty}^{x_1} \int_{-\infty}^{\infty} f(t_1, t_2) dt_2 dt_1$$

$$F_2(x_2) = P(X_2 \leq x_2) = \int_{-\infty}^{x_2} \int_{-\infty}^{\infty} f(t_1, t_2) dt_1 dt_2$$

두 개의 확률변수 X_1과 X_2의 동시분포함수가 다음과 같이 주변분포함수의 곱으로 나타내질 때, X_1과 X_2는 서로 **독립**(mutually independent)이라 한다.

$$F(x_1, x_2) = F_1(x_1) F_2(x_2)$$

이 경우 확률밀도함수에서도 다음 관계가 성립한다.

$$f(x_1, x_2) = f_1(x_1) f_2(x_2)$$

조건부확률 (1.3)을 쓰면, $X_2 = x_2$일 때 $X_1 \leq x_1$되는 확률은

$$\Pr(X_1 \leq x_1 | X_2 \leq x_2) = \Pr(X_1 \leq x_1)$$

이 되고, X_2의 값에 의하지 않는 것을 나타내고 있다.

확률변수 X_1과 X_2의 함수 $g(X_1, X_2)$의 기대값은 동시확률밀도함수를 써서

$$E(g(X_1, X_2)) = \int_{-\infty}^{\infty} \int_{-\infty}^{\infty} g(x_1, x_2) f(x_1, x_2) dx_1 dx_2$$

로 정의된다. 특히 중요한 선형결합 $g(X_1, X_2) = a_1 X_1 + a_2 X_2$의 기대값은

$$\begin{aligned} E(a_1 X_1 + a_2 X_2) &= \int_{-\infty}^{\infty} \int_{-\infty}^{\infty} (a_1 x_1 + a_2 x_2) f(x_1, x_2) dx_1 dx_2 \\ &= a_1 \int_{-\infty}^{\infty} \int_{-\infty}^{\infty} x_1 f(x_1, x_2) dx_1 dx_2 \\ &\quad + a_2 \int_{-\infty}^{\infty} \int_{-\infty}^{\infty} x_2 f(x_1, x_2) dx_1 dx_2 \qquad (1.15) \\ &= a_1 \int_{-\infty}^{\infty} x_1 f_1(x_1) dx_1 + a_2 \int_{-\infty}^{\infty} x_2 f_2(x_2) dx_2 \\ &= a_1 E(X_1) + a_2 E(X_2) \end{aligned}$$

이 되고, 선형성이 성립한다. 단, $f_1(x_1)$은 X_1의 주변확률밀도함수, $f_2(x_2)$는 X_2의 주변밀도함수이다.

여기서 $\mu_1 = E(X_1)$, $\mu_2 = E(X_2)$이라면, 선형결합 $(a_1 X_1 + a_2 X_2)$의 분산은

$$\begin{aligned} V(a_1 X_1 + a_2 X_2) &= E((a_1 X_1 + a_2 X_2 - a_1 \mu_1 - a_2 \mu_2)^2) \\ &= a_1^2 E((X_1 - \mu_1)^2) + a_2^2 E((X_2 - \mu_2)^2) \\ &\quad + 2 a_1 a_2 E((X_1 - \mu_1)(X_2 - \mu_2)) \qquad (1.16) \\ &= a_1^2 V(X_1) + a_2^2 V(X_2) + 2 a_1 a_2 Cov(X_1, X_2) \end{aligned}$$

가 되고, 각각의 분산 $V(X_1)$, $V(X_2)$ 외에 양자의 관련성을 나타내는 **공분산**(covariance)

$Cov(X_1, X_2)$은

$$Cov(X_1, X_2) = E((X_1 - \mu_1)(X_2 - \mu_2)) \tag{1.17}$$

로 정의된다. X_1과 X_2의 **상관계수**(correlation coefficient)는 공분산과 분산을 써서

$$\rho(X_1, X_2) = \frac{Cov(X_1, X_2)}{\sqrt{V(X_1)}\sqrt{V(X_2)}} \tag{1.18}$$

로 정의되고, -1에서 1까지의 값을 취한다. $\rho > 0$일 때에는 **양의 상관**이 있다고 하고, X_1이 커지면 X_2도 커지는 경향이 있음을 나타내고 있다. 역으로, $\rho < 0$일 때는 **음의 상관**이 있다고 하고, X_1이 커지면 X_2는 작아지는 경향이 있음을 나타내고 있다.

X_1과 X_2가 서로 독립일 때는

$$\begin{aligned} Cov(X_1, X_2) &= \int_{-\infty}^{\infty}\int_{-\infty}^{\infty}(x_1 - \mu_1)(x_2 - \mu_2)f(x_1, x_2)dx_1 dx_2 \\ &= \int_{-\infty}^{\infty}\int_{-\infty}^{\infty}(x_1 - \mu_1)f_1(x_1)dx_1 \int_{-\infty}^{\infty}\int_{-\infty}^{\infty}(x_2 - \mu_2)f_2(x_2)dx_2 = 0 \end{aligned}$$

에서 공분산은 0이 되고, 상관계수도 $\rho = 0$이 된다. 이 경우 선형결합의 분산은

$$V(a_1X_1 + a_2X_2) = a_1^2V(X_1) + a_2^2V(X_2) \tag{1.19}$$

로 나타내지므로 분산에서 선형성은 성립하지 않는다.

이상의 결과를 벡터와 행렬을 써서 표현하면 다변수의 경우에의 일반화가 쉬워진다. 벡터를 $a = (a_1, a_2)'$, 확률변수 벡터를 $X = (X_1, X_2)'$라면, 기대값과 분산은

$$E(a'X) = (a_1 \quad a_2)\begin{pmatrix} E(X_1) \\ E(X_2) \end{pmatrix} = a'\mu$$

$$V(a'X) = (a_1 \quad a_2)\begin{pmatrix} V(X_1) & Cov(X_1, X_2) \\ Cov(X_1, X_2) & V(X_2) \end{pmatrix}\begin{pmatrix} a_1 \\ a_2 \end{pmatrix} = a'\Sigma a$$

로 쓰여진다. 여기서, μ는 평균벡터, Σ는 **분산공분산행렬**이라 불리운다.

마찬가지로 n개의 확률변수 $X = (X_1, X_2, \cdots, X_n)'$에 대하여는 n차원의 벡터와 확률로 확장하면

$$E(a'X) = a'\mu$$
$$V(a'X) = a'\Sigma a$$

로 나타낼 수 있다. 이 경우 분산공분산행렬은 n차의 정방행렬이 되고, 그의 대각성분에는 분산, $(i, j)(i \neq j)$성분에는 X_i과 X_j의 공분산이 들어간다.

$$\Sigma = \begin{pmatrix} V(X_1) & Cov(X_1, X_2) & \cdots & Cov(X_1, X_n) \\ Cov(X_2, X_1) & V(X_2) & \cdots & Cov(X_2, X_n) \\ \vdots & \vdots & \ddots & \vdots \\ Cov(X_n, X_1) & Cov(X_n, X_1) & \cdots & V(X_n) \end{pmatrix} \tag{1.20}$$

한편, $(i, j)(i \neq j)$ 성분에 X_i와 X_j의 상관계수가 들어간 행렬을 **상관행렬**(correlation matrix) R이라 한다.

$$R = \begin{pmatrix} 1 & \rho_{12} & \cdots & \rho_{1n} \\ \rho_{21} & 1 & \cdots & \rho_{2n} \\ \vdots & \vdots & \ddots & \cdots \\ \rho_{n2} & \rho_{n2} & \cdots & 1 \end{pmatrix} \tag{1.21}$$

확률변수 $X = (X_1, X_2, \cdots, X_n)'$의 표준편차 벡터를 $\sigma = (\sigma_1, \sigma_2, \cdots, \sigma_n)'$라면, (1.18)식에서 분산공분산행렬은

$$\Sigma = \sigma' R \sigma \tag{1.22}$$

로 나타낼 수 있다.

정규분포에 따르는 복수의 확률변수를 다변량확률변수로서 나타내면 **다차원정규분포**(multi dimensional normal distribution)가 된다. n개의 확률변수 $X_1, X_2, \cdots, X_n$가 평균 벡터 μ와 분산공분산행렬 Σ를 가질 때 그의 동시확률밀도함수는

$$f(x_1, x_2, \cdots, x_n) = \frac{1}{\sqrt{(2\pi)^n |\Sigma|}} \exp\left(-\frac{1}{2}(x-\mu)'\Sigma^{-1}(x-\mu)\right)$$

이 된다. 특히 2변량의 경우는

$$\Sigma = \begin{pmatrix} \sigma_1^2 & \rho\sigma_1\sigma_2 \\ \rho\sigma_1\sigma_2 & \sigma_2^2 \end{pmatrix}$$

$$|\Sigma| = (1-\rho^2)\sigma_1^2\sigma_2^2$$

이므로

$$f(x_1, x_2) = \frac{1}{2\pi\sigma_1\sigma_2\sqrt{1-\rho^2}} \exp\left[-\frac{1}{2(1-\rho^2)}\left\{\frac{(x_1-\mu_1)^2}{\sigma_1^2}\right.\right.$$

$$-2\rho\frac{(x_1-\mu_1)(x_2-\mu_2)}{\sigma_1\sigma_2}+\frac{(x_2-\mu_2)^2}{\sigma_2^2}\Big\}\Big]$$

이 된다.

5. 적률생성함수와 특성함수

확률변수 X에 대하여 X^r의 기대값을 X의 r차의 **적률** 또는 **모멘트**(moment)라 한다. 여기서 $g(X)=e^{tX}$의 기대값 $E(e^{tX})$을 t의 함수 $\phi_X(t)$로 생각해보자. 연속형 확률변수에서

$$\phi_X(t)=\int_{-\infty}^{\infty}e^{tx}f(x)dx=\int_{-\infty}^{\infty}\sum_{k=0}^{\infty}\frac{(tx)^k}{k!}f(x)dx$$
$$=\sum_{k=0}^{\infty}\frac{t^k}{k!}\int_{-\infty}^{\infty}x^kf(x)dx=\sum_{k=0}^{\infty}\frac{E(X^k)}{k!}t^k$$

로 변형된다. $\phi_X(t)$를 $t=0$에서의 Taylor전개의 계수와 비교하면

$$\phi_X^{(k)}(0)=E(X^k) \tag{1.23}$$

이 얻어지므로, $\phi_X(t)$의 k차도함수와 X의 k차 모멘트의 관계를 알 수 있다. $\phi_X(t)$를 X의 **적률생성함수**(moment generating function)라 한다. 적률생성함수는 모든 t에 대하여 꼭 존재하는 것은 아니나, 만일 어떤 $h>0$에 대하여 $|t|\leq h$에서의 적률생성함수가 존재하면, 모든 모멘트 $E(X^k)$이 존재함이 밝혀진다.

$g(X)=e^{i\theta X}$의 기대값 $E(e^{i\theta X})$는 θ의 함수가 되는데, 이것을 X의 **특성함수** $\varphi_X(\theta)$ (characteristic function)라 한다. 적률생성함수가 확률밀도함수의 Laplace변환이 되고 있고, 특성함수는 확률밀도함수의 Fourier변환이다. 특성함수는

$$|\varphi_X(\theta)|=\left|\int_{-\infty}^{\infty}e^{i\theta x}f(x)dx\right|\leq\int_{-\infty}^{\infty}|e^{i\theta x}|f(x)dx=\int_{-\infty}^{\infty}f(x)dx=1$$

에서 늘 존재함을 알 수 있다. 또, k차모멘트와의 사이에는

$$\varphi_X^{(k)}(0)=i^kE(X^k) \tag{1.24}$$

의 관계가 성립한다.

[예 1.7] 2항분포 $B(n, p)$의 적률생성함수는

$$\phi_X(t) = \sum_{k=0}^{n} e^{tk} {}_nC_k p^k q^{n-k} = \sum_{k=0}^{n} {}_nC_k (pe^t)^k q^{n-k} = (q+pe^t)^n$$

가 된다.

$$\phi'_X(t) = npe^t(q+pe^t)^{n-1}, \quad \phi_X''(t) = npe^t(q+pe^t)^{n-2}(q+npe^t)$$

에서

$$\phi'_X(0) = np, \quad \phi''_X(0) = np(q+np)$$

이므로 (1.23) 식에 의하여 기대값과 분산은

$$E(X) = \phi'_X(0) = np$$
$$V(X) = E(X^2) - E(X)^2 = \phi''_X(0) - \{\phi'_X(0)\}^2$$
$$= np(q+np) - n^2p^2 = npq$$

가 얻어진다.

대표적인 확률분포의 적률생성함수를 〈표 1.3〉에 나타낸다.

〈표 1.3〉 적률생성함수

확률분포	적률생성함수
Bernoulli분포	$\phi_X(t) = q + pe^t$
2항분포 $B(n, p)$	$\phi_X(t) = (q+pe^t)^n$
Poisson분포 $Po(\lambda)$	$\phi_X(t) = e^{\lambda(e^t-1)}$
균등분포 $U[a, b]$	$\phi_X(t) = \dfrac{e^{bt}-e^{at}}{(b-a)t}$
지수분포 $\text{Exp}(\lambda)$	$\phi_X(t) = \dfrac{\lambda}{\lambda-t} \quad (t<\lambda)$
정규분포 $N(\mu, \sigma^2)$	$\phi_X(t) = e^{\mu t + \frac{1}{2}\sigma^2 t^2}$

[예 1.8] X의 적률생성함수를 $\phi_X(t)$라 할 때, $Y = aX + b$의 적률생성함수는

$$\phi_Y(t)=E(e^{atX+bt})=e^{bt}\int e^{atx}f(x)dx=e^{bt}\phi_X(at)$$

가 된다.

두 개의 서로 독립인 확률변수 X_1, X_2의 합 $Y=X_1+X_2$의 적률생성함수는

$$\begin{aligned}\phi_Y(t)&=\int_{-\infty}^{\infty}\int_{-\infty}^{\infty}e^{t(x_1+x_2)}f_1(x_1)f_2(x_2)dx_1dx_2\\&=\int_{-\infty}^{\infty}e^{tx_1}f_1(x_1)dx_1\int_{-\infty}^{\infty}e^{tx_2}f_2(x_2)dx_2\\&=\phi_{X_1}(t)\times\phi_{X_2}(t)\end{aligned}$$

가 되어, 각각의 적률생성함수의 곱이 된다. 일반적으로 n개의 독립인 확률변수 X_1, X_2, $\cdots$, X_n가 있을 때, 합 $Y=X_1+X_2+\cdots+X_n$의 적률생성함수는

$$\phi_Y(t)=\prod_{i=1}^{n}\phi_{X_i}(t)$$

가 된다.

어떤 동일한 확률분포에 따르는 n개의 독립인 확률변수 X_1, X_2, $\cdots$, X_n에 대하여, 그들의 합 $Y=X_1+X_2+\cdots+X_n$도 또한 같은 확률분포에 따를 때, 그 분포에는 **재생성**(reproducibility)이 있다고 한다. 가령 n개의 확률변수 X_1, X_2, $\cdots$, X_n가 독립인 정규분포 $N(\mu_i,\ \sigma_i^2)$, $i=1, 2, \cdots, n$에 따를 때, 합 $Y=X_1+X_2+\cdots+X_n$의 적률생성함수는

$$\phi_Y(t)=\prod_{i=1}^{n}\exp\left(\mu_i t+\frac{1}{2}\sigma_i^2t^2\right)=\exp\left(\sum_{i=1}^{n}\mu_i t+\frac{1}{2}\sum_{i=1}^{n}\sigma_i^2t^2\right)$$

이 되므로, Y도 또한 평균 $\sum_{i=1}^{n}\mu_i$, 분산 $\sum_{i=1}^{n}\sigma_i^2$의 정규분포에 따른다는 것이 밝혀진다. 따라서 정규분포에는 재생성이 있다.

6. 대수의 법칙

확률변수가 따르는 확률분포가 특정되면, 그 평균이나 분산 또는 확률의 값들을 구할 수 있으나, 일반적인 확률분포에 대하여도 몇 개의 법칙이 성립하는 것이 밝혀진다.

[정리 1.3] (Chebyshev의 부등식) 확률변수 X에 기대값 μ와 분산 σ^2이 존재할 때, 임의의 $t>0$에 대하여

$$\Pr(|X-\mu| \geq t) \leq \frac{\sigma^2}{t^2}$$

이 성립한다.

증명 분산의 정의식에서

$$\sigma^2 = \int_{-\infty}^{\infty} (x-\mu)^2 f(x)dx \geq \int_{|x-\mu| \geq t} (x-\mu)^2 f(x)dx$$
$$\geq t^2 \int_{|x-\mu| \geq t} f(x)dx = t^2 \Pr(|X-\mu| \geq t)$$

따라서 $\Pr(|X-\mu| \geq t) \leq \frac{\sigma^2}{t^2}$ 이 성립한다. ◀

이 부등식은 어떤 분포형에서도 분산이 존재하면 성립한다. 가령, $t=2\sigma$라면

$$\Pr(|X-\mu| \geq 2\sigma) \leq \frac{1}{4}$$

이므로, 어떠한 확률변수에 대하여도 평균을 중심으로 해서 표준편차의 2배를 넘을 확률은 0.25 이하임을 나타내고 있다.

[정리 1.4] (대수의 법칙) 확률변수 $X_1, X_2, \cdots, X_n$은 서로 독립이고, 기대값과 분산은 $E(X_i)=\mu$, $V(X_i)=\sigma^2$라 하자. 이 경우

$$\overline{X}_n = \frac{X_1 + X_2 + \cdots + X_n}{n}$$

라면, 임의의 $t>0$에 대하여

$$\lim_{n \to \infty} \Pr(|\overline{X}_n - \mu| < t) = 1$$

이 성립한다.

증명 $\overline{X}_n$의 기대값과 분산은 $E(\overline{X}_n)=\mu$, $V(\overline{X}_n)=\dfrac{\sigma^2}{n}$ 이므로, Chebyshev의 부등식에서

$$\Pr(|\overline{X}_n-\mu|\ge t)\le\frac{1}{t^2}\frac{\sigma^2}{n}$$

이 성립한다. 따라서

$$\lim_{n\to\infty}\Pr(|\overline{X}_n-\mu|\ge t)\le\lim_{n\to\infty}\frac{\sigma^2}{nt^2}=0$$

이 된다. ◀

이 경우 $\overline{X}$는 μ에 **확률수렴**(convergence in probability)한다고 말한다.

> **[정리 1.5]** (중심극한정리 : central limit theorem) 확률변수 $X_1, X_2, \cdots, X_n$는 서로 독립이고, 기대값과 분산이 $E(X_i)=\mu$, $V(X_i)=\sigma^2$의 같은 분포에 따른다 하자. 이 경우 임의의 x에 대하여
>
> $$\lim_{n\to\infty}\Pr\left(\frac{\overline{X}_n-\mu}{\sigma/\sqrt{n}}\le x\right)=\phi(x)$$
>
> 가 성립한다. 단, $\phi(x)$는 표준정규분포의 분포함수이다.

증명 간단히 하기 위하여 $X_1, X_2, \cdots, X_n$의 적률생성함수가 존재한다고 가정한다. $Y_i=\dfrac{X_i-\mu}{\sigma}$, $i=1, 2, \cdots, n$라 놓고, Y_i의 적률생성함수를 $\phi(t)$라 하자. Y_i는 평균 0, 분산 1이므로, $\phi(0)=1$, $\phi'(0)=0$, $\phi''(0)=1$이다. 여기서 $\log\phi(t)$를 $t=0$을 중심으로 Taylor 전개하면

$$\begin{aligned}\log\phi(t)&=\log\phi(0)+\frac{\phi'(0)}{\phi(0)}t+\frac{\phi''(0)\phi(0)-\phi'(0)^2}{\phi(0)^2}\frac{t^2}{2!}\\&\quad+\frac{\phi'''(0)\phi(0)^2-3\phi''(0)\phi'(0)\phi(0)+2\phi'(0)^3}{\phi(0)^3}\frac{t^3}{3!}+\cdots\\&=\frac{1}{2}t^2+\frac{\phi'''(0)}{6}t^3+\cdots\end{aligned}$$

이 된다. $\dfrac{\overline{X}_n-\mu}{\sigma/\sqrt{n}}$는 $\displaystyle\sum_{i=1}^{n}\frac{Y_i}{\sqrt{n}}$로 나타내지므로, [예 1.8]에 의하여 이 적률생성함수는 $\left[\phi\left(\dfrac{t}{\sqrt{n}}\right)\right]^n$이 된다.

$$\left[\phi\left(\frac{t}{\sqrt{n}}\right)\right]^n = \exp\left[n \log \phi\left(\frac{t}{\sqrt{n}}\right)\right]$$
$$= \exp\left[n\left(\frac{t^2}{2n} + \frac{\phi'''(0)}{6n\sqrt{n}}t^3 + \cdots\right)\right]$$
$$= \exp\left[\frac{t^2}{2} + \frac{\phi'''(0)}{6\sqrt{n}}t^3 + \cdots\right] \xrightarrow{n\to\infty} \exp\left(\frac{t^2}{2}\right)$$

이것은 표준정규분포의 적률생성함수이므로 $n \to \infty$일 때, $\dfrac{\overline{X}_n - \mu}{\sigma/\sqrt{n}}$는 표준정규분포에 따른다. ◀

중심극한정리에 의하면, 어떠한 분포에 따르는 확률변수에서도 평균과 분산이 존재하면, 그의 합은 정규분포에 가까워져가는 것을 알 수 있다.

7. 함수의 확률분포

확률변수 X의 함수 $g(X)$의 확률분포를 구해 보자. $g(X)$도 또한 확률변수가 되므로, 이것을 $Y=g(X)$로 나타내면 확률변수 Y의 분포함수 $F_Y(y)$는

$$F_Y(y) = \Pr(Y \le y) = \Pr(g(X) \le y)$$

가 된다. 만일 함수 $Y=g(X)$가 단조함수이고 미분가능하면, 역함수 $X=g^{-1}(Y)$가 얻어져서

$$F_Y(y) = \begin{cases} F_X(g^{-1}(y)) & \text{단조증가함수일 때} \\ 1-F_X(g^{-1}(y)) & \text{단조감소함수일 때} \end{cases}$$

로 나타낼 수가 있다. 이것을 y로 미분하면, 확률밀도함수는

$$f_Y(y) = \begin{cases} f_X(g^{-1}(y))g^{-1}(y)' & \text{단조증가함수일 때} \\ -f_X(g^{-1}(y))g^{-1}(y)' & \text{단조감소함수일 때} \end{cases}$$
$$= f_X(g^{-1}(y))|g^{-1}(y)'|$$

이 된다.

일반적으로, n차원의 확률변수 $X=(X_1, X_2, \cdots, X_n)$과 $Y=(Y_1, Y_2, \cdots, Y_n)$이 있어

서 이들 사이에 변환함수 $Y=g(X)$가 있다고 하자. X와 Y가 1대1 대응하고 있을 때, (i, j)성분에 1계의 편미분을 갖는 Jacobi행렬

$$J_n(g, x)=\left(\frac{\partial g_i(x)}{\partial x_j}\right), \quad i, j=1, 2, \cdots, n$$

의 행렬식을 써서, X와 Y의 동시확률밀도함수의 사이에는 다음 관계가 성립한다.

$$f_X(x_1, x_2, \cdots, x_n)=|J_n(g, x)|f_Y(y_1, y_2, \cdots, y_n) \tag{1.25}$$

역함수 $X=h(Y)=(h_1(Y), h_2(Y), \cdots, h_n(Y))$가 존재하면

$$f_Y(y_1, y_2, \cdots, y_n)=|J_n(h, y)|f_X(x_1, x_2, \cdots, x_n)$$

로 쓸 수 있다.

[예 1.9] 서로 독립인 확률변수 X_1, X_2가 균등분포 $U[0, 1]$에 따를 때, $Y_1=X_1+X_2$, $Y_2=X_1X_2$의 확률분포를 구해보자.

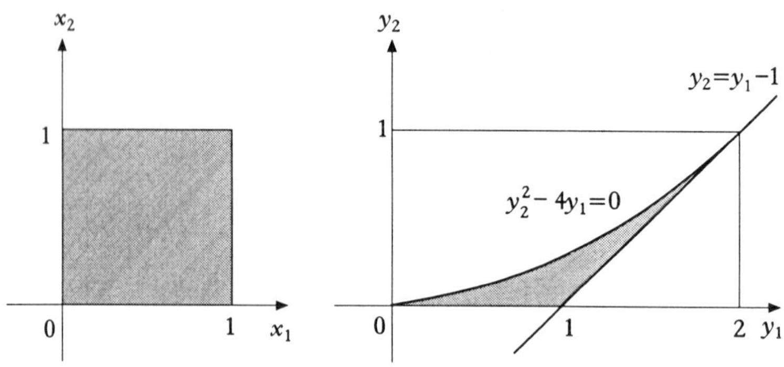

[그림 1.7] (x_1, x_2)평면과 (y_1, y_2)평면

X의 동시확률밀도함수는

$$f_X(x_1, x_2)=\begin{cases} 1, & 0<x_1<1, 0<x_2<1 \\ 0, & \text{그 밖에서} \end{cases}$$

이다. Jacobian행렬의 행렬식은

$$|J_n(g, x)| = \begin{vmatrix} 1 & 1 \\ x_2 & x_1 \end{vmatrix} = |x_2 - x_1|$$

이 된다. $|x_2 - x_1| = \sqrt{y_1^2 - 4y_2}$ 이므로 (1.25) 식에서 Y의 동시확률밀도함수는

$$f_Y(y_1, y_2) = \begin{cases} \dfrac{1}{\sqrt{y_1^2 - 4y_2}} & \max(0, y_1 - 1) < y_2 < \dfrac{y_1^2}{4} \\ 0 & \text{그 밖에서} \end{cases}$$

이 된다. 우선, Y_1에서는 $0 < y_1 \le 1$일 때

$$f_1(y_1) = \int_0^{y_2^2/4} \frac{1}{\sqrt{y_2^2 - 4y_1}} dy_2 = \left[-\frac{1}{2} \sqrt{y_2^2 - 4y_1} \right]_0^{y_2^2/4} = \frac{y_1}{2}$$

$1 < y_1 \le 2$일 때

$$f_1(y_1) = \int_{y_2 - 1}^{y_2^2/4} \frac{1}{\sqrt{y_2^2 - 4y_1}} dy_2 = \left[-\frac{1}{2} \sqrt{y_2^2 - 4y_1} \right]_{y_2 - 1}^{y_2^2/4} = \frac{1 - y_1}{2}$$

이 되므로, Y_1의 확률밀도함수는

$$f_1(y_1) = \begin{cases} \dfrac{y_1}{2} & 0 < y_1 \le 1 \\ 1 - \dfrac{y_1}{2} & 1 < y_2 \le 2 \\ 0 & \text{그 밖에서} \end{cases}$$

가 얻어진다. 다음에 Y_2에서는 $0 \le y_2 \le 1$일 때

$$\begin{aligned} f_2(y_2) &= \int_{\sqrt{4y_1}}^{y_1 + 1} \frac{2}{\sqrt{y_1^2 - 4y_1}} dy_1 = \left[2 \log \left| y_1 + \sqrt{y_1^2 - 4y_2} \right| \right]_{\sqrt{4y_2}}^{y_2 + 1} \\ &= -\log y_2 \end{aligned}$$

이 되고, Y_2의 확률밀도함수는

$$f_2(y_2) = \begin{cases} -\log y_2 & 0 < y_2 \le 1 \\ 0 & \text{그 밖에서} \end{cases}$$

가 얻어진다.

통계적 추측에 쓰이는 확률분포는 정규분포에서 파생하여 얻어진다. 위의 결과 등을 이용해서 중요한 확률분포인 χ^2분포, t분포, F분포를 도출한다.

• χ^2 분포(chi-square distribution)

확률변수 X가 표준정규분포 $N(0, 1)$에 따를 때,

$$Y = X^2 \tag{1.26}$$

가 따르는 분포를 자유도 1의 χ^2분포라 한다.[4]

$$F_Y(y) = \Pr(Y \le y) = \Pr(-\sqrt{y} \le X \le \sqrt{y}) = F_X(\sqrt{y}) - F_X(\sqrt{-y})$$

에서 확률밀도함수는

$$f_Y(y) = \frac{1}{\sqrt{y}} f_X(\sqrt{y}) = \frac{1}{\sqrt{2\pi y}} e^{-\frac{y}{2}}$$

로 주어져서 적률생성함수는

$$\phi_Y(t) = (1-2t)^{-\frac{1}{2}}$$

이 된다.

n개의 확률변수 $X_1, X_2, \cdots, X_n$가 독립으로 표준정규분포 $N(0, 1)$에 따를 때, $X^2 = X_1^2 + X_2^2 + \cdots + X_n^2$가 따르는 분포를 자유도 n의 χ^2분포라 한다. 이 적률생성함수는

$$\phi(t) = (1-2t)^{-\frac{n}{2}}$$

이고, 확률밀도함수는

$$f(x) = \begin{cases} \dfrac{1}{2^{\frac{n}{2}} \Gamma\left(\frac{n}{2}\right)} x^{\frac{n}{2}-1} e^{-\frac{x}{2}} & x \ge 0 \\ 0 & x < 0 \end{cases}$$

4) 자유도(degrees of freedom)란 분포를 특징지우는 상수이다. 일반적으로 표본 사이즈에서 추정에 쓰인 평균의 수를 뺀 것이 된다. 여기서는 하나의 확률변수 X에서 유도되고 있는 분포이므로, 자유도는 1이다.

로 주어진다.[5)] χ^2분포에는 재생성이 있고, 자유도 n_1의 χ^2분포에 따르는 χ_1^2과 자유도 n_2의 χ^2분포에 따르는 χ_2^2의 합 $\chi_1^2+\chi_2^2$은 자유도 n_1+n_2의 χ^2분포에 따른다.

• ***t* 분포**(t distribution)

표준정규분포 $N(0, 1)$에 따르는 확률변수 X와 자유도 n의 χ^2분포에 따르는 확률변수 Y가 서로 독립일 때,

$$t = \frac{X}{\sqrt{Y/n}} \tag{1.27}$$

가 따르는 분포를 자유도 n의 t분포라 한다. X와 Y의 동시확률밀도함수는

$$f_{X,Y}(x, y) = \frac{1}{\sqrt{2\pi}} e^{-\frac{x^2}{2}} \frac{1}{2^{\frac{n}{2}}\Gamma\left(\frac{n}{2}\right)} y^{\frac{n}{2}-1} e^{-\frac{y}{2}},$$

$$-\infty < x < \infty, \quad 0 < y < \infty$$

이 된다. 여기서

$$S = Y, \quad T = \frac{X}{\sqrt{\frac{Y}{n}}}$$

로 변수변환하면, $X = T\sqrt{\frac{S}{n}}$, $Y = S$에서 Jacobi행렬의 행렬식은

$$\begin{vmatrix} \frac{\partial X}{\partial S} & \frac{\partial X}{\partial T} \\ \frac{\partial X}{\partial S} & \frac{\partial Y}{\partial T} \end{vmatrix} = \begin{vmatrix} \frac{T}{2\sqrt{nS}} & \sqrt{\frac{S}{n}} \\ 1 & 0 \end{vmatrix} = \sqrt{\frac{S}{n}}$$

이 얻어져, S의 T의 동시확률밀도함수는

$$f_{S,T}(s, t) = \frac{1}{\sqrt{2\pi}} \exp\left\{-\frac{st^2}{2n}\right\} \frac{1}{2^{\frac{n}{2}}\Gamma\left(\frac{n}{2}\right)} s^{\frac{n}{2}-1} \exp\left\{-\frac{s}{2}\right\} \times \sqrt{\frac{s}{n}}$$

5) Γ는 Gamma함수라는 $\Gamma(r) = \int_0^\infty y^{r-1}e^{-y}dy$로 정의되는 값을 갖는다. 자연수 n에 대하여는 $\Gamma(n) = (n-1)!$이 된다.

$$= \frac{1}{\sqrt{2n\pi}\, 2^{\frac{n}{2}} \Gamma\left(\frac{n}{2}\right)} \exp\left\{-\frac{s}{2}\left(1+\frac{t^2}{n}\right)\right\} s^{\frac{n+1}{2}-1}$$

$$0 < s < \infty, \quad -\infty < t < \infty$$

이 된다. t분포의 확률밀도함수는 T의 주변확률밀도함수로 주어지므로

$$f(t) = \frac{1}{\sqrt{2n\pi}\, 2^{\frac{n}{2}} \Gamma\left(\frac{n}{2}\right)} \int_0^\infty \exp\left\{-\frac{s}{2}\left(1+\frac{t^2}{n}\right)\right\} s^{\frac{n+1}{2}-1} ds$$

$$= \frac{1}{\sqrt{n\pi}\, \Gamma\left(\frac{n}{2}\right)\left(1+\frac{t^2}{n}\right)^{\frac{n+1}{2}}} \int_0^\infty e^{-z} z^{\frac{n+1}{2}-1} dz, \; z = \frac{s}{2}\left(1+\frac{t^2}{n}\right)$$

$$= \frac{\Gamma\left(\frac{n+1}{2}\right)}{\sqrt{\pi n}\, \Gamma\left(\frac{n}{2}\right)} \left(1+\frac{t^2}{n}\right)^{-\frac{n+1}{2}}$$

이 얻어진다.

- **F 분포**(F distribution)

서로 독립인 확률변수 X_1과 X_2가 각각 자유도 n_1과 n_2의 χ^2분포에 따를 때,

$$F = \frac{X_1}{n_1} \Big/ \frac{X_2}{n_2} \tag{1.28}$$

가 따르는 분포를 자유도 (n_1, n_2)의 F분포라 한다. 확률밀도함수는

$$f(x) = \begin{cases} \dfrac{\Gamma\left(\frac{n_1+n_2}{2}\right) n_1^{\frac{n_1}{2}} n_2^{\frac{n_2}{2}}}{\Gamma\left(\frac{n_1}{2}\right)\Gamma\left(\frac{n_2}{2}\right)} \dfrac{x^{\frac{n_1}{2}-1}}{(n_1 x + n_2)^{\frac{n_1+n_2}{2}}} & x \geq 0 \\ 0 & x < 0 \end{cases}$$

로 주어진다.

이들의 분포는 통계적 추측을 하는데 중요한 분포이나, 확률의 계산은 쉽게 안된다. 그래서 확률계산을 위한 수표가 준비되어 있다.

제 2 장 통계적 추측

데이터를 모아서 해석하는 목적은 그 데이터가 취하는 집단 전체의 양상을 추측하는 것이다. 조사대상이 되는 집단 전체를 **모집단**(population)이라 하고, 거기에서 취해낸 것을 **표본**(sample)이라 한다. 가령, 어느 기계로 제조하고 있는 부품의 치수가 규격 내에 들어있는지 어떤지를 살피기 위하여 제조된 부분을 몇 개 무작위로 꺼내서 그의 치수를 측정했다면, 꺼낸 부분이 샘플이고, 기계로 제조된 부품 전체가 모집단에 해당된다. 모집단에 포함된 모두를 표본으로 꺼낼 수 있으면 모집단의 양상을 완전히 알 수 있으나, 한정된 수의 표본에 의하여 모집단 전체의 양상을 추측할 때는 통계적인 사고방식이 필요하다. 여기서는 데이터가 갖는 불확실성을 확률모델에 의하여 표현하고, 확률적인 척도에 의하여 판단이 이루어진다.

통계적 추측에는 **검정**(test)과 **추정**(estimation)의 두 가지의 방법이 있다. 어느 것이나 확률모델의 모수를 추측하는 것이나, 검정에서는 미리 설정된 모수에 관한 가설이 바른지 어떤지를 판단하고, 추정에서는 모수의 값을 추측한다.

1. 통계량의 분포

표본에서 계산되는 것을 **통계량**(statistic)이라 한다. 기본적인 통계량에는 중심적 경향을 나타내는 표본평균이나 흩어짐의 크기를 나타내는 제곱합이나 표본분산 등이 있으나, 각 표본은 모집단분포에 따르고 있기 때문에 통계량도 확률적으로 분포하고 있다.

모집단에서 추출된 n개의 표본 $X_1, X_2, \cdots, X_n$이 주어질 때

$$\overline{X} = \frac{1}{n} \sum_{i=1}^{n} X_i \tag{2.1}$$

을 **표본평균**이라 한다. 또

$$S = \sum_{i=1}^{n} (X_i - \overline{X})^2 \tag{2.2}$$

을 **제곱합**, 이것을 $n-1$로 나눈

$$V = \frac{1}{n-1} \sum_{i=1}^{n} (X_i - \overline{X})^2 \tag{2.3}$$

을 **표본분산**이라 한다. (1.7) 식의 분산과 비교하면, 여기서는 X_i의 기대값 $E(X_i)$ 대신에 $\overline{X}$를 쓰고 있고, 분모는 n이 아니고, $n-1$로 되어 있다. 이것은 [예 2.2]에서 나오나, 표본분산이 분산의 불편추정량이 되기 때문이다.

$X_1, X_2, \cdots, X_n$가 정규모집단 $N(\mu, \sigma^2)$에 따를 때, 정규분포의 재생성에서 n개의 표본의 합 $\sum_{i=1}^{n} X_i$은 정규분포 $N(n\mu, n\sigma^2)$에 따르므로 표본평균 $\overline{X}$는

$$\overline{X} \sim N\left(\mu, \frac{\sigma^2}{n}\right) \tag{2.4}$$

이므로, 평균 μ, 분산 $\frac{\sigma^2}{n}$의 정규분포에 따른다.

한편, $\frac{X_i - \mu}{\sigma}$은 표준정규분포에 따르므로, χ^2분포의 성질에서 $\sum_{i=1}^{n}\left(\frac{X_i - \mu}{\sigma}\right)^2$은 자유도 n의 χ^2분포에 따른다. 여기서 모평균 μ 대신 표본평균 $\overline{X}$를 쓰면, $\sum_{i=1}^{n}\left(\frac{X_i - \overline{X}}{\sigma}\right)^2$은 자유도 $n-1$의 χ^2분포6)에 따르므로, 제곱합 S의 분포는

$$\frac{S}{\sigma^2} \sim \chi^2(n-1) \tag{2.5}$$

---

6) $\sum_{i=1}^{n}\left(\frac{X_i - \mu}{\sigma}\right)^2 = \sum_{i=1}^{n}\left(\frac{X_i - \overline{X}}{\sigma}\right)^2 + \left(\frac{\overline{X} - \mu}{\sigma/\sqrt{n}}\right)^2$이고, $\sum_{i=1}^{n}\left(\frac{X_i - \mu}{\sigma}\right)^2$는 자유도 n의 χ^2분포, $\left(\frac{\overline{X} - \mu}{\sigma/\sqrt{n}}\right)^2$는 자유도 1의 χ^2분포에 따르므로, χ^2분포의 재생성에서, $\sum_{i=1}^{n}\left(\frac{X_i - \overline{X}}{\sigma}\right)^2$은 자유도 $n-1$의 χ^2분포에 따른다.

이 되고, 자유도 $n-1$의 χ^2분포에 따른다.

2. 검정과 추정

가설검정(test of hypothesis)이란, 데이터에 관한 가설이 옳은지 어떤지를 확률적인 척도를 써서 판정하는 것이다. 검증하려는 가설을 **귀무가설**(null hypothesis) H_0이라 하고, 이것에 대하여 실제로 주장하려는 가설을 **대립가설**(alternative hypothesis) H_1이라 한다. 귀무가설이 옳지 않다고 그것을 버리는 것을 **기각**(reject)한다고 하고, 이 경우 대립가설이 채택된다. 가설검정에서는 현상이 일어날 확률에 의하여 귀무가설을 기각하는 범위를 결정하게 된다. 이 때에 쓰이는 통계량을 **검정통계량**(test statistics)이라 하고, 기각하는 범위를 **기각역**이라 한다.

어떤 동전에 대하여 표면이 나올 확률이 1/2인지 어떤지를 살피기로 한다. 귀무가설은 "표면이 나올 확률은 1/2이다"가 된다. 귀무가설을 검정하려는 경우에는 귀무가설이 옳지 않을지도 모른다고 생각하고 있으므로, "1/2보다 크다", "1/2보다 작다", "1/2과는 다르다"의 어느 것이 된다고 생각하고 있다. 이것이 대립가설로 취해질 때, 이들을 차례로 우측가설, 좌측가설, 양측가설이라 한다.

귀무가설이 옳은지 어떤지의 판단을 하기 위하여는 실제로 동전을 던지는 시행을 한다. 그 시행의 결과가 귀무가설을 옳다고 가정할 때, 대단히 드물게 밖에는 일어나지 않는 현상이면, 귀무가설은 옳지 않다고 한다. 드문가 어떤가의 판단기준으로서 **유의수준**(significant level)을 설정한다. 유의수준 α는 5% 또는 1%로 하는 일이 많으며, 유의수준은 귀무가설이 옳은데 옳지 않다고 판단해 버릴 확률을 의미하고 있다. 이 과오를 **제1종의 과오**(Type Ⅰ error)라 한다. 역으로, 귀무가설은 잘못되고 있는데, 잘못되고 있다고 판단할 수 없는 과오를 **제2종의 과오**(Type Ⅱ error)라 하고, 그 확률을 β로 나타낸다. 이 경우 과오를 바르게 검출할 수 있는 확률은 $1-\beta$이고, 이것을 **검출력**(power of test)이라 한다. 일반적으로 유의수준을 내리면 검출력도 내려지기 때문에 제1종의 과오를 작게 하면 제2종의 과오가 커진다는 관계가 있다. 유의수준이 같으면, 되도록 검출력을 높게 하는 검정방식을 설계하는 것이 바람직하다.

어떤 동전을 던질 때에 표면이 나오기 쉬운지 어떤지를 살피는 일을 생각해 보자.

귀무가설 "표면과 이면이 마찬가지로 나온다"와 대립가설 "표면쪽이 나오기 쉽다"를 검정하기 위하여 방법 A로서 동전을 10회 던져서 표면이 나오는 횟수 X_A를 세는 것을

생각한다. 귀무가설을 바르다고 가정했을 때

$$\Pr(X_A = 10) = {}_{10}C_{10}\left(\frac{1}{2}\right)^{10} = 0.0010 = 0.10\%$$

$$\Pr(X_A \geq 9) = {}_{10}C_{10}\left(\frac{1}{2}\right)^{10} + {}_{10}C_9\left(\frac{1}{2}\right)^{10} = 0.0107 = 1.07\%$$

$$\Pr(X_A \geq 8) = {}_{10}C_{10}\left(\frac{1}{2}\right)^{10} + {}_{10}C_9\left(\frac{1}{2}\right)^{10} + {}_{10}C_8\left(\frac{1}{2}\right)^{10} = 0.0547 = 5.47\%$$

이 된다. 8회 이상 표면이 나올 확률은 5% 이상 있으나, 9회 이상 표면이 나올 확률은 5% 이하이다. 유의수준을 5%로 할 때, 9회 이상 표면이 나오면 귀무가설을 기각하게 된다.

다음에, 방법 B로서 이면이 2회 나올 때까지 동전을 던지기로 하고, 그 횟수 X_B를 세는 것을 생각한다. 귀무가설을 "동전이 바르다"고 가정했을 때, n-1회 던졌을 때까지 이면이 1회 나오고, n번 던졌을 때 2회째의 이면이 나올 확률은

$$\Pr(X_B = n) = {}_{n-1}C_1\left(\frac{1}{2}\right)^n = \frac{n-1}{2^n}$$

이므로, $\Pr(X_B \geq n) = \Pr(X_B = n) + \Pr(X_B = n+1) + \Pr(X_B = n+2) + \cdots$ 이므로

$$\Pr(X_B \geq n) = \sum_{k=n}^{\infty} \frac{k-1}{2^k} = \frac{n}{2^n}$$

이 된다. $\Pr(X_B \geq 8) = 3.13\%$, $\Pr(X_B \geq 7) = 5.47\%$에서 8회 이상 던지면 귀무가설을 기각하게 된다.

여기서 표면이 나오는 확률이 0.6인 동전이 있었다 해서 귀무가설을 기각할 확률을 두 가지 방법으로 구해보면,

방법 A에서 9회 이상 표면이 나올 확률은

$$\Pr(X_A \geq 9) = {}_{10}C_{10}0.6^{10} + {}_{10}C_9 0.6^9 \times 0.4 = 0.046 = 4.6\%$$

이 되어, 검출력은 4.6%이다.

방법 B로 8회 이상 던질 확률은

$$\Pr(X_B \geq 8) = \sum_{k=8}^{\infty} {}_{k-1}C_1 0.6^{k-2} 0.4^2 = 0.159 = 15.9\%$$

이 되어 검출력은 15.9%이다. 방법 B에서는 많아서 8회 동전을 던지면 되는데, 방법 A 보다 높은 검정력을 갖고 있다.

추정에서는 얻어진 표본에 의하여 모수의 값을 추정하는 것이 된다. 일반적으로 미지 모수 θ를 통계량 $\hat{\theta}(X_1, X_2, \cdots, X_n)$에 의하여 추정할 때, $\hat{\theta}$을 θ의 **추정량**(estimator)이라 한다. 추정량에 의하여 하나의 수치로서 모수를 추정하는 것을 **점추정**(point estimation)이라 하고, 어떤 확률로 모수가 포함되는 구간을 추정하는 것을 **구간추정**(interval estimation)이라 한다. 추정하는 구간 $[\theta_L, \theta_U]$은 **신뢰구간**(confidence interval)이라 하고, 신뢰하한 θ_L과 신뢰상한 θ_U를 **신뢰한계**(confidence limit)라고 한다. $\hat{\theta}$는 확률변수이고, 확률적으로 변동하기 때문에 신뢰한계의 크기를 정하려면, $\hat{\theta}$가 구간에 포함될 확률을 정할 필요가 있다. 이 확률을 **신뢰율**이라 한다.

추정량을 점추정값으로 쓰는 경우, 그것이 좋은지 나쁜지를 정하는 성질로서 다음 성질이 있다.

(1) **불편성**(unibiasness) : 추정량 $\hat{\theta}$의 기대값이 모수 θ와 같다.

$$E[\hat{\theta}] = \theta$$

(2) **일치성**(consistency) : 표본의 크기를 충분히 크게 하면, 추정량 $\hat{\theta}$가 모수 θ에 한없이 가까워진다.

$$\forall t > 0;\ \lim_{n \to \infty} \Pr(|\hat{\theta} - \theta| < t) = 1$$

(3) **유효성**(effectiveness) : 불편추정량 가운데 분산이 가장 작다.

불편추정량 가운데 최소의 분산임을 밝히는데에 Cramer-Rao의 **부등식**이 쓰인다.

확률밀도함수 $f(x;\theta)$가 양의 값을 취하는 범위가 θ에 의존하지 않을 때, 모수 θ의 임의의 불편추정량 $\hat{\theta}$의 분산은

$$V(\hat{\theta}) \geq \frac{1}{nE\left[\left(\frac{\partial \log f(x;\theta)}{\partial \theta}\right)^2\right]} \equiv \sigma_0^2 \tag{2.6}$$

을 만족한다. 우변의 값 σ_0^2을 Cramer-Rao의 **하한**이라 하고, $V(\hat{\theta}) = \sigma_0^2$가 되는 추정량을 **유효추정량**이라 한다. 그리고 이산형의 확률변수일 때는 확률밀도함수 대신에 확률의 값을 이용한다.

[예 2.1] $X_1, X_2, \cdots, X_n$를 모평균 μ, 모분산 σ^2의 정규모집단에서 랜덤표본이라 할 때, 통계량 $\hat{\theta}=\frac{1}{n}\sum_{i=1}^{n}X_i$은 μ의 추정량으로서 불편성, 일치성, 유효성을 모두 가지고 있음을 밝혀라.

(불편성)

$$E[\hat{\theta}]=E\left[\frac{1}{n}\sum_{i=1}^{n}X_i\right]=\frac{1}{n}\sum_{i=1}^{n}E[X_i]=\frac{1}{n}\times n\mu=\mu$$

이므로 불편추정량이다.

(일치성) Chebyshev 부등식에서

$$\Pr(|\hat{\theta}-\mu|\geq t)\leq\frac{V(\hat{\theta})}{t^2}=\frac{\sigma^2}{nt^2}\to 0 \quad (n\to\infty)$$

이 되므로

$$\lim_{n\to\infty}\Pr(|\hat{\theta}-\mu|<t)=1$$

에서 $\hat{\theta}$은 μ의 일치추정량이다.

(유효성) 정규분포 $N(\mu, \sigma^2)$의 확률밀도함수는

$$f(x;\mu)=\frac{1}{\sqrt{2\pi}\,\sigma}\exp\left(-\frac{(x-\mu)^2}{2\sigma^2}\right),\ \log f(x;\mu)=-\frac{(x-\mu)^2}{2\sigma^2}-\log(\sqrt{2\pi}\,a)$$

이므로 $\frac{\partial}{\partial\mu}\log f=\frac{x-\mu}{a^2}$, $E\left[\left(\frac{\partial}{\partial\mu}\log f\right)^2\right]=\frac{1}{\sigma^4}E[(x-\mu)^2]=\frac{1}{\sigma^2}$

$$\frac{1}{nE\left[\left(\frac{\partial}{\partial\mu}\log f\right)^2\right]}=\frac{1}{nE\left[\frac{(x-\mu)^2}{\sigma^4}\right]}=\frac{\sigma^4}{nE[(x-\mu)^2]}=\frac{\sigma^2}{n}=V(\hat{\theta})$$

따라서 $\hat{\theta}$은 μ의 유효추정량이다.

[예 2.2] 표본분산 V는 모분산 σ^2의 불편추정량임을 밝혀라.

$$\sum_{i=1}^{n}(X_i-\mu)^2=\sum_{i=1}^{n}(X_i-\overline{X})^2+n(\overline{X}-\mu)^2$$

에서

$$S=\sum_{i=1}^{n}(X_i-\mu)^2-n(\overline{X}-\mu)^2$$

이 된다. S의 기대값을 계산하면

$$E(S)=\sum_{i=1}^{n}E(X_i-\mu)^2-nE(\overline{X}-\mu)^2$$

$$=n\sigma^2-n\frac{\sigma^2}{n}=(n-1)\sigma^2$$

이 되므로, 표본분산 V의 기대값은

$$E(V)=E\left(\frac{S}{n-1}\right)=\sigma^2$$

따라서 표본분산 V는 모분산 σ^2의 불편추정량임을 알 수 있다.

확률밀도함수가 주어져 있을 때, 얻어진 랜덤 표본에 대하여, 가장 적당한 모수의 값을 주는 방법에 **최우법**(maximum likelihood method)이 있다. X_i의 확률밀도함수를 각각 $f_i(x_i;\theta)$라면, $X_1, X_2, \cdots, X_n$의 동시확률밀도함수는 $x_1, \cdots, x_n, \theta$의 함수가 되어

$$L(x_1, \cdots, x_n; \theta)=\prod_{i=1}^{n}f_i(x_i;\theta) \tag{2.7}$$

로 나타내진다. 이것을 θ의 함수 $L(\theta)$로 볼 때, **우도함수**(likelihood function)라 한다. $L(\theta)$를 최대로 하는 θ는 $x_1, \cdots, x_n$의 함수 $\hat{\theta}(x_1, \cdots, x_n)$가 되고, $\hat{\theta}(X_1, X_2, \cdots, X_n)$을 **최우추정량**(maximum likelihood estimator)이라 한다. 우도함수는 함수의 곱으로 나타내지므로 최대화를 생각할 때는 로그를 취한 로그우도함수 $l(\theta)=\log L(\theta)$를 최대로 하는 θ를 구하면 된다.

[예 2.3] $X_1, X_2, \cdots, X_n$를 파라미터 λ의 Poisson분포에 따르는 모집단에서의 랜덤표본이라 하자. Poisson분포의 확률함수는 $f(x;\lambda)=e^{-\lambda}\dfrac{\lambda^x}{x!}$이므로, 우도함수는

$$L(x_1, \cdots, x_n;\lambda)=\frac{\lambda^{x_1}e^{-\lambda}}{x_1}\frac{\lambda^{x_2}e^{-\lambda}}{x_2!}\cdot\ \cdots\ \cdot\frac{\lambda^{x_n}e^{-\lambda}}{x_n!}=\frac{\lambda^{n\lambda}e^{-n\lambda}}{x_1!x_2!\cdots x_n!}$$

이므로, 로그우도함수는

$$l(\lambda) = -n\lambda + \sum_{i=1}^{n} x_i \log \lambda - \sum_{i=1}^{n} \log x_i!$$

이 된다. 이것을 λ로 미분하여

$$\frac{dl(\lambda)}{d\lambda} = -n + \frac{1}{\lambda}\sum_{i=1}^{n} x_i = 0$$

여기에서 $\hat{\lambda} = \frac{1}{n}\sum_{i=1}^{n} x_i$가 된다. 따라서 λ의 최우추정량은

$$\hat{\lambda} = \frac{1}{n}\sum_{i=1}^{n} X_i = \overline{X}$$

이다.

[예 2.4] $X_1, X_2, \cdots, X_n$를 균등분포 $U[0, \theta]$에 따르는 모집단에서의 랜덤표본이라 하자. 균등분포 $U[0, \theta]$의 확률밀도함수는 $f(x; \theta) = 1/\theta \ (0 \le x \le \theta)$이므로, 우도함수는

$$L(\theta) = \begin{cases} 1/\theta^n & \theta \ge \max\limits_{1 \le i \le n}(x_i) \\ \\ 0 & \theta < \max\limits_{1 \le i \le n}(x_i) \end{cases}$$

이 된다. 우도함수가 최대가 되는 θ를 구하면, 최우추정량

$$\hat{\theta} = \max_{1 \le i \le n}(X_i)$$

가 얻어진다. 확률변수 $Y = \max\limits_{1 \le i \le n}(X_i)$의 확률밀도함수 $f_Y(y)$는

$$f_Y(y) = \frac{n}{\theta^n} y^{n-1} \quad (0 \le y \le \theta)$$

이므로, $\hat{\theta}$의 기대값은

$$E(\hat{\theta})=\int_0^\theta y\frac{n}{\theta^n}y^{n-1}dy=\frac{n}{\theta^n}\int_0^\theta y^n dy=\frac{n}{n+1}\theta\neq\theta$$

이므로, $\hat{\theta}$은 θ의 불편추정량은 아니다. $\frac{n+1}{n}\hat{\theta}$이 불편추정량이다.

$$\begin{aligned}\Pr(|Y-\theta|)&=\Pr(\max(X_i)>\theta-t)\\&=1-\Pr(\max(X_i)<\theta-t)\\&=1-\left(\frac{\theta-t}{\theta}\right)^n\xrightarrow{n\to\infty}1\end{aligned}$$

이므로, $\hat{\theta}$는 일치추정량이다.

3. 모평균·모분산의 검정과 추정

[1] 하나의 모평균의 검정과 추정

분산이 기지인 정규모집단 $N(\mu, \sigma^2)$에 대하여 모평균 μ가 어떤 값 μ_0와 같은지 어떤지를 살필 때는 양측검정이 되고, 귀무가설 H_0와 대립가설 H_1은

$$H_0 : \mu=\mu_0$$
$$H_1 : \mu\neq\mu_0$$

가 된다. n개의 표본 $X_1, X_2, \cdots, X_n$가 무작위로 취해졌을 때 표본평균 $\overline{X}$는 모평균 μ, 모분산 σ^2/n의 정규분포에 따르므로, 표준화에 의하여

$$u=\frac{\overline{X}-\mu}{\sqrt{\frac{\sigma^2}{n}}}\sim N(0, 1)$$

u가 표본정규분포 $N(0, 1)$에 따른다. 귀무가설 $H_0 : \mu=\mu_0$ 아래에서 검정통계량

$$u_0=\frac{\overline{X}-\mu_0}{\sqrt{\frac{\sigma^2}{n}}}\sim N(0, 1) \tag{2.8}$$

이 얻어지고, 유의수준 α에서 모평균 μ가 μ_0인가, 아닌가를 살필 때 기각역은

$$R : |Z_0| \geq Z_{\alpha/2}$$

가 된다.

모평균 μ가 어떤 값 μ_0보다 큰가를 살필 때는 우측검정이 되고, 대립가설 H_1은

$$H_1 : \mu > \mu_0$$

가 된다. 검정통계량은 양측검정과 같으나, 여기서는 모평균 μ가 μ_0보다 큰지 어떤지에 관심이 있기 때문에 기각역은 우측으로 설정되어

$$R : Z_0 \geq Z_\alpha$$

가 된다.

모평균의 점추정값 $\hat{\mu}$는 표본평균 $\overline{X}$로 한다. 신뢰율 α의 신뢰구간은 모평균 μ가 확률 α에 포함되는 구간이므로, 그것만으로는 일의적으로 정할 수가 없기 때문에 점추정값의 전후에 각각 확률 $\alpha/2$로 포함될 구간을 취하여 신뢰구간으로 한다. 따라서

$$\Pr(|Z_0| \leq Z_{\alpha/2}) = \alpha$$

을 만족하는 μ의 구간이 μ의 신뢰구간이 되고,

$$-Z_{\alpha/2} \leq \frac{\overline{X} - \mu}{\sqrt{\dfrac{\sigma^2}{n}}} \leq Z_{\alpha/2}$$

로 나타내진다. 이것을 정리해서 모평균 μ의 신뢰구간은

$$\overline{X} - Z_{\alpha/2}\sqrt{\frac{\sigma^2}{n}} \leq \mu \leq \overline{X} + Z_{\alpha/2}\sqrt{\frac{\sigma^2}{n}} \tag{2.9}$$

가 된다.

$\mu = \mu_1$일 때는 $\mu \neq \mu_0$인 것을 검정하는 검출력 $1-\beta$를 구해보자. 이 검정에서는 $\overline{X}$가 $\mu_0 - Z_{\alpha/2}\sqrt{\dfrac{\sigma^2}{n}} \leq \overline{X} \leq \mu_0 + Z_{\alpha/2}\sqrt{\dfrac{\sigma^2}{n}}$의 범위의 값을 취할 때는 귀무가설은 기각되지 않으므로 $\mu \neq \mu_0$인 것을 검출할 수 없다. 따라서 제2종의 과오의 확률 β는 $\overline{X}$가 $N(\mu_1, \sigma^2)$에 따를 때에 이 범위의 값을 취하는 확률과 같고,

$$\beta = \Pr\left(\mu_0 - Z_{\alpha/2}\sqrt{\frac{\sigma^2}{n}} \le \overline{X} \le \mu_0 + Z_{\alpha/2}\sqrt{\frac{\sigma^2}{n}}\right)$$
$$= \Pr\left(\frac{\mu_0 - \mu_1}{\sqrt{\frac{\sigma^2}{n}}} - Z_{\alpha/2} \le \frac{\overline{X} - \mu_1}{\sqrt{\frac{\sigma^2}{n}}} \le \frac{\mu_0 - \mu_1}{\sqrt{\frac{\sigma^2}{n}}} + Z_{\alpha/2}\right)$$
$$= \phi\left(\frac{\mu_0 - \mu_1}{\sqrt{\frac{\sigma^2}{n}}} + Z_{\alpha/2}\right) - \phi\left(\frac{\mu_0 - \mu_1}{\sqrt{\frac{\sigma^2}{n}}} - Z_{\alpha/2}\right)$$

로 주어진다. 표본의 크기 n과 검출력 $1-\beta$의 관계를 나타낸 곡선을 **검출력 곡선**이라 한다.

[예 2.5] 정규모집단 $N(\mu, 4.0^2)$의 모평균 μ가 $\mu_0 = 12.0$인지 어떤지를 $n=9$개의 표본을 써서 유의수준 5%로 검정한다. $\mu = 10.0$일 때, $\mu \neq 12.0$인 것을 검출하는 확률은 제2종의 과오의 확률이

$$\beta = \Pr\left(\frac{12.0-10.0}{\sqrt{\frac{4.0}{n}}} - 1.96 \le z \le \frac{12.0-10.0}{\sqrt{\frac{4.0}{n}}} + 1.960\right)$$
$$= \phi(\sqrt{n} + 1.96) - \phi(\sqrt{n} - 1.96)$$
$$= \phi(4.96) - \phi(1.04) = 0.149$$

가 되는 것에서 $1-\beta = 1-0.149 = 0.851$이 된다. 90% 이상의 검출력을 얻으려면 보다 표본을 취할 필요가 있다. 이 경우 $\phi(\sqrt{n}+1.96) \approx 1$로 볼 수 있어서 $\phi(\sqrt{n}-1.96) \ge 0.90$이 되는 n을 구하면 된다.

$$\sqrt{n} - 1.960 \ge \phi^{-1}(0.90) = 1.282$$
$$n \ge 3.242^2 = 10.51$$

에서 11개의 표본이 필요하다.

분산 σ^2이 미지인 경우에는 σ^2 대신에 그의 불편추정량인 V를 사용한다. 이때 검정통계량

$$t_0 = \frac{\overline{X} - \mu_0}{\sqrt{\frac{V}{n}}} \sim t(n-1) \tag{2.10}$$

은 자유도 $n-1$의 t분포에 따르므로, 유의수준 α에서의 기각역은

$$R: |t_0| \geq t(n-1, \alpha)$$

이 된다.

모평균 μ의 점추정값 $\hat{\mu}$는 분산이 기지인 경우와 마찬가지로 $\overline{X}$로 한다. 신뢰율 α의 신뢰구간은

$$-t(n-1, \alpha) \leq \frac{\overline{X}-\mu}{\sqrt{\frac{V}{n}}} \leq t(n-1, \alpha)$$

를 정리해서

$$\overline{X}-t(n-1, \alpha) \leq \sqrt{\frac{V}{n}} \leq \mu \leq \overline{X}+t(n-1, \alpha)\sqrt{\frac{V}{n}} \tag{2.11}$$

가 된다.

[예 2.6] 정규모집단 A에서 20개의 데이터를 무작위로 표본추출하여

6.7, 5.7, 7.2, 8.3, 8.2, 8.7, 4.8, 6.8, 8.1, 5.9
6.3, 5.3, 5.2, 6.0, 6.2, 4.9, 6.4, 6.6, 7.1, 6.6

이 얻어졌다. 모평균은 7보다 작다고 할 수 있는지 유의수준 $\alpha=5\%$로 검정해 보자. 우선 $\sum_{i=1}^{20} x_i = 131.0$, $\sum_{i=1}^{20} x_i^2 = 882.50$에서 기본통계량을 계산한다.

$$\bar{x} = \frac{131.0}{20} = 6.55, \quad S^2 = 882.50 - \frac{131.0^2}{20} = 24.45, \quad V = \frac{24.45}{20-1} = 1.287$$

귀무가설과 대립가설은

$$H_0: \mu = \mu_0 \quad (\mu_0 = 7)$$
$$H_1: \mu < \mu_0$$

이 되고, 좌측검정이 된다. 기각역은

$$R: t_0 \leq -t(19, \alpha)$$

검정통계치를 구하면

$$t_0 = \frac{6.55-7}{\sqrt{\frac{1.287}{20}}} = -1.774$$

에서

$$t_0 = -1.774 < -1.729 = t(19,\ 0.05)$$

이 되어, 유의수준 5%로 유의하다. 따라서 귀무가설은 기각되어 모평균은 7보다 작다고 할 수 있다. 모평균의 점추정값은

$$\hat{\mu} = \bar{x} = 6.55$$

이고, 95% 신뢰구간은

$$6.55 - t(19,\ 0.025)\sqrt{\frac{1.287}{20}} \le \mu \le 6.55 + t(19,\ 0.025)\sqrt{\frac{1.287}{20}}$$

$$6.55 - 2.093 \times 0.254 \le \mu \le 6.55 + 2.093 \times 0.532$$

$$6.018 \le \mu \le 7.082 \text{ 또는 } 6.01 \le \mu \le 7.09$$

이 된다.

[2] 하나의 모분산의 검정과 추정

정규모집단 $N(\mu,\ \sigma^2)$에 대하여 모분산 σ^2이 어떤 값 σ_0^2과 같은지, 같지 않는지를 검정할 때는 양측검정이 되고, 귀무가설 H_0와 대립가설 H_1은

$$H_0 : \sigma^2 = \sigma_0^2$$

$$H_1 : \sigma^2 \ne \sigma_0^2$$

이 된다. n개의 표본 $X_1, X_2, \cdots, X_n$이 무작위로 취해졌을 때, 표본의 편차제곱합을 S라면

$$\chi^2 = \frac{S}{\sigma^2} \sim \chi^2(n-1)$$

은 자유도 $n-1$의 χ^2분포에 따른다. 귀무가설 $H_0 : \sigma^2 = \sigma_0^2$에서 검정통계량

$$\chi_0^2 = \frac{S}{\sigma_0^2} \sim \chi^2(n-1) \tag{2.12}$$

이 얻어지므로, 유의수준 α로 기각역은

$$R: \chi_0^2 \geq \chi^2\left(n-1,\ \frac{\alpha}{2}\right),\quad \chi_0^2 \leq \chi^2\left(n-1,\ 1-\frac{\alpha}{2}\right)$$

이 된다.

모분산 σ^2의 점추정값 $\widehat{\sigma^2}$은

$$\widehat{\sigma^2} = \frac{S}{n-1}$$

이다. 신뢰율 α의 신뢰구간은

$$\chi^2\left(n-1,\ 1-\frac{\alpha}{2}\right) \leq \frac{S}{\sigma^2} \leq \chi^2\left(n-1,\ \frac{\alpha}{2}\right)$$

를 정리하여

$$\frac{S}{\chi^2\left(n-1,\ \frac{\alpha}{2}\right)} \leq \sigma^2 \leq \frac{S}{\chi^2\left(n-1,\ 1-\frac{\alpha}{2}\right)} \tag{2.13}$$

가 된다.

[예 2.7] [예 2.6]의 데이터에서 모분산은 1.0보다 크다고 할 수 있는지, 아닌지를 유의수준 α =5%로 검정해 보자. 귀무가설과 대립가설은

$$H_0: \sigma^2 = \sigma_0^2 \quad (\sigma_0^2 = 1.0)$$
$$H_1: \sigma^2 > \sigma_0^2$$

이 되고, 우측검정이 된다. 기각역은

$$R: \chi_0^2 \geq \chi^2(19,\ \alpha)$$

이다. 검정통계량의 값을 구하면

$$\chi_0^2 = \frac{24.45}{1.0} = 24.45$$

에서

$$\chi_0^2 = 24.45 < 30.14 = \chi^2(19,\ 0.05)$$

이 되고, 유의수준 5%로 유의하지는 않다. 따라서 귀무가설은 기각되지 않고, 모분산은 1.0보다 크다고는 할 수 없다.

모분산의 점추정값은

$$\hat{\sigma}^2 = \frac{S}{n-1} = \frac{24.45}{19-1} = 1.287$$

이고, 95% 신뢰구간은

$$\frac{24.45}{\chi^2(19,\ 0.025)} \le \sigma^2 \le \frac{24.45}{\chi^2(19,\ 0.975)}$$

$$\frac{24.45}{32.85} \le \sigma^2 \le \frac{24.45}{8.91}$$

$$0.744 \le \sigma^2 \le 2.744$$

가 된다.

[3] 분산비의 검정과 추정

두 개의 정규모집단 $N(\mu_1,\ \sigma_1^2)$과 $N(\mu_2,\ \sigma_2^2)$에 대하여 두 모분산 σ_1^2과 σ_2^2이 같은지, 같지 않는지를 검정할 때는 양측검정이 되고, 귀무가설 H_0과 대립가설 H_1은

$$H_0 : \sigma_1^2 = \sigma_2^2$$

$$H_1 : \sigma_1^2 \neq \sigma_2^2$$

이 된다. n_1개의 표본 $X_{11}, X_{12}, \cdots, X_{1n_1}$과 n_2개의 표본 $X_{21}, X_{22}, \cdots, X_{2n_2}$가 각각의 정규모집단에서 무작위로 발취할 때 편차제곱합 S_1과 S_2는 각각 자유도 n_1-1과 n_2-1의 χ^2분포에 따르므로

$$F = \frac{\dfrac{S_1/\sigma_1^2}{n_1 - 1}}{\dfrac{S_2/\sigma_2^2}{n_2 - 1}} = \frac{\dfrac{V_1}{\sigma_1^2}}{\dfrac{V_2}{\sigma_2^2}} \sim F(n_1 - 1,\ n_2 - 1)$$

는 자유도 $(n_1 - 1,\ n_2 - 1)$의 F분포에 따른다. 귀무가설 $H_0 : \sigma_1^2 = \sigma_2^2$에서 검정통계량

$$F_0 = \frac{V_1}{V_2} \sim F(n_1 - 1,\ n_2 - 1) \tag{2.14}$$

로 주어지므로 유의수준 α에서의 기각역은

$$R : F_0 \geq F\left(n_1 - 1,\ n_2 - 1,\ \frac{\alpha}{2}\right),\quad F_0 \leq F\left(n_1 - 1,\ n_2 - 1,\ 1 - \frac{\alpha}{2}\right)$$

가 된다.

분산비의 점추정값은

$$\widehat{\left(\frac{\sigma_1^2}{\sigma_2^2}\right)} = \frac{V_1}{V_2}$$

이다. 신뢰율 α의 신뢰구간은

$$F\left(n_1 - 1,\ n_2 - 1,\ 1 - \frac{\alpha}{2}\right) \leq \frac{V_1/\sigma_1^2}{V_2/\sigma_2^2} \leq F\left(n_1 - 1,\ n_2 - 1,\ \frac{\alpha}{2}\right)$$

를 정리해서

$$\frac{1}{F\left(n_1 - 1,\ n_2 - 1,\ \dfrac{\alpha}{2}\right)} \times \frac{V_1}{V_2} \leq \frac{\sigma_1^2}{\sigma_2^2} \leq F\left(n_2 - 1,\ n_1 - 1,\ \frac{\alpha}{2}\right) \times \frac{V_1}{V_2} \tag{2.15}$$

이 된다.

[예 2.8] 정규모집단 B에서 24개의 데이터를 무작위로 표본추출해서

7.4, 3.8, 6.4, 6.3, 4.2, 6.7, 4.6, 7.2, 6.6, 3.5, 5.2, 3.3
4.2, 4.6, 7.1, 7.7, 7.4, 8.0, 5.0, 6.0, 7.2, 4.3, 4.7, 4.2

이 얻어졌다. 정규모집단 B의 모분산과 [예 2.6]의 정규모집단 A의 모분산은 같다고 할

수 있는지 어떤지를 유의수준 $\alpha=5\%$로 검정해 보자. B의 데이터에 대하여 $\sum_{i=1}^{24} x_i=135.6$, $\sum_{i=1}^{24} x_i^2=817.44$에서 기본통계량을 계산한다.

$$\bar{x}_B=\frac{135.6}{24}=5.65, \quad S=817.44-\frac{135.6^2}{24}=51.30, \quad V=\frac{51.30}{24-1}=2.230$$

모분산이 같은지 어떤지를 검정하는 것이므로, 귀무가설과 대립가설은

$$H_0: \sigma_A^2=\sigma_B^2$$
$$H_1: \sigma_A^2 \neq \sigma_B^2$$

이 되고, 양측검정이 된다. 기각역은

$$R: F_0 \geq F\left(19,\ 23,\ \frac{\alpha}{2}\right), \quad F_0 \leq F\left(19,\ 23,\ 1-\frac{\alpha}{2}\right)=\frac{1}{F\left(23,\ 19,\ \frac{\alpha}{2}\right)}$$

이다. 검정통계량을 구하면

$$F_0=\frac{V_A}{V_B}=\frac{1.287}{2.230}=0.577$$

에서

$$F_0=0.577>0.406=F(19,\ 23,\ 0.975)=\frac{1}{F(23,\ 19,\ 0.025)}=\frac{1}{2.465}$$

이 되고, 유의수준 5%로 유의하지 않다. 따라서 귀무가설은 기각되지 않고, 모분산은 다르다고는 할 수 없다. 분산비의 점추정값은

$$\widehat{\left(\frac{\sigma_A^2}{\sigma_B^2}\right)}=\frac{V_A}{V_B}=\frac{1.287}{2.230}=0.577$$

이고, 95% 신뢰구간은

$$F(19,\ 23,\ 0.975)\times\frac{1.287}{2.230} \leq \frac{\sigma_A^2}{\sigma_B^2} \leq F(19,\ 23,\ 0.025)\times\frac{1.287}{2.230}$$

$$\frac{1}{F(23,\ 19,\ 0.025)}\times 0.577 \leq \frac{\sigma_A^2}{\sigma_B^2} \leq F(19,\ 23,\ 0.025)\times 0.577$$

$$\frac{0.577}{2.46} \leq \frac{\sigma_A^2}{\sigma_B^2} \leq 2.37 \times 0.577$$

$$0.234 \leq \frac{\sigma_A^2}{\sigma_B^2} \leq 1.368$$

이 된다.

[4] 두 모평균의 차의 검정과 추정

두 정규모집단 $N(\mu_1, \sigma_1^2)$과 $N(\mu_2, \sigma_2^2)$에 대하여, 두 개의 모평균 μ_1과 μ_2가 같은지, 같지 않는지를 검정할 때는 양측검정이 되고, 귀무가설 H_0과 대립가설 H_1은

$$H_0 : \mu_1 = \mu_2$$
$$H_1 : \mu_1 \neq \mu_2$$

이 된다. n_1개의 표본 $X_{11}, X_{12}, \cdots, X_{1n_1}$과 n_2개의 표본 $X_{21}, X_{22}, \cdots, X_{2n_2}$가 각각의 정규모집단에서 무작위로 발취했을 때, 표본평균 $\overline{X}_1$과 $\overline{X}_2$는 각각 정규분포 $N(\mu_1, \sigma_1^2/n_1)$과 $N(\mu_2, \sigma_2^2/n_2)$에 따르므로, 그들의 차의 분포는

$$\overline{X}_1 - \overline{X}_2 \sim N\left(\mu_1 - \mu_2, \frac{\sigma_1^2}{n_1} + \frac{\sigma_2^2}{n_2}\right)$$

이 된다.

두 개의 모분산을 같다 $\sigma_1^2 = \sigma_2^2 = \sigma^2$라고 생각될 때는

$$\frac{(\overline{X}_1 - \overline{X}_2) - (\mu_1 - \mu_2)}{\sqrt{\sigma^2\left(\frac{1}{n_1} + \frac{1}{n_2}\right)}} \sim N(0, 1)$$

$$\frac{S_1}{\sigma^2} + \frac{S_2}{\sigma^2} \sim \chi^2(n_1 + n_2 - 2)$$

이므로

$$t = \frac{(\overline{X}_1 - \overline{X}_2) - (\mu_1 - \mu_2)}{\sqrt{\sigma^2\left(\frac{1}{n_1} + \frac{1}{n_2}\right)}} \bigg/ \sqrt{\frac{\frac{S_1}{\sigma^2} + \frac{S_2}{\sigma^2}}{n_1 + n_2 - 2}}$$

$$= \frac{(\overline{X}_1 - \overline{X}_2) - (\mu_1 - \mu_2)}{\sqrt{\frac{S_1 + S_2}{n_1 + n_2 - 2}\left(\frac{1}{n_1} + \frac{1}{n_2}\right)}} \sim t(n_1 + n_2 - 2)$$

는 자유도 $(n_1 + n_2 - 2)$의 t분포에 따른다. 여기서

$$V = \frac{S_1 + S_2}{n_1 + n_2 - 2} \tag{2.16}$$

를 **합병분산**이라 하고, σ^2의 추정값으로 쓰인다. 귀무가설 $H_0 : \mu_1 = \mu_2$에서 검정통계량

$$t_0 = \frac{(\overline{X_1} - \overline{X_2})}{\sqrt{V\left(\frac{1}{n_1} + \frac{1}{n_2}\right)}} \sim t(n_1 + n_2 - 2) \tag{2.17}$$

이 얻어지므로, 유의수준 α에서의 기각역은

$$R : |t_0| \geq t(n_1 + n_2 - 2,\ \alpha)$$

가 된다.

모평균의 차의 점추정값은

$$\widehat{\mu_1 - \mu_2} = \overline{X}_1 - \overline{X}_2$$

이다. 신뢰율 α의 신뢰구간은

$$-t(n_1 + n_2 - 2,\ \alpha) \leq \frac{(\overline{X}_1 - \overline{X}_2) - (\mu_1 - \mu_2)}{\sqrt{V\left(\frac{1}{n_1} + \frac{1}{n_2}\right)}} \leq t(n_1 + n_2 - 2,\ \alpha)$$

를 정의해서

$$(\overline{X_1} - \overline{X_2}) - t(n_1 + n_2 - 2,\ \alpha)\sqrt{V\left(\frac{1}{n_1} + \frac{1}{n_2}\right)} \leq \mu_1 - \mu_2$$
$$\leq (\overline{X}_1 - \overline{X}_2) + t(n_1 + n_2 - 2,\ \alpha)\sqrt{V\left(\frac{1}{n_1} + \frac{1}{n_2}\right)} \tag{2.18}$$

이 된다.

등분산이라고 볼 수 없을 때에는 각각의 분산 σ_1^2과 σ_2^2의 추정값으로서 표본분산 V_1

과 V_2를 써야 하므로, 통계량

$$t=\frac{(\overline{X}_1-\overline{X}_2)-(\mu_1-\mu_2)}{\sqrt{\dfrac{V_1}{n_1}+\dfrac{V_2}{n_2}}}\sim t(\phi^*)$$

는 자유도 ϕ^*의 t분포에 따른다. 여기서 ϕ^*는 등가자유도라 부르고,

$$\frac{1}{\phi^*}=\frac{c^2}{n_1-1}+\frac{(1-c)^2}{n_2-1} \tag{2.19}$$

에 의하여 주어진다. 단,

$$c=\frac{V_1/n_1}{V_1/n_1+V_2/n_2}$$

이다. 귀무가설 $H_0 : \mu_1=\mu_2$에서 검정통계량

$$t_0=\frac{\overline{X}_1-\overline{X}_2}{\sqrt{\dfrac{V_1}{n_1}+\dfrac{V_2}{n_2}}}\sim t(\phi^*) \tag{2.20}$$

가 얻어지므로, 유의수준 α에서 기각역은

$$R : |t_0|\geq t(\phi^*,\ \alpha)$$

이 된다.

모평균의 차의 점추정값은 등분산으로 볼 수 있을 때와 같다. 신뢰율 α의 신뢰구간은

$$-t(\phi^*,\ \alpha)\leq\frac{(\overline{X}_1-\overline{X}_2)-(\mu_1-\mu_2)}{\sqrt{\dfrac{V_1}{n_1}+\dfrac{V_2}{n_2}}}\leq t(\phi^*,\ \alpha)$$

를 정리해서

$$(\overline{X}_1-\overline{X}_2)-t(\phi^*,\ \alpha)\sqrt{\frac{V_1}{n_1}+\frac{V_2}{n_2}}\leq\mu_1-\mu_2$$

$$\leq(\overline{X}_1-\overline{X}_2)+t(\phi^*,\ \alpha)\sqrt{\frac{V_1}{n_1}+\frac{V_2}{n_2}} \tag{2.21}$$

가 된다.

[예 2.9] [예 2.6]과 [예 2.8]의 데이터에서 정규모집단 A와 B의 모평균의 차가 있다고 할 수 있는지 어떤지를 유의수준 $\alpha=5\%$로 검정해 보자. [예 2.8]에서도 모분산에 차가 있다고는 볼 수 없으므로, 등분산으로 해서 검정한다. 우선 합평분산을 구하면

$$V=\frac{24.45+51.30}{20+24-2}=1.804$$

이 된다. 귀무가설과 대립가설은

$$H_0 : \mu_A=\mu_B$$
$$H_1 : \mu_A \neq \mu_B$$

가 되고, 양측검정이 된다. 기각역은

$$R : |t_0| \geq t(20+24-2,\ \alpha)$$

이다. 검정통계값을 구하면

$$t_0=\frac{6.55-5.65}{\sqrt{1.804\left(\frac{1}{20}+\frac{1}{24}\right)}}=2.213$$

에서

$$t_0=2.213>2.021=t(40,\ 0.05)>t(42,\ 0.05)$$

가 되어 유의수준 5%로 유의하다. 따라서 귀무가설을 기각되어, 모평균은 다르다고 할 수 있다. 모평균의 차의 점추정값은

$$\widehat{\mu_A-\mu_B}=6.55-5.65=0.90$$

이다. 95% 신뢰구간을 구하려면 $t(42,\ 0.05)$의 값이 필요하게 된다. 수표에 값이 없을 때는 전후의 값 $t(40,\ 0.05)=2.021$과 $t(45,\ 0.05)=2.014$를 써서 선형보간에 의하여 다음과 같이 구한다.

$$t(42,\ 0.05)=\frac{45-42}{45-40}\times t(40,\ 0.05)+\frac{42-40}{45-40}\times t(45,\ 0.05)$$
$$=0.6\times 2.021+0.4\times 2.014=2.018$$

이 경우, 95% 신뢰구간은

$$0.90 - t(42,\ 0.05)\sqrt{1.804\left(\frac{1}{20}+\frac{1}{24}\right)} \le \mu_A - \mu_B$$

$$\le 0.90 + t(42,\ 0.05)\sqrt{1.804\left(\frac{1}{20}+\frac{1}{24}\right)}$$

$$0.90 - 2.018 \times 0.407 \le \mu_A - \mu_B \le 0.90 + 2.018 \times 0.407$$

$$0.078 \le \mu_A - \mu_B \le 1.722$$

가 된다.

[5] 비율에 관한 검정과 추정

정당의 지지율, 텔레비전 순번의 시청률이라든가 제품의 불량률 등 비율로 나타내지는 데이터도 있다. 어떤 모집단에서 어떤 특성을 갖는 것의 비율이 P이라 할 때 n개의 표본 가운데 그 특성을 갖는 것을 나타나는 개수 x는 2항분포 $B(n,\ P)$에 따른다. $B(n,\ P)$에 대하여 모비율 P가 어떤 값 P_0와 같은지 어떤지를 검정할 때에는 양측검정이 되고, 귀무가설 H_0와 대립가설 H_1은

$$H_0 : P = P_0$$

$$H_1 : P \neq P_0$$

로 된다. n이 충분히 클 때,[7] 2항분포 $B(n,\ P)$는 정규분포에 근사한다.

직접 근사법이란 2항분포 $B(n,\ P)$의 평균 nP와 분산 $nP(1-P)$를 그대로 평균과 분산으로 갖는 정규분포에 근사하는 방법이 있다.

$$x \sim N(nP,\ nP(1-P)) \tag{2.22}$$

$$p = \frac{x}{n} \sim N\left(P,\ \frac{P(1-P)}{n}\right) \tag{2.23}$$

로짓트변환법으로 비율 p를 로짓트(logit)함수

$$L(p) = \ln \frac{p}{1-p} \tag{2.24}$$

7) $np>5$ 또는 $n(1-P)>5$가 성립하면 된다.

로 로짓트 $L(p)$로 변환하면 정규분포로 근사[8]한다. (logit=log unit)

$$L(p) \sim N\left(L(P),\ \frac{1}{nP(1-P)}\right) \tag{2.25}$$

근사의 정도를 높이기 위하여 p 대신에

$$p^* = \frac{x+0.5}{n+1} \tag{2.26}$$

를 쓰는 일도 있다. 또, **역사인변환법**에서 비율을 역사인변환한 것은 정규분포에 근사한다.

$$\sin^{-1}\sqrt{p} \sim N\left(\sin^{-1}\sqrt{P},\ \frac{1}{4n}\right) \tag{2.27}$$

어느 것도 정규분포에 근사시켜서 검정이나 추정을 하게 된다.

직접근사법으로는

$$\frac{p-P}{\sqrt{\dfrac{P(1-P)}{n}}} \sim N(0,1)$$

가 표준정규분포 $N(0,1)$에 따른다. 귀무가설 $H_0 : P=P_0$에서 검정통계량

$$z_0 = \frac{p-P_0}{\sqrt{\dfrac{P_0(1-P_0)}{n}}} \sim N(0,1) \tag{2.28}$$

이 얻어지므로, 유의수준 α에서의 기각역은

$$R : |z_0| \ge Z_{\alpha/2}$$

가 된다.

모비율의 점추정값은

$$\hat{P} = P = \frac{x}{n}$$

---

8) $L(p)=\ln\frac{p}{1-p}$를 $p=P$의 둘레에서 1차의 항까지 Taylor 전개하면 $L(p)=L(P)+L'(P)(p-P)=L(P)+\left(\frac{1}{P}+\frac{1}{1-P}\right)$가 된다. 따라서 $L(p)$의 분산 $V(L(p))=\left(\frac{1}{P}+\frac{1}{1-P}\right)^2 V(p-P)=\frac{1}{P^2(1-P)^2}\frac{P(1-P)}{n}=\frac{1}{nP(1-P)}$에 근사된다.

이다. 신뢰율 α의 신뢰구간은

$$-Z_{\alpha/2} \leq \frac{p-P}{\sqrt{\dfrac{P(1-P)}{n}}} \leq Z_{\alpha/2}$$

로 나타낼 수 있고, 이것을 모비율 P에 대하여 정리해서 얻어지는 2차부등식을 풀어도 되지만, 분모의 P에 표본비율 p를 대입해서

$$p-Z_{\alpha/2}\sqrt{\frac{p(1-p)}{n}} \leq P \leq p+Z_{\alpha/2}\sqrt{\frac{p(1-p)}{n}} \tag{2.29}$$

를 P의 신뢰구간으로 한다.

로짓트변환법에서는

$$\sqrt{nP(1-P)}\,(L(p^*)-L(P)) \sim N(0,\,1)$$

가 표준정규분포 $N(0, 1)$에 따른다. 귀무가설 $H_0 : P=P_0$에서 검정통계량

$$\sqrt{nP_0(1-P_0)}\,(L(p^*)-L(P_0)) \sim N(0,\,1) \tag{2.30}$$

가 얻어지므로, 유의수준 α에서의 기각역은 다음과 같다.

$$R : |z_0| \geq Z_{\alpha/2}$$

모비율의 점추정값은

$$\hat{P} = P = \frac{x}{n}$$

이다. 신뢰율 α의 신뢰구간은

$$-Z_{\alpha/2} \leq \sqrt{nP(1-P)}\,(L(p^*)-L(P)) \leq Z_{\alpha/2}$$

로 나타내지며, 근호안의 P에 표본비율 p^*를 대입해서

$$L(p)-\frac{Z_{\alpha/2}}{\sqrt{np^*(1-p^*)}} \leq L(P) \leq L(p^*)+\frac{Z_{\alpha/2}}{\sqrt{np^*(1-p^*)}} \tag{2.31}$$

로 한다. 로짓트 L의 역변환

$$p = \frac{\exp(L)}{\exp(L)+1} = \frac{1}{1+\exp(-L)} \tag{2.32}$$

에 의하여 비율 p로 변환할 수 있다. (2.31) 식의 신뢰한계를 역변환하는 것으로, 비율의 신뢰구간을 구할 수 있다.

[예 2.10] 어떤 방송프로그램의 시청률을 조사하기 위하여 600세대를 무작위로 선정하여 조사해보니 75세대에서 그 프로그램을 보고 있다는 것을 알았다. 시청률은 10%보다 높다고 할 수 있는지, 어떤지를 유의수준 5%로 검정하고 싶다. 이때, 표본비율은

$$p^* = \frac{75+0.5}{600+1} = 0.1256$$

이 되고, 로짓트변환값은

$$L(P) = L(0.10) = \ln\frac{0.10}{1-0.10} = -2.197$$

$$L(p^*) = L(0.1256) = \ln\frac{0.1256}{1-0.1256} = -1.940$$

이 얻어진다. 귀무가설과 대립가설은

$$H_0 : P = P_0 \quad (P_0 = 0.10)$$

$$H_1 : P > P_0$$

가 되고, 우측검정이 된다. 기각역은

$$R : z_0 \geq Z_\alpha$$

이다. 검정통계량값을 구하면

$$z_0 = \sqrt{600 \times 0.1256 \times 0.8744}\,(-1.940 - (-2.197)) = 2.086$$

에서

$$z_0 = 2.086 > 1.645 = Z_{0.05}$$

가 되어 유의수준 5%로 유의하다. 따라서 귀무가설은 기각되어 시청률은 10%보다 높다고 할 수 있다.

시청률의 점추정값은

$$\hat{P} = P = \frac{x}{n} = \frac{75}{600} = 0.125$$

이다. 시청률의 95% 신뢰구간은 로짓트변환값의 신뢰구간을 역변환하여 구한다.

$$-1.940 - \frac{1.960}{\sqrt{600 \times 0.1256 \times 0.8744}} \leq L(P) \leq -1.940 + \frac{1.960}{\sqrt{600 \times 0.1256 \times 0.8744}}$$

$$-1.940 - 0.241 \leq L(P) \leq -1.940 + 0.241$$

$$-2.181 \leq L(P) \leq -1.699$$

$$\frac{1}{1+\exp(2.181)} \leq \quad P \quad \leq \frac{1}{1+\exp(1.699)}$$

$$0.101 \leq \quad P \quad \leq 0.155$$

4. 분산분석

두 모평균에 차가 있는지 어떤지는 본장의 3. [4]의 방법으로 검정할 수 있다. 3개 이상의 모집단이 있을 때 그들의 모평균에 차가 있는지 어떤지를 검정할 때에 **분산분석**(analysis of variance; ANOVA)이 쓰인다. 이 경우 모집단의 차는 요인에 의하여 표현한다. 가령, 어느 요인을 3종류로 설정했을 때 각각의 값에 의하여 3개의 모집단이 구성된다. 분산분석이란 데이터의 흩어짐을 요인의 값을 변화시켰을 때에 생기는 흩어짐과 오차에 의한 흩어짐으로 분해해서 요인에 의한 흩어짐이 오차에 비하여 큰가 어떤가를 살피는 방법이다. 요인에 의한 흩어짐이 오차에 비하여 무시되지 못할 정도로 크면 모집단의 모평균에는 차가 있다고 할 수 있고, 최적인 조건으로 하려면 요인의 값을 어떻게 설계하면 좋은가, 그때의 모평균은 얼마가 되는가 등을 생각하게 된다.

데이터에 영향을 주는 원인으로서 실험에서 들어낸 것을 **인자**(factor)라 한다. 인자가 미치는 영향을 알기 위하여 몇 개의 조건을 설정해서 실험을 하는데, 그 구분을 **수준**(level)이라 한다. 인자의 수준의 차이에 의하여 일어나는 변화를 **주효과**(main effect)라 하고, 두 개 이상의 인자의 수준의 조합에 의하여 일어나는 변화를 **교호작용**(interaction)이라 한다.

하나의 인자를 가지는 **1원배치법**과 두 개의 인자를 가지는 **2원배치법**에 대하여 아래에서 기술한다.

[1] 일원배치법

어떤 인자 A를 l개의 수준으로 설정하고, 각 수준에서 데이터를 관측한다. 수준의 차에 의하여 모평균에 차 있다고 할 수 있는지 어떤지를 검정하려 한다. 얻은 데이터는 〈표 2.1〉과 같이 정리된다.

〈표 2.1〉 데이터의 형식

수준	실험의 반복	합계
A_1	$x_{11}, x_{12}, \cdots, x_{1n_1}$	T_1
$\vdots$	$\vdots$	$\vdots$
A_i	$x_{i1}, x_{i2}, \cdots, x_{in_i}$	T_i
$\vdots$	$\vdots$	$\vdots$
A_l	$x_{l1}, x_{l2}, \cdots, x_{ln_l}$	T_l

관측 데이터 x_{ij}는 수준 A_i에서 모평균 μ_i에 오차 ε_{ij}를 합한 것으로 생각할 수 있다. 모평균 μ_i는 전체평균 μ와 수준 A_i에서의 효과 a_i에 의하여

$$a_i = \mu_i - \mu \text{ 또는 } \mu_i = \mu + a_i$$

로 나타내지므로, a_i는

$$\sum_{i=1}^{l} n_i a_i = 0$$

이란 조건이 성립한다. 모든 수준에 대하여 a_i를 합치면 수준효과가 상쇄되어 0이 되는 것을 의미하고 있다.

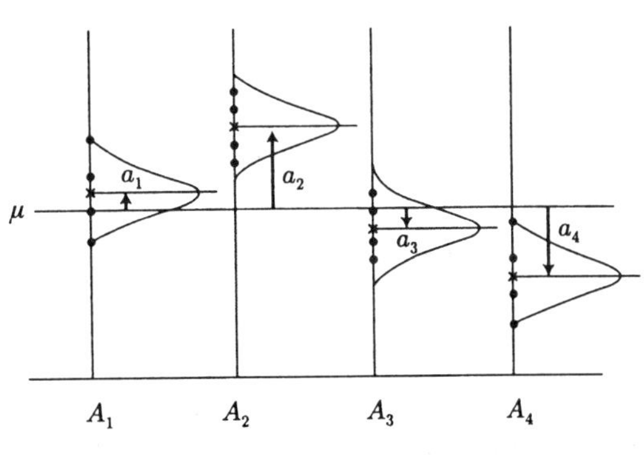

[그림 2.1] 일원배치의 데이터 구조

일반적으로 오차항은 정규분포를 하고 있는 것(정규성), 서로 독립인 것(독립성), 같은 크기의 분산을 갖는 것(등분산성), 평균은 0인 것(불편성)을 가정하고 있고, 각 관측값의 오차 ε_{ij}는 독립으로 정규분포 $N(0,\ \sigma^2)$에 따르는 확률변수이다.

따라서 데이터의 구조식은

$$x_{ij} = \mu + a_i + \varepsilon_{ij}$$

$$\sum_{i=1}^{l} n_i a_i = 0, \quad \varepsilon_{ij} \sim N(0,\ \sigma^2) \tag{2.33}$$

이 된다. 인자 A의 수준을 변화시키는 것에 따라서 모평균은 각각 a_i만큼 변화하나, 이 때에 발생하는 변동의 크기는 a_i의 분산으로

$$\sigma_A^2 = \frac{1}{l-1} \sum_{i=1}^{l} a_i^2$$

로 나타낸다. 이것이 오차변동 σ^2에 비하여 큰지, 어떤지에 따라서 인자 A의 효과가 있는지 없는지를 판단하게 된다. 이때, 귀무가설과 대립가설은

$$H_0 : \sigma_A^2 = 0$$

$$H_1 : \sigma_A^2 > 0$$

이 된다.

데이터의 총제곱합 S_T는 각 데이터의 평균에서의 편차의 제곱합으로 주어지는데, 이것을 인자 A의 수준을 변화시킨 것에 의한 변동(요인 제곱합 S_A)과 각 수준 내에 있는 데이터의 흩어짐(오차제곱합 S_E)으로 분해한다.

$$\begin{aligned} S_T &= \sum_{i=1}^{l} \sum_{j=1}^{n_i} (x_{ij} - \bar{\bar{x}})^2 \\ &= \sum_{i=1}^{l} \sum_{j=1}^{n_i} (x_{ij} - \bar{x}_{i\cdot} + \bar{x}_{i\cdot} - \bar{\bar{x}})^2 \\ &= \sum_{i=1}^{l} \sum_{j=1}^{n_i} (x_{ij} - \bar{x}_{i\cdot})^2 + \sum_{i=1}^{l} n_i (\bar{x}_{i\cdot} - \bar{\bar{x}})^2 \\ &= S_E + S_A \end{aligned}$$

제1항은 개개의 데이터와 그것이 속하는 수준의 평균과의 편차의 제곱합을 합계한 것으

로 오차제곱합을 나타내고, 제2항은 각 수준의 평균과 전체평균과의 편차의 제곱합으로 요인제곱합을 나타내고 있다. 각 제곱합은 다음 방법으로 계산할 수 있다.

$$S_T=\sum_{i=1}^{l}\sum_{j=1}^{n_i}\left(x_{ij}-\frac{T}{N}\right)^2=\sum_{i=1}^{l}\sum_{j=1}^{n_i}x_{ij}^2-\frac{T^2}{N} \tag{2.34}$$

$$S_A=\sum_{i=1}^{l}n_i\left(\frac{T_i}{n_i}-\frac{T}{N}\right)^2=\sum_{i=1}^{l}\frac{T_i^2}{n_i}-\frac{T^2}{N}$$

$$=\sum_{i=1}^{l}\frac{A_i\text{수준 데이터의 합}}{A_i\text{수준 데이터의 수}}-\frac{T^2}{N} \tag{2.35}$$

$$S_E=S_T-S_A \tag{2.36}$$

귀무가설 아래에서 이들 제곱합은 χ^2분포에 따른다. 총제곱합의 자유도는 총데이터수에서 1을 뺀 것, 요인제곱합의 자유도는 수준수에서 1을 뺀 것이 되고, 오차제곱합의 자유도는 총제곱합의 자유도에서 요인제곱합의 자유도를 뺀 것이 된다.

$$\phi_T=\sum_{i=1}^{l}n_i-1=N-1 \tag{2.37}$$

$$\phi_A=l-1 \tag{2.38}$$

$$\phi_E=\phi_T-\phi_A \tag{2.39}$$

제곱합 S_A, S_E은 각각 자유도 ϕ_A, ϕ_E의 χ^2분포에 따르므로, 그들의 비

$$F_0=\frac{S_A/\phi_A}{S_E/\phi_E}=\frac{V_A}{V_E}$$

은 자유도가 (ϕ_A, ϕ_E)의 F분포에 따른다. 여기서 V_A, V_E를 평균제곱이라 한다. 이상의 결과를 종합한 〈표 2.2〉를 분산분석표이라 한다.

〈표 2.2〉 분산분석표

요인	제곱합 S	자유도 ϕ	평균제곱 V	F_0값	평균제곱의 기대값 $E(V)$
요인 A	S_A	ϕ_A	$V_A=\frac{S_A}{\phi_A}$	$\frac{V_A}{V_E}$	$\sigma^2+\frac{1}{l-1}\sum_{i=1}^{l}n_i a_i^2$
오차 E	S_E	ϕ_E	$V_E=\frac{S_E}{\phi_E}$		σ^2
합계 T	S_T	ϕ_T			

데이터의 반복수가 일정 $(n_i = r)$할 때, 요인 A의 평균제곱의 기대값 $E(V_A) = \sigma^2 + r\sigma_A^2$은 다음과 같이 유도된다.

$$E(V_A) = E\left(\frac{S_A}{l-1}\right) = \frac{r}{l-1}\sum_{i=1}^{l} E(\bar{x}_{i\cdot} - \bar{\bar{x}})^2 = \frac{r}{l-1}\sum_{i=1}^{l} E(a_i + \bar{\varepsilon}_{i\cdot} - \bar{\bar{\varepsilon}}_{\cdot\cdot})^2$$
$$= \frac{r}{l-1}\sum_{i=1}^{l} a_i^2 + \frac{r}{l-1}\left(l\frac{\sigma^2}{r} - l\frac{\sigma^2}{lr}\right)$$
$$= r\sigma_A^2 + \sigma^2$$

수준 간에 유의차가 인정되면, 데이터의 구조식을 토대로 수준마다에 모평균의 크기를 추정한다든가, 수준 간의 모평균의 차를 추정하기도 한다. 수준 A_i에서 모평균의 점추정값은

$$\hat{\mu}(A_i) = \widehat{\mu + a_i} = \bar{x}_{i\cdot} = \frac{T_i}{n_i} \tag{2.40}$$

가 된다. 이 통계량 $\bar{x}_{i\cdot}$의 분산은

$$V(\bar{x}_{i\cdot}) = V(\bar{\varepsilon}_{i\cdot}) = \frac{\sigma^2}{n_i}$$

로 주어지므로, 그의 추정값은 σ^2의 추정값 V_E를 써서

$$\hat{V}(\bar{x}_{i\cdot}) = \frac{V_E}{n_i}$$

가 된다. 따라서 수준 A_i에서 모평균의 신뢰율 α의 신뢰구간은

$$\bar{x}_{i\cdot} \pm t(\phi_E, \alpha)\sqrt{\frac{V_E}{n_i}} \tag{2.41}$$

가 된다. 또한 수준 A_i와 수준 A_j에서 모평균의 차의 점추정량은

$$\widehat{\mu(A_i) - \mu(A_j)} = (\widehat{\mu + a_i) - (\mu - a_j}) = \bar{x}_{i\cdot} - \bar{x}_{j\cdot} = \frac{T_i}{n_i} - \frac{T_j}{n_j} \tag{2.42}$$

가 된다. 이 통계량 $\bar{x}_{i\cdot} - \bar{x}_{j\cdot}$의 분산은

$$V(\bar{x}_{i\cdot}-\bar{x}_{j\cdot})=V(\bar{x}_{i\cdot})+V(\bar{x}_{j\cdot})=\frac{\sigma^2}{n_i}+\frac{\sigma^2}{n_j}$$

로 주어지므로, 그 추정값은 σ^2의 추정값 V_E를 써서

$$V(\bar{x}_{i\cdot}-\bar{x}_{j\cdot})=\frac{V_E}{n_i}+\frac{V_E}{n_j}$$

가 된다. 따라서 수준 A_i와 수준 A_j에서 모평균의 차의 신뢰율 α의 신뢰구간은

$$(\bar{x}_{i\cdot}-\bar{x}_{j\cdot})\pm t(\phi_E,\ \alpha)\sqrt{\frac{V_E}{n_i}+\frac{V_E}{n_j}} \tag{2.43}$$

가 된다.

[예 2.11] 인자 A를 4개의 수준으로 설정해서 각각 반복실험을 하여 다음 〈표 2.3〉의 데이터를 얻었다. 분산분석을 하여 요인효과의 유무를 검토하여 모평균이 최대가 되는 수준을 구하고 싶다.

〈표 2.3〉 데이터

수준	데이터	합계	평균
A_1	44, 47, 51, 46	188	47.0
A_2	52, 50, 46, 48, 49	245	49.0
A_3	53, 50, 51, 51, 54	259	51.8
A_4	49, 46, 50, 45	190	47.5

우선 제곱합을 각각 계산하면

$$S_T=(44^2+47^2+\cdots+45^2)-\frac{882^2}{18}=138.0$$

$$S_A=\frac{188^2}{4}+\frac{245^2}{5}+\frac{259^2}{5}+\frac{190^2}{4}-\frac{882^2}{18}=64.2$$

$$S_E=S_T-S_A=138.0-64.2=73.8$$

이 되고, 각 자유도는

$$\phi_T=18-1=17$$

$$\phi_A = 4 - 1 = 3$$

$$\phi_E = 17 - 3 = 14$$

이 된다. 이것을 분산분석표로 나타낸다.

〈표 2.4〉 분산분석표

요인	제곱합 S	자유도 ϕ	평균제곱 V	F_0 값
요인 A	64.2	3	21.4	4.06
오차 E	73.8	14	5.27	
합계 T	138.0	17		

$F(3,\ 14,\ 0.05) = 3.34 < F_0$에서 요인 A는 유의수준 5%로 유의하고, $F^3_{14}(0.05) = 3.3439 < F_0$이므로 모평균의 차의 영향을 미치고 있음을 알 수 있다. 〈표 2.3〉에서 모평균이 최대가 되는 것은 수준 A_3이고, 그 때의 모평균의 점추정값은

$$\hat{\mu}(A_3) = \bar{x}_{3.} = \frac{259}{5} = 51.8$$

이 된다. 신뢰율 95%의 신뢰구간은

$$\overline{x_{3.}} \pm t(\phi_E,\ 0.025)\sqrt{\frac{V_E}{n_3}} = 51.8 \pm t(14,\ 0.025)\sqrt{\frac{5.27}{5}}$$
$$= 51.8 \pm 2.3 = 49.5,\ 54.1$$

이 얻어진다. 수준 A_1과 수준 A_3에서 모평균의 차를 추정하면, 점추정값은

$$\widehat{\mu(A_3) - \mu(A_1)} = \bar{x}_{3.} - \bar{x}_{1.} = \frac{259}{5} - \frac{188}{4} = 4.8$$

신뢰율 95%의 신뢰구간은

$$(\overline{x_{3.}} - \overline{x_{1.}}) \pm t(\phi_E,\ 0.025)\sqrt{\frac{V_E}{n_3} + \frac{V_E}{n_1}} = 4.8 \pm t(14,\ 0.025)\sqrt{\left(\frac{1}{5} + \frac{1}{4}\right)5.27}$$
$$= 4.8 \pm 3.31 = 1.49,\ 8.11$$

을 얻는다.

[2] 2원배치법

두 개의 인자 A와 B에서 각각 수준을 설정하고, 각 수준의 짝을 이루는 데이터 (A_i, B_j)를 관측한다. 각각의 인자의 수준을 이루는 데이터 사이에 차가 있는지 어떤지를 검정할 때, 각 인자의 효과 외에 인자의 결합에 의한 효과를 분리해서 해석할 필요가 있다. 인자 A를 l개의 수준, 인자 B를 m개의 수준으로 설정하고, 각 수준을 r회 실험을 할 때에 관측된 데이터의 구조에 대하여 생각한다. 수준 A_i와 수준 B_i의 결합으로 얻어지는 k번째의 관측 데이터 x_{ijk}는 A_iB_j에서 모평균 μ_{ij}에 오차 ε_{ijk}가 합쳐진 것으로 생각할 수 있다. 전체평균을 μ라면, μ_{ij}는 수준 A_i에 의한 효과 a_i와 수준 B_j에 의한 효과 b_j 및 A_i와 B_j의 짝맞춤의 효과 $(ab)_{ij}$로 나눌 수가 있기 때문에

$$\mu_{ij} = \mu + a_i + b_j + (ab)_{ij}$$

로 나타낼 수 있다. 여기서 a_i, b_j, $(ab)_{ij}$에는

$$\sum_{i=1}^{l} a_i = 0, \quad \sum_{j=1}^{m} b_j = 0, \quad \sum_{i=1}^{l} (ab)_{ij} = 0, \quad \sum_{j=1}^{m} (ab)_{ij} = 0$$

이라는 조건이 붙는다. 따라서 데이터의 구조식은

$$\begin{aligned} & x_{ijk} = \mu + a_i + b_j + (ab)_{ij} + \varepsilon_{ijk} \\ & \sum_{i=1}^{l} a_i = 0, \quad \sum_{j=1}^{m} b_j = 0, \quad \sum_{i=1}^{l} (ab)_{ij} = 0, \quad \sum_{j=1}^{m} (ab)_{ij} = 0 \\ & \varepsilon_{ijk} \sim N(0, \sigma^2) \end{aligned} \tag{2.44}$$

이 된다. 실험의 반복이 없을 때는 오차항의 첨자 k가 없어지고, 교호작용 $(ab)_{ij}$와 오차 ε_{ij}를 구별할 수 없게 된다. 이런 것을 오차와 교호작용이 교차한다고 한다. 교호작용의 유무를 살피기 위하여는 실험을 몇 회 반복하여 행하지 않으면 안된다.

총제곱합 S_T는 요인마다의 제곱합으로 분해된다.

$$\begin{aligned} S_T &= \sum_{i=1}^{l} \sum_{j=1}^{m} \sum_{k=1}^{r} (x_{ijk} - \bar{x})^2 \\ &= \sum_{i=1}^{l} \sum_{j=1}^{m} \sum_{k=1}^{r} (x_{ijk} - \bar{x}_{ij\cdot} + \bar{x}_{ij\cdot} - \bar{x})^2 \end{aligned}$$

$$= \sum_{i=1}^{l}\sum_{j=1}^{m}\sum_{k=1}^{r}(x_{ijk}-\bar{x}_{ij.})^2 + r\sum_{i=1}^{l}\sum_{j=1}^{m}(\bar{x}_{ij.}-\bar{x})^2$$

$$= S_E + S_{AB}$$

일원배치와 마찬가지로 제1항은 오차제곱합을 나타내고, 제2항은 인자 A와 인자 B에 기인하는 요인에 의한 제곱합을 나타내고 있다. 인자 A와 인자 B에 기인하는 요인에는 주효과 A와 주효과 B 및 교호작용 $A \times B$가 있기 때문에 제2항은 또한

$$S_{AB} = r\sum_{i=1}^{l}\sum_{j=1}^{m}(\bar{x}_{ij.}-\bar{x})^2$$

$$= r\sum_{i=1}^{l}\sum_{j=1}^{m}(\bar{x}_{i..}-\bar{x}+\bar{x}_{.j.}-\bar{x}+\bar{x}_{ij.}-\bar{x}_{i..}-\bar{x}_{.j.}+\bar{x})^2$$

$$= mr\sum_{i=1}^{l}(\bar{x}_{i..}-\bar{x})^2 + lr\sum_{j=1}^{m}(\bar{x}_{.j.}-\bar{x})^2 + r\sum_{i=1}^{l}\sum_{j=1}^{m}(\bar{x}_{ij.}-\bar{x}_{i..}-\bar{x}_{.j.}+\bar{x})^2$$

$$= S_A + S_B + S_{A\times B}$$

가 되고, 이것에 대응하는 세 개의 제곱합으로 분해된다. 각 제곱합은 1원배치에서와 마찬가지로 다음 방법으로 계산할 수 있다.

$$S_T = \sum_{i=1}^{l}\sum_{j=1}^{m}\sum_{k=1}^{r}\left(x_{ijk}-\frac{T}{lmr}\right)^2 = \sum_{i=1}^{l}\sum_{j=1}^{m}\sum_{k=1}^{r}x_{ijk}^2 - \frac{T^2}{lmr} \tag{2.45}$$

$$S_A = mr\sum_{i=1}^{l}\left(\frac{T_{i\cdot}}{mr}-\frac{T}{lmr}\right)^2 = \sum_{i=1}^{l}\frac{T_{i\cdot}^2}{mr} - \frac{T^2}{lmr}$$

$$= \sum_{i=1}^{l}\frac{(A_i\text{수준 데이터의 합})^2}{A_i\text{수준 데이터의 수}} - \frac{T^2}{lmr} \tag{2.46}$$

$$S_B = lr\sum_{j=1}^{m}\left(\frac{T_{\cdot j}}{lr}-\frac{T}{lmr}\right)^2 = \sum_{j=1}^{m}\frac{T_{\cdot j}^2}{lr} - \frac{T^2}{lmr}$$

$$= \sum_{i=1}^{l}\frac{(B_j\text{수준 데이터의 합})^2}{B_j\text{수준 데이터의 수}} - \frac{T^2}{lmr} \tag{2.47}$$

$$S_{AB} = r\sum_{i=1}^{l}\sum_{j=1}^{m}\left(\frac{T_{ij}}{r}-\frac{T}{lmr}\right)^2 = \sum_{i=1}^{l}\sum_{j=1}^{m}\frac{T_{ij}^2}{r} - \frac{T^2}{lmr}$$

$$= \sum_{i=1}^{l}\sum_{j=1}^{m}\frac{(A_iB_j\text{수준 데이터의 합})^2}{A_iB_j\text{수준 데이터의 수}} - \frac{T^2}{lmr} \tag{2.48}$$

$$S_{A\times B} = S_{AB} - S_A - S_B \tag{2.49}$$

$$S_E = S_T - S_A - S_B - S_{A\times B} \tag{2.50}$$

각 제곱합의 자유도도 1원배치와 마찬가지로 구해진다. 교호작용의 제곱합 $S_{A\times B}$의 자유도 $\phi_{A\times B}$는 인자 A와 인자 B의 자유도의 곱으로 주어진다.

$$\phi_T = lmr - 1 \tag{2.51}$$

$$\phi_A = l - 1 \tag{2.52}$$

$$\phi_B = m - 1 \tag{2.53}$$

$$\phi_{A\times B} = \phi_A \times \phi_B = (l-1)(m-1) \tag{2.54}$$

$$\phi_E = \phi_T - \phi_A - \phi_B - \phi_{A\times B} = lm(r-1) \tag{2.55}$$

각각의 요인의 효과의 유무를 검정하려면 각각의 요인에 대하여 1원배치와 마찬가지로 F검정을 한다. 여기서는 두 개의 주효과와 하나의 교호작용의 요인효과를 동시에 검정하고 있는 것이 된다. 이상의 결과를 정리하면 〈표 2.5〉의 분산분석표가 얻어진다.

〈표 2.5〉 이원배치의 분산분석표

요인	제곱합 S	자유도 ϕ	평균제곱 V	F_0값	평균제곱의 기대값 $E(V)$
인자 A	S_A	ϕ_A	$V_A = \frac{S_A}{\phi_A}$	$\frac{V_A}{V_E}$	$\sigma^2 + mr\sigma_A^2$
인자 B	S_B	ϕ_B	$V_B = \frac{S_B}{\phi_B}$	$\frac{V_B}{V_E}$	$\sigma^2 + lr\sigma_B^2$
교호작용 $A\times B$	$S_{A\times B}$	$\phi_{A\times B}$	$V_{A\times B} = \frac{S_{A\times B}}{\phi_{A\times B}}$	$\frac{V_{A\times B}}{V_E}$	$\sigma^2 + r\sigma_{A\times B}^2$
오차 E	S_E	ϕ_E	$V_E = \frac{S_E}{\phi_E}$		σ^2
합계 T	S_T	ϕ_T			

여기서 주의할 것은 검정의 결과, 유의하지 않든 요인이 반드시 데이터에 영향을 미치지 않는 요인이라고는 말할 수 없다는 것이다. 교호작용의 유무에 관한 검정에서 귀무가설을 $H_0 : \sigma_{A\times B}^2 = 0$, 대립가설을 $H_1 : \sigma_{A\times B}^2 > 0$이라 하고 있다. 만일 $\sigma_{A\times B}^2 > 0$이었다

해도, 유의수준 5%로 해서 판정하면, $\sigma^2_{A\times B}>0$을 검출할 수 있는 검출력은 반드시 높은 것은 아니고, $\sigma^2_{A\times B}>0$이라는 것을 빠뜨려 버리는 것도 충분히 생각된다. 또 여기서는 주효과 A와 B 및 교호작용 $A\times B$의 세 개의 요인효과의 유무를 동시에 검정하고 있는 것이므로, 개개의 검정의 유의수준 5%로 잡으면, 전체의 유의수준은 대단히 작아진다. 따라서 요인효과는 없다고 판단(귀무가설을 채택)할 때에는 유의수준을 다소 크게 하여 판단하는 쪽이 좋다. 경험상으로 F_0값이 2보다 크면 유의하지 않아도 요인효과가 없다고는 할 수 없다고 판단하는 일이 있는데, 이것은 유의수준을 25%로 할 때의 경계값이 거의 2가 되는 것에 유래하고 있다.

각 수준에서 모평균을 추정하는 방법은 교호작용이 존재하느냐 안하느냐로 다르다. 교호작용이 존재할 때는 두 개의 인자 사이의 짝맞춤효과가 존재하고 있기 때문에 각 인자의 효과를 따로따로 생각하는 것은 적당치 않다. 한편, 교호작용이 없으면 각각의 효과를 개별로 생각하면 된다. 각각의 경우에 대하여 최적수준을 구하는 법이나 모평균의 추정방법에 대하여 기술한다.

[교호작용이 존재할 때]

최적수준은 인자 A와 B의 짝 가운데 최대가 되는 수준을 선정하는 것이 된다. A_iB_j의 조합이 최적수준이었다면 그때의 모평균의 점추정값은

$$\hat{\mu}(A_iB_j)=\widehat{\mu+a_i+b_j+(ab)_{ij}}=\bar{x}_{ij\cdot}=\frac{T_{ij}}{r} \tag{2.56}$$

가 된다. 이 통계량 $\bar{x}_{ij\cdot}$의 분산은

$$V(\bar{x}_{ij\cdot})=V(\bar{\varepsilon}_{ij\cdot})=\frac{\sigma^2}{r}$$

로 주어지므로, 그의 추정값은 σ^2의 추정값 V_E를 써서

$$\hat{V}(\bar{x}_{ij\cdot})=\frac{V_E}{r}$$

가 된다. 따라서 수준의 조합 A_iB_j에서 모평균의 신뢰율 α의 신뢰구간은

$$\bar{x}_{ij\cdot}\pm t(\phi_E,\ \alpha)\sqrt{\frac{V_E}{r}} \tag{2.57}$$

가 된다. 또한 수준 A_iB_j와 수준 $A_{i'}B_{j'}$에서 모평균의 차의 점추정값은

$$\widehat{\mu(A_iB_j)-\mu(A_{i'}B_{j'})}=\bar{x}_{ij\cdot}-\bar{x}_{i'j'\cdot}=\frac{T_{ij}}{r}-\frac{T_{i'j'}}{r} \tag{2.58}$$

가 된다. 이 통계량 $\bar{x}_{ij\cdot}-\bar{x}_{i'j'\cdot}$의 분산은

$$V(\bar{x}_{ij\cdot}-\bar{x}_{i'j'\cdot})=V(\bar{x}_{ij\cdot})+V(\bar{x}_{i'j'\cdot})=\frac{\sigma^2}{r}+\frac{\sigma^2}{r}=\frac{2\sigma^2}{r}$$

로 주어지므로, 그의 추정값은 σ^2의 추정값 V_E를 써서

$$\hat{V}(\bar{x}_{ij\cdot}-\bar{x}_{i'j'\cdot})=\frac{2V_E}{r}$$

가 된다. 따라서 수준 A_iB_j와 수준 $A_{i'}B_{j'}$에서 모평균의 차의 신뢰율 α의 신뢰구간을

$$(\bar{x}_{ij\cdot}-\bar{x}_{i'j'\cdot})\pm t(\phi_E,\ \alpha)\sqrt{\frac{2V_E}{r}} \tag{2.59}$$

가 된다.

[교호작용이 존재하지 않을 때]

요인효과가 없다고 판단된 경우, 그 요인에 의한 변동은 오차로 간주되어, 오차항에 포함시킨다. 가령 교호작용이 없다고 판단되면 $\sigma^2_{A\times B}=0$이 되므로, 평균제곱 $V_{A\times B}$의 기대값은 $E(V_{A\times B})=\sigma^2$이 된나. 이것은 오차분산의 기대값 $E(V_E)=\sigma^2$과 같으므로, 교호작용으로서 계산되었든 제곱합은 오차로 간주되어 오차의 제곱합에 합산하게 된다. 이것에 의하여 오차의 제곱합과 자유도도

$$S_{E'}=S_E+S_{A\times B}$$
$$\phi_{E'}=\phi_E+\phi_{A\times B}$$

로 변하고, 새로운 분산분석표가 얻어진다.

〈표 2.6〉 교호작용을 포함시킨 다음의 분산분석표

요인	제곱합 S	자유도 ϕ	평균제곱 V	F_0 값	평균제곱의 기대값 $E(V)$
인자 A	S_A	ϕ_A	$V_A=\dfrac{S_A}{\phi_A}$	$\dfrac{V_A}{V_{E'}}$	$\sigma^2+mr\sigma_A^2$
인자 B	S_B	ϕ_B	$V_A=\dfrac{S_B}{\phi_B}$	$\dfrac{V_B}{V_{E'}}$	$\sigma^2+lr\sigma_B^2$
오차 E'	$S_{E'}$	$\phi_{E'}$	$V_E=\dfrac{S_{E'}}{\phi_{E'}}$		σ^2
합계 T	S_T	ϕ_T			

여기서 고려되는 데이터의 구조식은 교호작용을 생각하지 않으므로

$$x_{ijk}=\mu+a_i+b_j+\varepsilon_{ijk}$$
$$\sum_{i=1}^{n}a_i=0,\quad \sum_{j=1}^{m}b_j=0,\quad \varepsilon_{ijk}\sim N(0,\ \sigma^2) \tag{2.60}$$

이 된다. 최적수준은 인자 A와 인자 B의 각각의 수준에서 최대가 되는 수준을 선정하는 것이 된다. 인자 A에서는 A_i, 인자 B에서는 B_j가 최적수준이었다면, 그때의 모평균의 점 추정값은

$$\begin{aligned}\hat{\mu}(A_iB_j)&=\widehat{\mu+a_i+b_j}=\widehat{\mu+a_i}+\widehat{\mu+b_j}-\hat{\mu}\\&=\bar{x}_{i\cdot}+\bar{x}_{\cdot j}-\bar{x}=\frac{T_{i\cdot}}{mr}+\frac{T_{\cdot j}}{lr}-\frac{T}{lmr}\end{aligned} \tag{2.61}$$

가 된다. 이 통계량 $\bar{x}_{i\cdot}+\bar{x}_{\cdot j}-\bar{x}$은 세 개의 평균에서 계산되고 있으나, 이들은 서로 독립은 아니므로 그의 분산은 다음과 같이 계산된다.

$$\begin{aligned}V(\bar{x}_{i\cdot}+\bar{x}_{\cdot j}-\bar{x})&=V(\bar{\varepsilon}_{i\cdot}+\bar{\varepsilon}_{\cdot j}-\bar{\varepsilon})\\&=V\left(\sum_{\beta=1}^{m}\frac{\bar{\varepsilon}_{i\beta}}{m}+\sum_{\alpha=1}^{l}\frac{\bar{\varepsilon}_{\alpha j}}{l}-\sum_{\alpha=1}^{l}\sum_{\beta=1}^{m}\frac{\bar{\varepsilon}_{\alpha\beta}}{lm}\right)\\&=V\left(\frac{l+m-1}{lm}\bar{\varepsilon}_{ij}+\frac{l-1}{lm}\sum_{\beta\neq j}\bar{\varepsilon}_{i\beta}+\frac{m-1}{lm}\sum_{\alpha\neq i}\bar{\varepsilon}_{\alpha j}-\frac{1}{lm}\sum_{\alpha\neq i,\beta\neq j}\bar{\varepsilon}_{\alpha\beta}\right)\\&=\left(\frac{l+m-1}{lm}\right)^2\frac{\sigma^2}{r}+\left(\frac{l-1}{lm}\right)^2(m-1)\frac{\sigma^2}{r}+\left(\frac{m-1}{lm}\right)^2(l-1)\frac{\sigma^2}{r}\end{aligned}$$

$$+\left(\frac{l}{lm}\right)^2(m-1)(l-1)\frac{\sigma^2}{r}$$

$$=\frac{l+m-1}{lmr}\sigma^2$$

이 추정값은 σ^2의 추정값 $V_{E'}$을 써서

$$V(\bar{x}_{i\cdot}+\bar{x}_{\cdot j}-\bar{x})=\frac{l+m-1}{lmr}V_{E'} \tag{2.62}$$

이 된다. 여기서 $V_{E'}$의 계수에 대하여 설명해 둔다. 교호작용이 존재하고 있을 때에 모평균의 추정량의 분산은 V_E를 r로 나눈 것으로 되어 있다. 이것은 모평균을 추정할 때 쓰인 데이터수에 대응하는 것이다. 교호작용이 존재하지 않을 때에는 모평균은 3개의 평균에서 추정하고 있으나, 각각의 평균을 계산할 때에 쓰이는 데이터 수는 다르다. 그래서 모평균의 추정에는 몇 개의 데이터를 쓰고 있는 것에 상당하는지를 계산한 것이 **유효반복수** n_e로 불리우는 것이다. 여기서는

$$n_e=\frac{lmr}{l+m-1}$$

이 되는 것을 (2.62) 식에서도 알 수 있으나, 다음 공식에서 간단히 구할 수 있다.

$$\frac{1}{n_e}=\frac{1}{mr}+\frac{1}{lr}-\frac{1}{lmr} \tag{2.63}$$

$$\frac{1}{n_e}=\frac{(\text{추정에 쓰인 요인의 자유도의 합})+1}{\text{총 데이터수}}$$

$$=\frac{\phi_A+\phi_B+1}{lmr}=\frac{l+m-1}{lmr} \tag{2.64}$$

(2.63) 식은 伊奈(이나)의 식으로 불리우고 점추정값을 구할 때에 쓰인 (2.61) 식의 데이터수를 나타내는 계수를 분수의 형식이나 부호를 포함하여 그대로 쓰고 있다. (2.64) 식은 田口(다구찌)의 식이라 불리우고 있다. 수준조합 A_iB_j의 모평균의 신뢰율 α의 신뢰구간은

$$(\bar{x}_{i\cdot}+\bar{x}_{\cdot j}-\bar{x})\pm t(\phi_{E'},\ \alpha)\sqrt{\frac{V_{E'}}{n_e}} \tag{2.65}$$

이 된다.

수준 A_iB_j와 수준 $A_{i'}B_{j'}$에서 모평균의 차의 점추정값은

$$\begin{aligned}\widehat{\mu(A_iB_j)-\mu(A_{i'}B_{j'})} &= (\bar{x}_{i\cdot}+\bar{x}_{\cdot j}-\bar{x})-(\bar{x}_{i'\cdot}+\bar{x}_{\cdot j'}-\bar{x}) \\ &= (\bar{x}_{i\cdot}-\bar{x}_{i'\cdot})+(\bar{x}_{\cdot j}-\bar{x}_{\cdot j'}) \\ &= \frac{T_{i\cdot}-T_{i'\cdot}}{mr}+\frac{T_{\cdot j}-T_{\cdot j'}}{lr}\end{aligned} \tag{2.66}$$

이 된다. 이 통계량 $(\bar{x}_{i\cdot}-\bar{x}_{i'\cdot})+(\bar{x}_{\cdot j}-\bar{x}_{\cdot j'})$의 분산은 i와 i' 및 j와 j'이 같은지 어떤지에 따라 다르다. 각각의 경우의 신뢰구간은 다음과 같이 된다.

[$i=i'$, $j\neq j'$일 때 : 인자 B의 수준만이 다를 때]

$$V(\bar{x}_{\cdot j}-\bar{x}_{\cdot j'})=V(\bar{x}_{\cdot j})+V(\bar{x}_{\cdot j'})=\frac{\sigma^2}{lr}+\frac{\sigma^2}{lr}=\frac{2\sigma^2}{lr}$$

에서 모평균의 차의 신뢰율 α의 신뢰구간은 σ^2의 추정값 V_E를 써서

$$(\bar{x}_{\cdot j}-\bar{x}_{\cdot j'})\pm t(\phi_E,\ \alpha)\sqrt{\frac{2V_E}{lr}} \tag{2.67}$$

[$i\neq i'$, $j=j'$일 때 : 인자 A의 수준만이 다를 때]

$$V(\bar{x}_{i\cdot}-\bar{x}_{i'\cdot})=V(\bar{x}_{i\cdot})+V(\bar{x}_{i'\cdot})=\frac{\sigma^2}{mr}+\frac{\sigma^2}{mr}=\frac{2\sigma^2}{mr}$$

에서 모평균의 차의 신뢰율 α의 신뢰구간은 σ^2의 추정값 V_E를 써서

$$(\bar{x}_{i\cdot}-\bar{x}_{i'\cdot})\pm t(\phi_E,\ \alpha)\sqrt{\frac{2V_E}{mr}} \tag{2.68}$$

[$i\neq i'$, $j\neq j'$일 때 : 인자 A와 인자 B의 수준이 모두 다를 때]

$$\begin{aligned}V(\bar{x}_{i\cdot}-\bar{x}_{i'\cdot}+\bar{x}_{\cdot j}-\bar{x}_{\cdot j'}) &= V(\bar{x}_{i\cdot}-\bar{x}_{\cdot j})+V(\bar{x}_{i'\cdot}+\bar{x}_{\cdot j'}) \\ &= 2\left(\frac{1}{mr}+\frac{1}{lr}\right)\sigma^2=\frac{2(l+m)}{lmr}\ \sigma^2\end{aligned}$$

에서 모평균의 차의 신뢰율 α의 신뢰구간은 σ^2의 추정값 V_E를 써서

$$(\bar{x}_{i\cdot} - \bar{x}_{i'\cdot} + \bar{x}_{\cdot j} - \bar{x}_{\cdot j'}) \pm t(\phi_E, \alpha)\sqrt{\frac{2(l+m)}{lmr}V_E} \tag{2.69}$$

[예 2.12] 인자 A를 3개의 수준, 인자 B를 2개의 수준으로 설정해서, 각각을 짝지어서 3회의 반복실험을 하여 다음 〈표 2.7〉의 데이터를 얻었다. 분산분석에 의하여 요인효과의 유무를 검토하고, 모평균이 최대가 되는 수준의 짝을 구하고 싶다.

〈표 2.7〉 데이터

	B_1	B_2	합계	평균
A_1	44, 47, 48 (평균 46.3)	50, 53, 55 (평균 52.7)	297	49.5
A_2	52, 50, 48 (평균 50.0)	51, 50, 49 (평균 50.5)	300	50.0
A_3	53, 51, 54 (평균 52.7)	55, 52, 56 (평균 54.3)	321	53.5
합계	447	471	918	
평균	49.7	52.3		51.0

우선, 각 제곱합을 계산하면

$$S_T = (44^2 + 47^2 + \cdots + 56^2) - \frac{918^2}{18} = 166.0$$

$$S_A = \frac{297^2}{6} + \frac{300^2}{6} + \frac{321^2}{6} - \frac{918^2}{18} = 57.0$$

$$S_B = \frac{447^2}{9} + \frac{471^2}{9} - \frac{918^2}{18} = 32.0$$

$$S_{AB} = \frac{139^2}{3} + \frac{158^2}{3} + \frac{150^2}{3} + \frac{150^2}{3} + \frac{158^2}{3} + \frac{163^2}{3} - \frac{918^2}{18} = 121.3$$

$$S_{A\times B} = S_{AB} - S_A - S_B = 121.3 - 57.0 - 32.0 = 32.3$$

$$S_E = S_T - S_{AB} = 166.0 - 121.3 = 44.7$$

이 되고, 각 자유도는

$$\phi_T = 18 - 1 = 17$$

$$\phi_A = 3 - 1 = 2$$

$$\phi_B = 2 - 1 = 1$$

$$\phi_{A\times B} = \phi_A \times \phi_B = 2 \times 1 = 2$$

$$\phi_E = \phi_T - \phi_A - \phi_B - \phi_{A\times B} = 17 - 2 - 1 - 2 = 12$$

이 된다. 이상의 결과를 분산분석표로 나타낸다.

〈표 2.8〉 분산분석표

요인	제곱합 S	자유도 ϕ	평균제곱 V	F_0 값
A	57.0	2	28.5	7.65*
B	32.0	1	32.0	8.59*
$A\times B$	32.3	2	16.2	4.35*
오차 E	44.7	12	3.73	
합계 T	138.0	17		

$F(2,\ 12,\ 0.05)=3.89<F_0=7.65$, $F(1,\ 12,\ 0.05)=4.75$, $F_0=8.59$에서 요인 A, 요인 B 및 교호작용 $A\times B$는 $F(2,\ 12,\ 0.05)=3.89<F_0=4.35$이므로 모두 유의수준 5%로 유의[9]하고, 모평균에 영향을 미치고 있는 것을 알 수 있다.

모평균이 최대가 되는 것을 〈표 2.7〉에서 각 수준의 짝 가운데서 선정하면, A_3B_2수준이 되고, 그때의 모평균의 점추정값은

$$\hat{\mu}(A_3B_2)=\bar{x}_{32}=\frac{163}{3}=54.3$$

신뢰율 95%의 신뢰구간은

$$\overline{x_{32}}\pm t(\phi_E,\ 0.025)\sqrt{\frac{V_E}{3}}=54.3\pm t(12,\ 0.025)\sqrt{\frac{3.73}{3}}$$
$$=54.3\pm 2.43=51.87,\ 56.73$$

이 된다. A_1B_1수준과 A_3B_2수준에서 모평균의 차를 추정하면 점추정값은

$$\widehat{\mu(A_3B_2)-\mu(A_1B_1)}=\bar{x}_{32}-\bar{x}_{11}=\frac{163}{3}-\frac{139}{3}=8.0$$

신뢰율 95% 신뢰구간은

$$(\overline{x_{32}}-\overline{x_{11}})\pm t(\phi_E,\ 0.025)\sqrt{2\frac{V_E}{3}}=8.0\pm t(12,\ 0.025)\sqrt{\frac{2}{3}\times 3.73}$$
$$=8.0\pm 3.44=4.56,\ 11.44$$

9) 표중의 F_0값에 붙은 *는 5% 유의함을 나타내고 있다. 1% 유의할 때는 **를 붙인다.

가 얻어진다.

5. 회귀분석

두 개의 변량 x와 y 사이의 관계를 나타내는 통계량에 (1.18) 식으로 정의된 상관계수가 있다. 2차원 정규분포는 상관계수를 파라미터로 해서 특징지어지고, 상관계수는 2개의 변량이 각각 정규분포에 따르고 있을 때의 서로의 연관성을 나타내는 통계량이라 할 수 있다. 2변량 간의 상관관계의 유무나 크기를 검토하는 수법을 **상관분석**(correlation analysis)이라 한다. 이것에 대해 한 쪽의 변수 x의 값을 지정해서 다른 쪽 변수 y의 값을 관측할 때, 2변량 간의 관계를 검토하는 수법을 **회귀분석**(regression analysis)이라 한다. 이때 관측값 y는 x에 의하여 정해지는 값에 정규분포를 하는 오차가 더해져 관측되었다고 생각한다. 회귀분석은 직접 콘트롤 할 수 없는 변수 y를 지정되는 변수 x에 의하여 콘트롤 하려할 때에도 쓰인다. 양자의 차를 도시한 것이 [그림 2.2]이다.

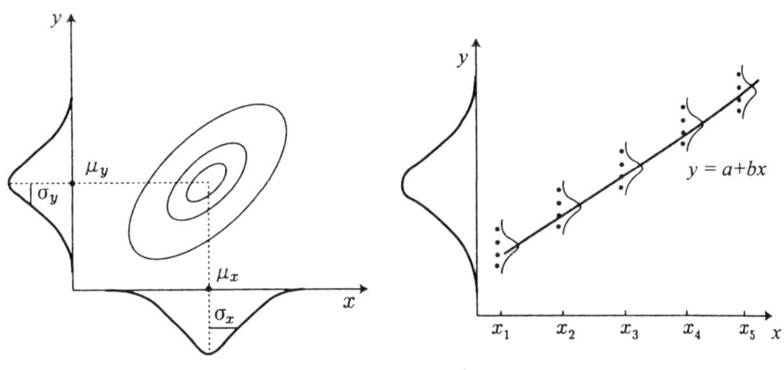

[그림 2.2] 상관분석과 회귀분석

x와 y의 관계 $y=f(x)$를 x에 대한 y의 **회귀함수**(regression function)이라 하고, x를 **설명변수**, y를 **목적변수** 또는 **반응변수**라 한다. $f(x)$는 여러 가지 형을 생각할 수 있으나, 여기서는 가장 기본적인 **단회귀분석**(single regression analysis)에 대하여 기술한다. 단회귀분석에서는 회귀함수는 하나의 설명변수의 선형식으로 다음과 같이 주어진다.

$$f(x) = \alpha + \beta x \tag{2.70}$$

설명변수 x가 n개의 값 $x_1, x_2, \cdots, x_n$을 취한다 하자. $x=x_i$일 때의 관측값 y_i는

$$y_i = \mu_i + \varepsilon_i = \alpha + \beta x_i + \varepsilon_i, \tag{2.71}$$
$$\varepsilon_i \sim N(0,\ \sigma^2)$$

의 데이터구조를 하고 있다. 여기서 ε_i는 서로 독립으로 정규분포 $N(0,\ \sigma^2)$에 따르는 오차이다. 즉 관측값 y의 평균은 직선 $y = \alpha + \beta x$ 위에 있고, 그것에 정규분포 $N(0,\ \sigma^2)$에 따르는 오차가 더해져서 관측되는 것으로 생각하고 있다. 모수 α, β는 각각 **모절편**, **모회귀계수**라고도 한다. 모수 α, β의 추정값 $\hat{\alpha}, \hat{\beta}$가 구해지면, $x = x_i$일 때의 **예측값**

$$\hat{y}_i = \hat{\alpha} + \hat{\beta} x_i \tag{2.72}$$

을 구할 수 있다. 관측값 y_i와 $\hat{y}_i$의 차를 **잔차**(residual)

$$e_i = y_i - \hat{y}_i = y_i - \hat{\alpha} - \hat{\beta} x_i \tag{2.73}$$

라 한다. 모수 α, β의 추정값 $\hat{\alpha}, \hat{\beta}$는 모든 데이터에 대한 잔차를 제곱한 것의 합 Q를 최소가 되도록 주어진다. 이 방법을 **최소제곱법**(least square method)이라 불리운다. 우선, 잔차의 제곱합

$$Q = \sum_{i=1}^{n} e_i^2 = \sum_{i=1}^{n} (y_i - \hat{\alpha} - \hat{\beta} x_i)^2$$

을 최소로 하는 $\hat{\alpha}, \hat{\beta}$를 구하기 위하여 $\hat{\alpha}$, $\hat{\beta}$에 관하여 편미분해서 0으로 놓은 두 식

$$\frac{\partial Q}{\partial \hat{\alpha}} = -2 \sum_{i=1}^{n} (y_i - \hat{\alpha} - \hat{\beta} x_i) = 0$$
$$\frac{\partial Q}{\partial \hat{\beta}} = -2 \sum_{i=1}^{n} (x_i y_i - \hat{\alpha} x_i - \hat{\beta} x_i^2) = 0$$

에서 연립방정식

$$\begin{cases} n\hat{\alpha} + \hat{\beta} \sum_{i=1}^{n} x_i = \sum_{i=1}^{n} y_i \\ \hat{\alpha} \sum_{i=1}^{n} x_i + \hat{\beta} \sum_{i=1}^{n} x_i^2 = \sum_{i=1}^{n} x_i y_i \end{cases}$$

을 얻는다. 제1식의 양변을 n으로 나누면

$$\hat{\alpha} = \bar{y} - \hat{\beta} \bar{x}$$

가 얻어지고, 이것을 제2식에 대입하여 정리하면

$$\hat{\beta} = \frac{n\sum_{i=1}^{n} x_i y_i - \sum_{i=1}^{n} x_i \sum_{i=1}^{n} y_i}{n\sum_{i=1}^{n} x_i^2 - \left(\sum_{i=1}^{n} x_i\right)^2}$$

가 된다. 여기서 x의 제곱합 S_x, y의 제곱합 S_y 및 x와 y의 곱의 합 S_{xy}가

$$S_x = \sum_{i=1}^{n} (x_i - \bar{x})^2 = \sum_{i=1}^{n} x_i^2 - \frac{1}{n}\left(\sum_{i=1}^{n} x_i\right)^2$$

$$S_y = \sum_{i=1}^{n} (y_i - \bar{y})^2 = \sum_{i=1}^{n} y_i^2 - \frac{1}{n}\left(\sum_{i=1}^{n} y_i\right)^2$$

$$S_{xy} = \sum_{i=1}^{n} (x_i - \bar{x})(y_i - \bar{y}) = \sum_{i=1}^{n} x_i y_i - \frac{1}{n}\left(\sum_{i=1}^{n} x_i\right)\left(\sum_{i=1}^{n} y_i\right)$$

가 되는 것을 써서 회귀모수의 추정값

$$\hat{\beta} = \frac{S_{xy}}{S_x} \tag{2.74}$$

$$\hat{\alpha} = \bar{y} - \hat{\beta}\bar{x} \tag{2.75}$$

이 구해진다. 이때, 잔차의 제곱합은 최소가 된다. 이것을 **잔차제곱합**이라 하고 S_e로 나타낸다.

$$\begin{aligned} S_e &= \sum_{i=1}^{n} (y_i - \hat{\alpha} - \hat{\beta} x_i)^2 = \sum_{i=1}^{n} (y_i - \bar{y} - \hat{\beta}(x_i - \bar{x}))^2 \\ &= \sum_{i=1}^{n} (y_i - \bar{y})^2 - 2\hat{\beta}\sum_{i=1}^{n} (y_i - \bar{y})(x_i - \bar{x}) + \hat{\beta}^2 \sum_{i=1}^{n} (x_i - \bar{x})^2 \\ &= S_y - 2\frac{S_{xy}}{S_x} S_{xy} + \left(\frac{S_{xy}}{S_x}\right)^2 S_x \\ &= S_y - \frac{(S_{xy})^2}{S_x} \end{aligned}$$

데이터 y의 변동 가운데, 회귀에 의한 변동이 통계적으로 유의한지 어떤지를 살피기 위하여 분산분석을 행한다. 데이터 y의 변동을 나타내는 제곱합 S_y는 회귀변동에 의한 제곱합 S_R과 회귀변동에 의하지 않는 제곱합 S_e로 분해할 수 있다. 회귀변동에 의한 제

곱합 S_R은 회귀함수에 의하여 예측되는 예측값 $\hat{y}_i$의 변동으로 생각할 수 있으므로

$$
\begin{aligned}
S_R &= \sum_{i=1}^{n} (\hat{y}_i - \bar{y})^2 \\
&= \sum_{i=1}^{n} ((\hat{\alpha} + \hat{\beta} x_i) - (\hat{\alpha} + \hat{\beta}\bar{x}))^2 \\
&= \hat{\beta}^2 \sum_{i=1}^{n} (\hat{x}_i - \bar{x})^2 = \frac{(S_{xy})^2}{S_x}
\end{aligned}
$$

이 된다. 따라서 회귀변동에 의하지 않는 제곱합은 총제곱합에서 회귀변동에 의한 제곱합을 빼서

$$S_e = S_y - S_R \tag{2.76}$$

로 나타내지고, 잔차제곱합과 일치한다. 결국 총제곱합은

$$S_y = S_R + S_e$$

이 되어 회귀변동에 의한 제곱합과 잔차제곱합으로 분해됨을 알 수 있다.

다음은 회귀모수의 추정값의 분포를 생각해 보자. 확률적으로 변동하고 있는 것은 관측값 y_i뿐이고, 그 분포는 평균 $\alpha + \beta x_i$, 분산 σ^2의 정규분포가 된다. $\hat{\beta}$는 y_i의 선형결합으로서

$$\hat{\beta} = \sum_{i=1}^{n} \frac{(x_i - \bar{x})}{S_x} y_i - \sum_{i=1}^{n} \frac{(x_i - \bar{x})^2}{S_x} \bar{y} = \sum_{i=1}^{n} \frac{(x_i - \bar{x})}{S_x} y_i$$

로 나타내지므로, $\hat{\beta}$도 정규분포에 따르고, 그의 평균과 분산은 다음과 같이 된다.

$$
\begin{aligned}
E(\hat{\beta}) &= \sum_{i=1}^{n} \frac{(x_i - \bar{x})}{S_x} E(y_i) = \sum_{i=1}^{n} \frac{(x_i - \bar{x})}{S_x} (\alpha + \beta x_i) \\
&= \frac{\beta}{S_x} \sum_{i=1}^{n} (x_i^2 - x_i \bar{x}) = \frac{\beta}{S_x} \left(\sum_{i=1}^{n} x_i^2 - n\bar{x}^2 \right) = \beta \\
V(\hat{\beta}) &= \sum_{i=1}^{n} \frac{(x_i - \bar{x})^2}{(S_x)^2} V(y_i) = \frac{\sigma^2}{S_x}
\end{aligned}
$$

따라서 $\hat{\beta}$은

$$\hat{\beta} \sim N\left(\beta,\ \frac{\sigma^2}{S_x}\right) \tag{2.77}$$

이고, $\hat{\beta}$는 β의 불편추정량이다.

$\hat{\alpha}$는 $\bar{y}$와 $\hat{\beta}$의 선형결합으로 나타내진다. $\hat{\alpha}$는 $x=0$일 때의 모회귀의 추정값으로 볼 수 있으나, 설명변수의 값을 0으로 취하는 것에 의미가 없는 경우에는 $\hat{\alpha}$에 특별한 의미는 없다. 일반적으로 $x=x_0$일 때의 모회귀 $\hat{\alpha}+\hat{\beta}x_0$의 분포를 생각하면

$$\hat{\alpha}+\hat{\beta}x_0 = \bar{y}+\hat{\beta}(x_0-\bar{x})$$

가 되므로, 이것은 또한 $\bar{y}$와 $\hat{\beta}$의 선형결합으로 나타내진다. $\bar{y}$는 평균 $\alpha+\beta\bar{x}$, 분산 $\dfrac{\sigma^2}{n}$의 정규분포에 따르므로, $\hat{\alpha}+\hat{\beta}x_0$도 정규분포에 따른다. 평균과 분산은 다음과 같이 된다.

$$\begin{aligned} E(\hat{\alpha}+\hat{\beta}x_0) &= E(\bar{y})+(x_0-\bar{x})E(\hat{\beta}) \\ &= \alpha+\beta\bar{x}+(x_0-\bar{x})\beta = \alpha+\beta x_0 \\ V(\hat{\alpha}+\hat{\beta}x_0) &= V(\bar{y})+(x_0-\bar{x})^2 V(\hat{\beta}) \\ &= \frac{\sigma^2}{n}+(x_0-\bar{x})^2\frac{\sigma^2}{S_x} = \left(\frac{1}{n}+\frac{(x_0-\bar{x})^2}{S_x}\right)\sigma^2 \end{aligned}$$

따라서

$$\hat{\alpha}+\hat{\beta}x_0 \sim N\left(\alpha+\beta x_0,\ \left(\frac{1}{n}+\frac{(x_0-\bar{x})^2}{S_x}\right)\sigma^2\right) \tag{2.78}$$

이다.

각 제곱합의 평균은 다음과 같이 구해진다.

$$\begin{aligned} E(S_y) &= E\left(\sum_{i=1}^{n} y_i^2\right)-nE(\bar{y}^2) \\ &= \sum_{i=1}^{n}(V(y_i)+E(y_i)^2)-n(V(\bar{y})+E(\bar{y})^2) \\ &= n\sigma^2+\sum_{i=1}^{n}(\alpha+\beta x_i)^2-n\left(\frac{\sigma^2}{n}+(\alpha+\beta\bar{x})^2\right) \\ &= (n-1)\sigma^2+\beta^2\left(\sum_{i=1}^{n}x_i^2-n\bar{x}^2\right)=(n-1)\sigma^2+\beta^2 S_x \end{aligned}$$

$$E(S_R) = S_x E(\hat{\beta}^2) = S_x(V(\hat{\beta}) + E(\hat{\beta})^2) = S_x\left(\frac{\sigma^2}{S_x} + \beta^2\right)$$
$$= \sigma^2 + \beta^2 S_x$$
$$E(S_e) = E(S_y) - E(S_R) = (n-2)\sigma^2$$

회귀변동이 유의한지 어떤지를 살피려면, 회귀계수 β가 0인지 아닌지를 검정하면 된다. 이때의 귀무가설과 대립가설은

$$H_0 : \beta = 0$$
$$H_1 : \beta \neq 0$$

이 된다. 귀무가설에서 $\beta=0$이므로, $y_i \sim N(\alpha, \sigma^2)$이 되고, $\frac{S_y}{\sigma^2}$는 자유도 $\phi_T = n-1$의 χ^2분포에 따른다. 또, $\hat{\beta} \sim N\left(0, \frac{\sigma^2}{S_x}\right)$에서 $\frac{S_x \hat{\beta}^2}{\sigma^2}$은 자유도 1의 χ^2분포에 따른다. $S_R = S_x \hat{\beta}^2$이므로, $\frac{S_R}{\sigma^2}$이 자유도 1의 χ^2분포에 따른다. χ^2분포의 재생성에서 $\frac{S_e}{\sigma^2}$은 자유도 $\phi_e = n-2$의 χ^2분포에 따른다. 평균제곱을 각각

$$V_R = \frac{S_R}{\phi_R}, \quad V_e = \frac{S_e}{\phi_e}$$

라 놓으면, 귀무가설에서 검정통계량

$$F_0 = \frac{V_R}{V_e}$$

은 자유도 (ϕ_R, ϕ_e)의 F분포에 따르고, α% 점과 비교하여 회귀변동의 유무를 검정할 수 있다. 이상을 분산분석표로 나타내면 〈표 2.9〉가 얻어진다.

〈표 2.9〉 회귀분석의 분산분석표

요인	제곱합	자유도	평균제곱	분산비	평균제곱의 기대값
회귀 R	S_R	$\phi_R = 1$	$V_R = S_R$	$F_0 = \frac{V_R}{V_e}$	$\sigma^2 + \beta^2 S_x$
잔차 e	S_e	$\phi_e = n-2$	$V_e = \frac{S_e}{n-2}$		σ^2
합계 T	S_T	$\phi_T = n-1$			

데이터의 변동 가운데 회귀에 의하여 설명할 수 있는 변동의 비율을 기여율 R^2이라 하고,

$$R^2 = \frac{S_R}{S_T} \tag{2.79}$$

로 정의한다. 기여율 R^2과 상관계수 r의 사이에는 다음 관계가 성립한다.

$$R^2 = \frac{S_R}{S_y} = \frac{(S_{xy})^2}{S_x S_y} = \left(\frac{S_{xy}}{\sqrt{S_x S_y}}\right)^2 = r^2 \tag{2.80}$$

구간추정에 있어서는 $\hat{\beta} \sim N\left(\beta, \frac{\sigma^2}{S_x}\right)$에서 σ^2을 V_e로 바꾸어 놓은

$$\frac{\hat{\beta}-\beta}{\sqrt{\frac{V_e}{S_x}}} \sim t(\phi_e)$$

가 자유도 $\phi_e = n-2$의 t분포에 따른다는 사실에서 회귀계수 β의 신뢰구간은

$$\hat{\beta} \pm t(n-2, \alpha)\sqrt{\frac{V_e}{S_x}} \tag{2.81}$$

가 된다. 또, $\hat{\mu}_0 = \hat{\alpha} + \hat{\beta}x \sim N\left(\mu_0, \left(\frac{1}{n} + \frac{(x_0 - \bar{x})^2}{S_x}\right)\sigma^2\right)$에서 σ^2을 V_e로 바꾸어 놓은

$$\frac{\hat{\mu}_0 - \mu_0}{\sqrt{\left(\frac{1}{n} + \frac{(x_0-\bar{x})^2}{S_x}\right)V_e}} \sim t(\phi_e)$$

이 자유도 $\phi_e = n-2$의 t분포에 따르는 사실에서 $x = x_0$에서의 모회귀 $\mu_0 = \alpha + \beta x_0$의 신뢰구간은

$$\hat{\mu}_0 \pm t(n-2, \alpha)\sqrt{\left(\frac{1}{n} + \frac{(x_0-\bar{x})^2}{S_x}\right)V_e} \tag{2.82}$$

이 된다.

또한, $x = x_0$에서 한 번 더 데이터를 취할 때에 얻어지는 관측값의 예측값은 $\hat{\mu}_0$에 오

차 ε이 더해져서 $\hat{y}_0 = \hat{\mu}_0 + \varepsilon$이 된다. 이때, $\hat{y}_0 \sim N\left(\mu_0, \left(1+\frac{1}{n}+\frac{(x_0-\bar{x})^2}{S_x}\right)\sigma^2\right)$에서, σ^2을 V_e로 바꾸어서

$$\frac{\hat{y}_0 - y_0}{\sqrt{\left(1+\frac{1}{n}+\frac{(x_0-\bar{x})^2}{S_x}\right)V_e}} \sim t(\phi_e)$$

가 자유도 $\phi_e = n-2$의 t분포에 따르는 사실에서 예측값 $\hat{y}_0$의 신뢰구간은

$$\hat{y}_0 \pm t(n-2,\ \alpha)\sqrt{\left(1+\frac{1}{n}+\frac{(x_0-\bar{x})^2}{S_x}\right)V_e} \tag{2.83}$$

가 된다.

[예 2.13] 〈표 2.10〉의 설명변수 x와 목적변수 y의 데이터에 대하여 회귀분석을 하자.

〈표 2.10〉 회귀분석의 데이터

x	25	30	35	40	45	50	55	60	65
y	13.4	26.1	35.0	46.2	53.8	64.2	76.3	83.2	87.8

우선, 기본통계량과 제곱합을 계산하면

$$n=9,\quad \sum x_i = 405,\quad \sum y_i = 486.0,\quad \bar{x} = 45.0,\quad \bar{y} = 54.00$$

$$\sum x_i^2 = 19725,\quad \sum y_i^2 = 31689.06,\quad \sum x_i y_i = 24717.5$$

$$S_x = 19725 - \frac{405^2}{9} = 1500$$

$$S_y = 31689.06 - \frac{486^2}{9} = 5445.06$$

$$S_{xy} = 24717.5 - \frac{405 \times 486}{9} = 2847.5$$

$$S_R = \frac{2847.5^2}{1500} = 5405.50$$

$$S_e = 5445.06 - 5405.50 = 39.56$$

이 되고, 다음 분산분석표가 얻어진다.

〈표 2.11〉 분산분석표

요인	제곱합	자유도	평균제곱	분산비
회귀 R	5405.50	1	5405.50	956.7**
잔차 e	39.56	7	5.65	
합계 T	5445.06	8		

$F(1,\ 7;\ 0.01)=12.25$에서 회귀는 고도로 유의하다. 회귀모수를 구하면

$$\hat{\beta}=\frac{2847.5}{1500}=1.898$$

$$\hat{\alpha}=54.00-1.898\times 45.0=-31.41$$

이 되고, 회귀직선은 $y=-31.41+1.898x$ 또는 $y=54.00+1.898(x-45.0)$이 얻어진다. 회귀계수 β의 95% 신뢰구간은

$$\hat{\beta}_L,\ \hat{\beta}_U=1.898\pm t(7,\ 0.025)\sqrt{\frac{5.65}{1500}}$$

$$=1.898\pm 0.145$$

$$=1.75,\ 2.05$$

또, $x_0=50$에서 모회귀의 95% 신뢰구간은

$$\mu_0=-31.41+1.898\times 50=63.49$$

에서

$$(\hat{\mu}_0)_L,\ (\hat{\mu}_0)_U=63.490\pm t(7,\ 0.025)\sqrt{\left(\frac{1}{9}+\frac{(50-45.0)^2}{1500}\right)\times 5.65}$$

$$=63.490\pm 2.010$$

$$=61.48,\ 65.50$$

또한, $x_0=50$에서 한번 더 데이터를 취할 때의 예측구간은

$$(\hat{y}_0)_L,\ (\hat{y}_0)_U=63.490\pm t(7,\ 0.025)\sqrt{\left(1+\frac{1}{9}+\frac{(50-45.0)^2}{1500}\right)\times 5.65}$$

$=63.490 \pm 5.970$

$=57.52,\ 69.46$

이 된다.

여기서 잔차 e와 오차 ε의 차이를 기술해둔다. 오차 ε에는 통상 불편성, 등분산성, 독립성, 정규성이 가정되어 있고, 관측값에는 오차 ε이 더해져 있는 것으로 보고 있는 것이다. 한편, 잔차 e는 관측값과 예측값의 차를 말한다. 예측값은 회귀함수에 의한 예측된 값을 말한다. x와 y 사이의 회귀함수가 바르게 선정되었으면 바르게 예측할 수 있을 것이다. 그러나 회귀함수가 늘 바르게 선정된다고는 말할 수 없어서 x와 y 사이의 참의 관계식과 회귀함수가 완전히 일치하지 않는 것이 일반적이다. 잔차는 회귀함수로 나타내지지 않는 변동을 나타내고 있으므로 잔차 외에 참의 관계식과 회귀함수와의 차이도 포함하고 있는 것이 된다. 만일 이 차이가 크면, 회귀함수가 바르게 선정되고 있지 않는다는 것 때문에 회귀분석의 결과도 옳지 않다. 회귀함수와의 차이가 무시될 수 있는지 어떤지를 살피는 방법으로서 각 데이터에 대한 잔차를 계산해서 산포도로 나타내 보는 것은 유효하다. 만일 차이가 무시될 수 있으면 잔차는 오차로 볼 수 있으므로 오차에 가정한 조건을 만족하는지 안하는지로 판단할 수 있다.

오차의 크기를 통계적으로 추측하기 위하여는 반복측정을 하면 된다. 지금 x의 값을 $x_1, x_2, \cdots, x_l$로 l개 설정하고, 각 x_i에서 n_i개의 관측값 $y_{i1}, y_{i2}, \cdots, y_{in_i}$를 취하고 있는 것으로 한다. 이 경우 x_i를 1원배치에서 제 i 수준으로 생각하면, 오차제곱합 S_E를 계산할 수 있다. 회귀분석에 의하여 구한 잔차제곱합 S_e와의 차가 참의 관계식과 회귀함수와의 차이를 나타내는 제곱합이고, 이것을 **적합도의 결함**(lack of fit)의 제곱합 S_{lof}라 한다.

$$S_{lof}=S_e-S_E$$

에서 총제곱합은

$$S_T=S_R+S_{lof}+S_E \tag{2.84}$$

로 분해할 수가 있다. 또, 수준간 제곱합을 S_A라 하면

$$S_A=S_R+S_{lof}$$

로 쓸 수 있다. 수준간제곱합의 자유도는 $\phi_A=l-1$이므로, 적합도의 결함의 제곱합의 자유도는 $\phi_{lof}=l-2$, 오차제곱합의 자유도는 $\phi_E=N-1$이 된다. 단, $N=\sum_{i=1}^{l} n_i$로 한

다. 이상을 분산분석표로 나타내면 〈표 2.12〉와 같다.

〈표 2.12〉 반복이 있는 회귀분석의 분산분석표

요인	제곱합	자유도	평균제곱	분산비
회귀 R	S_R	$\phi_R=1$	$V_R=S_R$	
적합의 나쁜 정도 lof	S_{lof}	$\phi_{lof}=l-2$	$V_e=\dfrac{S_e}{l-2}$	$\dfrac{V_{lof}}{V_E}$
수준간 A	S_A	$\phi_A=l-1$	$V_A=\dfrac{S_A}{l-1}$	$\dfrac{V_A}{V_E}$
오차 E	S_E	$\phi_E=N-l$	$V_E=\dfrac{S_E}{N-l}$	
합계 T	S_T	$\phi_T=N-1$		

우선 수준 간 변동이 유의한지 어떤지를 검토하고, 다음에 적합도의 나쁜정도가 유의한지 어떤지를 검토한다. 만일 적합의 나쁜 정도가 유의하지 않고 분산비도 작으면 이것을 오차로 보고 오차에 합친다. 이때

$$S_{E'}=S_E+S_{lof},\quad \phi_{E'}=N-2$$

로 해서, 〈표 2.13〉의 분산분석표를 만든다. 이것은 반복이 없는 회귀분석과 같은 것이고, 그 후의 해석은 마찬가지로 이루어진다.

〈표 2.13〉 접합이 나쁜 정도로 합친 분산분석표

요인	제곱합	자유도	평균제곱	분산비
회귀 R	S_R	$\phi_R=1$	$V_R=S_R$	$F_0=\dfrac{V_R}{V_{E'}}$
오차 E'	$S_{E'}$	$\phi_E=N-2$	$V_{E'}=\dfrac{S_{E'}}{N-2}$	
합계 T	S_T	$\phi_T=N-1$		

적합의 나쁜 정도가 유의한 경우는 회귀함수를 직선으로 표현하는 것이 적절하지 않는 것을 나타내고 있기 때문에, 고차의 다항식 함수나 비선형함수를 생각할 필요가 있다.

[예 2.14] 〈표 2.14〉의 설명변수 x와 목적변수 y의 데이터에 대하여 회귀분석을 한다.

〈표 2.14〉 회귀분석의 데이터

x	25	30	35	40	45	50	55	60	65
y	13.4 15.2	26.1 25.4	35.0 34.0	46.2 45.0	53.8 55.2	64.2 65.8 65.0	76.3 75.1 74.0	83.2 82.8	87.8 86.7
합계	28.6	51.5	69.0	91.2	109.0	195.0	225.4	166.0	174.5

우선, 기본통계량을 계산한다.

$$N=20,\quad \sum x_i=915,\quad \sum y_i=1110.2,\quad \bar{x}=45.0,\quad \bar{y}=54.00$$

$$\sum x_i^2=44975,\quad \sum y_i^2=72836.68,\quad \sum x_iy_i=56677.5$$

제곱합을 계산하면

$$S_x=44975-\frac{915^2}{20}=3113.75$$

$$S_y=72836.68-\frac{1110.2^2}{20}=11209.48$$

$$S_{xy}=56677.5-\frac{915\times1110.2}{20}=5885.85$$

$$S_A=\frac{28.6^2}{2}+\cdots+\frac{195.0^2}{3}+\cdots+\frac{174.5^2}{2}-\frac{1110.2^2}{2}=11200.80$$

$$S_R=\frac{5885.85^2}{3113.75}=11125.89$$

$$S_{lof}=11200.80-11125.89=74.91$$

$$S_E=11209.48-11200.80=8.68$$

이 되어, 〈표 2.15〉의 분산분석표가 얻어진다.

〈표 2.15〉 **분산분석표**

요인	제곱합	자유도	평균제곱	분산비
회귀 R	11125.89	1	1125.89	
적합의 나쁜 정도 lof	74.91	7	10.70	13.56**
수준간 A	11200.80	8	1400.10	1774.5**
오차 E	8.68	11	0.789	
합계 T	11209.48	19		

$F(7,\ 11;\ 0.01)=4.89$에서 적합의 나쁜 정도는 고도로 유의하다. 따라서 직선에 의한 회귀는 적절치 않고, 고차의 다항식의 적합을 검토해야 한다. 그대로 적합의 나쁜 정도를 생각하지 않고 직선에 의한 회귀를 하면 $S_e=83.59$, $\phi_e=18$, $V_e=4.644$에서 분산비는 $V_R/V_e=2396$이 되어, 회귀는 고도로 유의하게 된다. 기여율도

$$R^2=\frac{11125.89}{11209.48}=0.99$$

로 대단히 큰 값을 취하므로, 척봐서 직선회귀가 좋은 것 같이 보인다. 그러나 직선에의 적합이 나쁜 정도는 무시하지 못할 만큼 크므로 직선에 회귀시키는 것은 잘못이다.

제 3 장 불확실성 데이터에 의한 확률적 의사결정

1. 수리계획법에 의한 의사결정

대규모로 복잡한 경우에 최적인 의사결정을 하려면 수리적인 정식화가 불가결하다. 거기서는 의사결정을 표현하기 위한 **결정변수**(decision variables)를 정해서 결정변수가 만족하지 않으면 안 될 요건을 **제약조건**(constraints)으로 기술하고, 의사결정의 상황을 정식화한다. 의사결정의 규준이 될 **목적함수**(objective function)가 가장 바람직한 결정변수의 값을 구하는 것이 **수리계획수법**이다. 선형계획법은 가장 대표적인 수리계획법이고, 제약조건과 목적함수가 함께 선형식으로 나타내진 것이다.

n개의 음수가 아닌 결정변수 $x=(x_1, x_2, \cdots, x_n)$가 있고, m개의 선형제약식이

$$a_{j1}x_1+a_{j2}x_2+\cdots+a_{jn}x_n=b_j,\ j=1,\ 2,\ \cdots,\ m$$

로 주어진다 하자. 목적함수 $c_1x_1+c_2x_2+\cdots+c_nx_n$를 최대로 하는 결정변수 x^*를 구하는 문제는

$$\begin{aligned}&\text{최대화}\ c'x\\&\text{조건}\quad Ax=b,\ x\geq 0\end{aligned}\tag{3.1}$$

으로 나타내진다. 여기서 A는 (a_{ij})를 요소로 갖는 $m\times n$행렬, b는 (b_j)를 요소로 갖는 m차원 열벡터, c는 (c_i)를 요소로 하는 n차원 열벡터이다. 이것을 **선형계획문제**(linear programming problem)의 **표준형**이라 한다.

일반적으로 제약조건의 수 m보다 결정변수의 수 n의 쪽이 많기 때문에 제약조건을 만족하는 x는 무수히 존재한다. 제약조건을 만족하는 x를 **실행가능해**(feasible solution)라 한다. 연립방정식 $Ax=b$의 해를 표현하기 위하여 행렬 A의 행과 열을 적당히 바꾸어서 $m\times m$행렬 B와 $m\times(n-m)$ 행렬 N으로 분할하고, 이것에 대응한 $x=(x_B, x_N)$와 $c=(c_B, c_N)$를 분할한다. $Ax=b$는

$$Bx_B+Nx_N=b$$

가 되고, B에 역행렬이 존재하면 결정변수는

$$x_B=B^{-1}b-B^{-1}Nx_N$$

로 나타내진다. $x_N=0$으로 했을 때의 $x=(B^{-1}b,\ 0)$를 **기저해**(basic solution)라 한다. 목적함수값 z는

$$z=C'_B\,x_B+C'_N\,x_N=C'_B\,B^{-1}b+(C'_N-C'_B\,B^{-1}N)x_N$$

이 된다. 여기서

$$C'_N-C'_BB^{-1}N\leq 0 \tag{3.2}$$

이면, 목적함수값 z이 최대가 되는 것은 $x_N=0$일 때이고, 또한

$$B^{-1}b\geq 0 \tag{3.3}$$

이면 $x\geq 0$를 만족하므로 $x=(B^{-1}b,\ 0)$는 실행가능기저해가 되는 것을 알 수 있다.

이상에서 (3.2) 식과 (3.3) 식을 만족하도록 행렬 B를 선정할 수 있으면 문제 (3.1)의 최적해를 구할 수 있다.

문제 (3.1)을 **주문제**(primal problem)라 할 때, 다음 문제를 **쌍대문제**(dual problem)라 한다.

$$\begin{aligned}&\text{최소화}\ b'y\\&\text{조건}\quad A'y\geq c\end{aligned} \tag{3.4}$$

주문제와 쌍대문제 사이에는 **상보성조건**(complementary slackness condition)이라 불리우는 관계식

$$(yA-c)'x=0 \tag{3.5}$$

이 성립한다. 또 주문제의 최적해를 x^*, 쌍대문제의 최적해를 y^*라 할 때,

$$c'x^* = b'y^* \tag{3.6}$$

가 성립한다. 이것을 **쌍대정리**(duality theorem)라 한다.

2. 확률적 계획법 모델

통상의 선형계획문제에서 제약조건이나 목적함수에 나타나는 계수나 구조식을 모두 확정적으로 주어지는 것으로 하고 있다. 그 때문에 최적성이 조건을 만족하고 있는지 어떤지의 판단도 확정적으로 행할 수가 있다. 그러나 현실의 문제에는 이들의 계수는 데이터에서 추정되거나 근사식에 의하여 표현되거나 하는 일이 많다. 생산계획의 문제에서 제품의 수요량을 만족하도록 생산수를 결정하려 할 때, 수요량은 제약조건을 세우기 위해서 필요한 정보가 되는데, 이것을 확정값으로서 주어진다고 한정되는 것은 아니다. 그 경우에는 무엇인가의 통계적인 예측값을 쓰게 되고, 불확실성 상황에서의 의사결정문제로 취급하지 않으면 안된다. 확률변수를 포함한 수리계획문제를 **확률적 계획문제**(stochastic programming problem)라 한다.

제약조건에 확률변수가 포함되고 있을 때는 그 조건이 만족되고 있는지 어떤지는 확률변수가 어느 값을 취하는가에 따른다. 그 때문에 일반적으로 제약조건이 언제나 성립하는 것만은 아니다. 이 경우 제약조건을 생각하는 방법에는 두 가지가 고려된다. 하나는 제약조건이 만족되는 확률을 되도록 크게 하려고 하는 **기회제약조건모델**(chance-constrained model)이 있다. 확률변수에 어떤 값이 실현하거나, 제약조건이 만족되는 확률을 보증하려는 것으로 here-and-now의 입장이다. 더 하나의 제약조건이 만족하지 않는 양을 되도록 작게 하려고 하는 **2단계모델**(two-stage model)이 있다. 확률변수의 값을 알고나서 조건을 만족하지 않으면 그것에 따르는 페널티를 지불하면 된다고 하는 wait-and-see의 입장이다. 가령, 물품구입계획을 세울 때 얼마나 팔리는가를 확률변수로 해서 생각할 수 있다. 전자의 입장에서는 품절될 확률이 어느 값 이하가 되도록 물품구입계획을 세운다. 거기서는 품절되었을 때의 일은 생각하지 않고 품절되지 않도록 계획을 세우고 있다. 한편 후자의 입장에서는 품절되었을 때에 발생하는 여분의 비용까지를 고려해서 전체로서 비용이 최소가 되도록 계획을 세운다. 거기서는 품절된 빈도에 대하여는 생각하지 않고, 빈번히 품절되고 있으면 고객의 신뢰를 잃을지도 모른다.

신뢰성을 따지느냐, 비용을 따지느냐, 불확실성을 어떻게 생각하느냐에 따라서 취해지는 입장도 바뀐다.

목적함수에 확률변수가 포함되고 있을 때는 목적함수를 최대 또는 최소로 한다고 해도 목적함수의 값도 또한 확률변수가 되기 때문에 목적함수로 정하는 확정적인 기준이 필요하게 된다. 목적함수의 평균값을 쓰는 E 모델이나 분산을 최소로 하는 V 모델 등이 있는데, 이밖에도 평균과 분산을 동시에 생각한 EV 모델이나 최적값이 어느 값 이상이 될 확률을 생각한 P 모델 등이 있다. 확률적인 함수 $f(x)$를 최대화 하는 것에 대신하는 확정모델을 몇 개 나타내본다.

(i) E 모델 : $E[f(x)] \rightarrow$ 최대화

(ii) V 모델 : $V[f(x)] \rightarrow$ 최소화

(iii) EV 모델 : $E[f(x)] - \alpha V[f(x)] \rightarrow$ 최대화

(iv) P 모델 : $\mathrm{P_r}(f(x) \geq d) \rightarrow$ 최대화

(v) 확장 P 모델 : $d \rightarrow$ 최대화 조건 $\mathrm{P_r}(f(x) \geq d) \geq \alpha$

여기서 (iii)과 (v)에서 α나, (iv)에서 d를 새로이 파라미터로서 도입한 평균과 분산에 관한 효용을 표현하고 있으나, 이들을 적절히 설정한다는 새로운 문제도 생겨난다.

최적해나 최적값이 어떤 확률분포가 되는지를 살피는 것은 **분포문제**(distribution problem)라 불리우고 있다.

선형계획문제의 최적해 및 최적값은 최적인 기저 B가 찾아지면 각각

$$x^* = (B^{-1}b,\ 0),\ \ z^* = C_B' B^{-1}b \tag{3.7}$$

로 나타내나, 계수가 다소 변화해도 최적성의 조건인 (3.2) 식과 (3.3) 식이 만족되고 있으면 최적해는 변하지 않는다. 제약식의 우변의 계수 b만이 확률적으로 변동할 때, 기저변수가 바뀌지 않으면 B^{-1}나 $C_B' B^{-1}$는 확정수이므로 최적해 x^*나 최적값 z^*는 확률변수 b의 선형결합으로 나타난다. b의 변동의 크기가 충분히 작을 때에는 기저변수도 변화하지 않는다고 생각하므로 최적값의 분포도 쉽게 유도할 수 있다. b의 변동에 따라서 최적성의 조건을 만족하지 않게 되는 일이 있을 때에는 번잡하게 되나, (3.7) 식으로 나타내는 것 같이 적당한 기저행렬에 의하여 b의 선형결합으로 나타낼 수 있다.

3. 기회제약조건모델

선형제약식 $a'x \leq b$을 생각한다. 여기서 a는 n차원 확률변수 벡터이고, 평균이 μ, 분산공분산 행렬이 Σ인 다변량 정규분포에 따른 것으로 한다. 이때, $a'x$도 또 확률변수가 되고, 평균 $\mu'x$, 분산 $x'\Sigma x$의 정규분포에 따른다. 제약식 $a'x \leq b$은 확률변수 $a'x$가 b보다 작게 되는 것을 나타내고, 이것만으로는 의미를 주지 않는다. 기회제약이란 확률변수 $a'x$가 b보다 작아지는 확률에 제약을 두는 것으로 그의 확률이 α 이상이 아니면 안된다는 제약식은

$$\Pr(a'x \leq b) \geq \alpha \tag{3.8}$$

로 쓸 수 있다. 표준화하면

$$\Pr\left(\frac{a'x - \mu'x}{\sqrt{x'\Sigma x}} \leq \frac{b - \mu'x}{\sqrt{x'\Sigma x}}\right) \geq \alpha$$

로 나타낼 수 있으므로, (3.8) 식과 등가인 확정식으로서

$$\frac{b - \mu'x}{\sqrt{x'\Sigma x}} \geq K_\alpha$$

가 얻어진다. 이것은 다음의 제곱근을 포함한 2차의 제약식이 된다.

$$\mu'x + K_\alpha \sqrt{x'\Sigma x} \leq b \tag{3.9}$$

(3.9) 식을 **등가확정식**(deterministic equivalent)이라 한다. 제약식 $a'x \leq b$에서 확률변수 α를 단지 그의 평균으로 바꾸어 놓은 경우에는 그 제약식은

$$\mu'x \leq b \tag{3.10}$$

이 되는데, 이것으로는 확률변수 α의 흩어짐의 크기를 고려하고 있지 않다. 기회제약에서는 흩어짐의 크기가 있는 분산 $x'\Sigma x$가 들어 혼잡해지고 있다. 제약식 $a'x \leq b$가 만족하는 영역은 흩어짐이 클수록, 또 기회제약의 확률 α가 크게 될수록 좁아진다.

정규분포의 상측 α %점 K_α의 부호는 확률 α의 크기에 따라서 바뀐다. $\alpha > 0.5$일 때 $K_\alpha > 0$, $\alpha = 0.5$일 때 $K_\alpha = 0$, $\alpha < 0.5$일 때 $K_\alpha < 0$가 된다. 따라서 평균으로 바꾸어 놓은 제약식은 $\alpha = 0.5$일 때의 기회제약과 같다. 2차의 등가확정식은 $K_\alpha > 0$일 때에는 볼록함수가 되고, 그의 영역은 볼록영역이 된다. 그러나 $K_\alpha < 0$일 때에는 볼록영역이 되지

않는다.

[예 3.1] 제약식 $a_1x_1+a_2x_2 \leq 5$을 생각한다. 여기서 확률변수 $a=(a_1, a_2)'$는

$$\text{평균 } \mu=\begin{pmatrix}2\\3\end{pmatrix},\quad \text{분산공분산 } \Sigma=\begin{pmatrix}1 & 0.5\\0.5 & 2\end{pmatrix}$$

을 갖는 정규분포에 따르는 것이라 하자. 확률 레벨 α에서 등가확정식은

$$2x_1+3x_2+K_\alpha\sqrt{x_1^2+2x_2^2+x_1x_2} \leq 5$$

이다. 여기서 K_α는 정규분포표에서

α	0.10	0.30	0.50	0.80	0.95
K_α	−1.282	−0.524	0.000	0.842	1.645

이 되어 확률레벨 α가 10%, 30%, 50%, 80%, 95%에서 기회제약조건을 만족하는 영역을 도시하면 [그림 3.1]과 같이 된다. 어느것이나 곡선 아래쪽의 영역이다. $\alpha=0.5$에서 선형이 되는데 $\alpha<0.5$에서는 볼록영역으로는 되지 않는다.

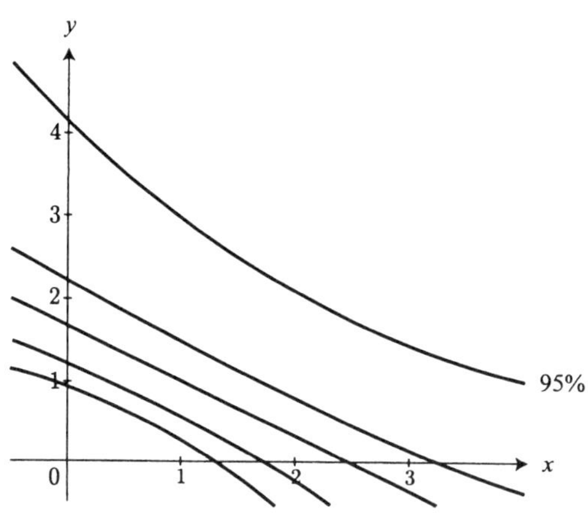

[그림 3.1] 기회제약조건을 만족하는 영역

등식의 제약식 $a'x=b$의 기회제약은

$$\Pr(a'x=b) \geq \alpha$$

가 되는데, 확률변수 $a'x$가 연속형의 확률변수이기 위하여 기회제약은 의미를 갖지 않는다. 등식조건을 완화해서

$$|a'x-b| \leq \varepsilon$$

로 하면, 기회제약은

$$\Pr(b-\varepsilon \leq a'x \leq b+\varepsilon) \geq \alpha$$

가 된다. 표준화하면,

$$\Pr\left(\frac{b-\varepsilon-\mu'x}{\sqrt{x'\Sigma x}} \leq \frac{a'x-\mu'x}{\sqrt{x'\Sigma x}} \leq \frac{b+\varepsilon-\mu'x}{\sqrt{x'\Sigma x}}\right) \geq \alpha$$

에서, 등가확정식은

$$\frac{b-\varepsilon-\mu'x}{\sqrt{x'\Sigma x}} \leq -K_{\alpha/2}, \quad \frac{b+\varepsilon-\mu'x}{\sqrt{x'\Sigma x}} \geq K_{\alpha/2}$$

이 되어, 제곱근을 포함한 2차의 제약식으로 싸이는 영역이 된다.

$$b-\varepsilon+K_{\alpha/2}\sqrt{x'\Sigma x} \leq \mu'x \leq b+\varepsilon-K_{\alpha/2}\sqrt{x'\Sigma x} \tag{3.11}$$

가 된다. 이때, 이 부등식이 성립하기 위하여는

$$x'\Sigma x \leq \left(\frac{\varepsilon}{K_{\alpha/2}}\right)^2 \tag{3.12}$$

가 성립하지 않으면 안된다. 불확실한 상황에서 등식제약을 성립시키기 위하여는, 허용범위 ε의 크기에 따라서, 흩어짐을 작게 하지 않으면 안되는 것을 나타내고 있다.

[예 3.2] 예 3.1의 데이터에 대하여, 등식제약 $a_1x_1+a_2x_2=5$를 "확률 60%로 $a_1x_1+a_2x_2$가 4에서 6 사이의 값을 취한다"라는 기계제약으로 생각한다.
여기서, $\varepsilon=1$이므로, 등가확정식은

$$2x_1+3x_2-0.842\sqrt{x_1^2+2x_2^2+x_1x_2} \geq 4$$
$$2x_1+3x_2+0.842\sqrt{x_1^2+2x_2^2+x_1x_2} \leq 6$$

이 되고, 그의 영역은 그림 3.2에 나타내고 있는 두 개의 곡선으로 싸이는 영역이 된다.

평균으로 바꾸어 놓은 선형식 $2x_1+3x_2=5$의 둘레에 기회제약을 만족하는 영역이 되어 있으나, 직선에 평행인 영역이 되는 것은 아니고, 또 흩어짐의 크기는 x의 값의 크기에 따라 변하기 때문에 영역의 형상도 대칭으로 되지 않는다.
이때 분산의 크기는

$$x'\Sigma x \le \left(\frac{1}{0.842}\right)^2 = 1.41$$

이 된다.

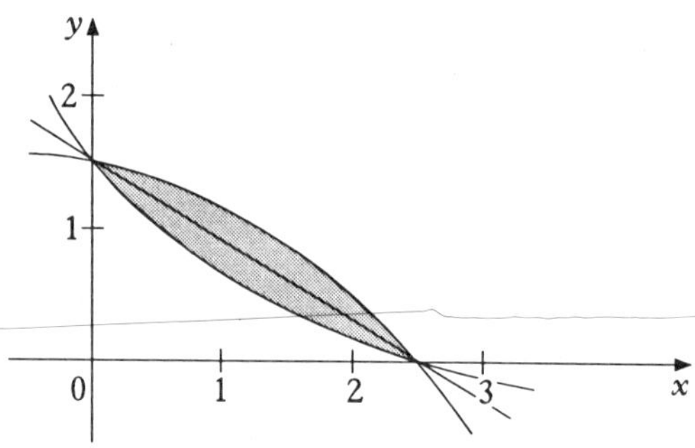

[그림 3.2] 등식제약의 기회제약을 만족하는 영역

제약조건은 일반적으로 복수 존재한다. 확률변수를 포함한 m개의 제약식이 존재할 때, 그들의 기회제약의 확률레벨을 낱낱이 주면

$$\Pr\left(\sum_{i=1}^{n} a_{ij}x_i \le b_j\right) \ge \alpha_j,\ j=1,\ 2,\ \cdots,\ m \tag{3.13}$$

이 된다. 실행가능영역을 이들의 공통영역으로서 나타내면, 이 가운데의 점 $\tilde{x}$는 모든 제약조건이 요구되는 확률레벨 이상으로 만족하게 된다. 한편, 제약조건 전체의 확률레벨을 준 기회제약도 생각된다.

$$\Pr\left(\sum_{i=1}^{n} a_{ij}x_i \le b_j,\ j=1,\ 2,\ \cdots,\ m\right) \ge \alpha \tag{3.14}$$

m개의 확률변수 $A_i'x,\ i=1,\ 2,\ \cdots,\ m$가 서로 독립이면,

$$\Pr\left(\sum_{i=1}^{n} a_{ij}x_i \le b_j,\ j=1,\ 2,\ \cdots,\ m\right) = \prod_{k=1}^{m} \Pr\left(\sum_{i=1}^{n} a_{ik}x_i \le b_k\right) \tag{3.15}$$

이 되고, 각각의 제약식이 만족되는 확률의 곱이 된다. 가령, 5개의 제약조건이 있을 때 그의 기회제약의 확률 레벨을 80% 이상으로 했을 때에는, 개개의 기회제약의 확률 레벨을 같게 취하면 $0.80 = 0.956^5$에서, 95.6% 이상의 확률로 만족하지 않으면 안되는 것이 된다. 역으로 말하면, 기회제약의 확률 레벨을 95% 이상으로 설정하고 있어도, 5개의 제약조건이 있으면 전체에서 기회제약이 성립하는 확률은 80% 정도가 되고 만다. 일반적으로, 두 종류의 기회제약식의 사이에는 다음 관계가 성립한다.

$$\Pr\left(\sum_{i=1}^{n} a_{ij}x_i \le b_j\right) \ge \alpha_j,\ j = 1,\ 2,\ \cdots,\ m \quad \Rightarrow$$
$$\Pr\left(\sum_{i=1}^{n} a_{ij}x_i \le b_j,\ j = 1,\ 2,\ \cdots,\ m\right) \ge \prod_{j=1}^{n} \alpha_j \tag{3.16}$$

[예 3.3] 2개의 제약식 $a_{11}x_1 + a_{21}x_2 \le 5$, $a_{12}x_1 + a_{22}x_2 \le 5$를 생각한다. 여기서 확률변수 $a_1 = (a_{11},\ a_{21})'$와 $a_2 = (a_{12},\ a_{22})'$은 서로 독립이고, 각각 평균 $\mu_1 = \begin{pmatrix} 2 \\ 3 \end{pmatrix}$, 분산공분산 $\Sigma_1 = \begin{pmatrix} 1 & 0.5 \\ 0.5 & 2 \end{pmatrix}$ 및 평균 $\mu_2 = \begin{pmatrix} 3 \\ 2 \end{pmatrix}$, 분산공분산 $\Sigma_2 = \begin{pmatrix} 1 & 1 \\ 1 & 2 \end{pmatrix}$을 갖는 정규분포에 따르는 것이라 하자. 점 (0.8, 0.5)가 이들의 제약조건을 만족할 확률은

$$0.8a_{11} + 0.5a_{21} \sim N(3.1,\ 2.04)$$
$$0.8a_{12} + 0.5a_{22} \sim N(3.4,\ 2.44)$$

이므로, 각각

$$P_1 = \Pr\left(z \le \frac{5 - 3.1}{\sqrt{1.54}}\right) = \Pr(z \le 1.531) = 0.937$$
$$P_2 = \Pr\left(z \le \frac{5 - 3.4}{\sqrt{1.94}}\right) = \Pr(z \le 1.149) = 0.875$$

가 되고, 두 개의 제약조건을 모두 만족할 확률은 0.820이 된다. 두 개의 기회제약조건

$$\Pr(a_{11}x_1 + a_{21}x_2 \le 5) \ge 0.937$$
$$\Pr(a_{12}x_1 + a_{22}x_2 \le 5) \ge 0.875 \tag{3.17}$$

을 만족하는 영역은, 각각의 등가확정식인 두 개의 2차 부등식의 공통영역으로 나타내진

다(그림 3.3).

$$2x_1 + 3x_2 + 1.531\sqrt{x_1^2 + 2x_2^2 + x_1x_2} \le 5$$
$$3x_1 + 2x_2 + 1.149\sqrt{x_1^2 + 2x_2^2 + 2x_1x_2} \le 5$$

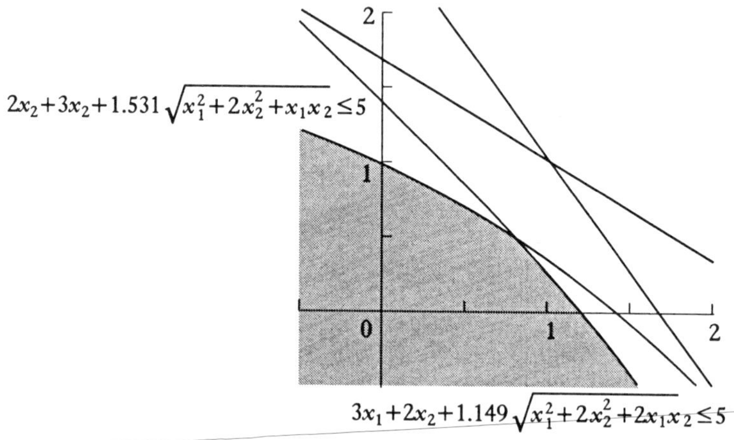

[그림 3.3] 기회제약조건 (3.17)의 영역

한편, 두 개의 제약조건을 합쳐서, 그들이 만족할 확률레벨을 준 기회제약조건

$$\Pr(a_{11}x_1 + a_{21}x_2 \le 5,\ a_{12}x_1 + a_{22}x_2 \le 5) \ge 0.820 \tag{3.18}$$

을 만족하는 영역을 생각한다. 이 영역은 각각의 제약식에 기회제약을 설정한 (3.17) 식의 영역의 부분집합으로 되어있다. 이 예에서 확률변수 a_1과 a_2는 서로 독립이므로, (3.18) 식이 나타내는 영역은, 각각의 부등식이 성립할 확률의 곱이 0.820 이상이 되는 영역이 된다.

$$\begin{aligned} &\Pr(a_{11}x_1 + a_{21}x_2 \le 5) = \alpha \\ &\Pr(a_{12}x_1 + a_{22}x_2 \le 5) = \beta \\ &\alpha\beta \ge 0.820 \end{aligned} \tag{3.19}$$

(3.18) 식이 나타내는 영역은, 그림 3.4의 외측에 있는 굵은선의 하측의 영역이 되는데, 그림 3.3에 나타낸 (3.17) 식이 나타내는 영역을 포함하는 것으로 되어 있는 것을 알 수 있다.

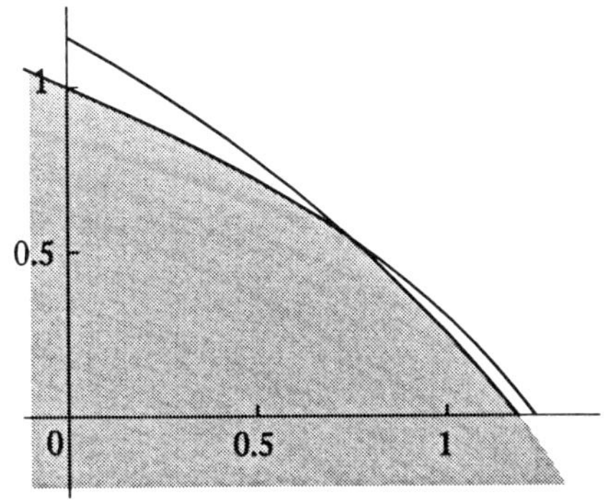

[그림 3.4] 기회제약조건 (3.18)의 영역

4. 2단계법

확률변수의 값이 실현했을 때에 제약조건을 만족하고 있지 않을 때, 제약조건을 만족하고 있지 않는 양에 응한 페널티를 주는 것으로 한다. 이 제약을 만족하지 않는 양을 리코스(recourse)라 하고, 리코스를 포함한 전체를 최적화 하려는 것이 2단계법 또는 리코스모델이다.

선형제약식 $Ax \leq b$을 생각한다. 여기서는 A, b가 확률변수라 하자. 어떤 x에 대하여, Ax의 실현값 $A(\omega)x$가 b의 실현값 $b(\omega)$보다 커지고 있으면, 초과한 양에 응하여 리코스코스트를 과하는 것이다. 일반적으로, 실현값 $A(\omega)$, $b(\omega)$에 대하여, 리코스코스트 $Q(x, \omega)$는 다음 식으로 줄 수 있다.

$$Q(x, \omega) = \min\{w'z \mid A(\omega)x + Wz = b(\omega),\ z \geq 0\} \tag{3.20}$$

여기서, 페널티코스트에 상당한 w는 리코스계수, 변수행렬 W는 이코스행렬이라 한다. z가 리코스를 나타내는 벡터이다. 가령,

$$W = (I, -I),\ w = (0, w),\ z = (z^+, z^-)$$

라면, 선형부등식 $Ax \leq b$을 만족하고 있으면 $Q(x, \omega) = 0$, 만족하고 있지 않으면 $Q(x, \omega) \geq 0$의 코스를 줄 수 있다. 여기서 I는 단위행렬이다. 또,

$$W = (I, -I),\ w = (w^+, w^-),\ z = (z^+, z^-)$$

라면, 선형등식 $Ax = b$에 대한 리코스를 줄 수가 있다.

목적함수에는 리코스코스트의 기대값

$$Q(x) = E_{\omega} Q(x,\ \omega) \tag{3.21}$$

을 제약조건을 깨뜨린 페날티로 과한다. A, b를 확률변수로 하는 확률적 선형계획문제

$$\begin{aligned} &\text{최대화} \quad c'x \\ &\text{조건} \quad Ax = b,\ x \geq 0 \end{aligned}$$

에 대한 리코스모델은

$$\begin{aligned} &\text{최대화} \quad c'x - E[\min w'z] \\ &\text{조건} \quad Ax + Wz = b,\ x \geq 0 \end{aligned} \tag{3.22}$$

이 되므로 2단계 문제가 된다. 선형제약에 대한 리코스함수 $Q(x)$가 있어도, 선형함수는 되지 않는다. 또한 리코스함수 $Q(x)$는 $Q(x,\ \omega)$의 기대값을 계산하지 않으면 안되고, 일반적으로 다중적분이 필요하게 된다. 확률변수가 이산적인 경우, 확률적 선형계획문제에 대한 리코스모델은 L형법(L-shaped method)이라 부르는 선형근사수법에[10] 의하여 효율적으로 풀 수 있다.

10) 상세한 것은 J. R. Birge and F. Louveaux, Introduction to stochastic programming, Springer(1997) 등을 참조.

제 2 부

불확정성의 수리

제1장 퍼지 수리해석

본장에서는 퍼지집합의 개념을 소개하고, 1차원의 퍼지집합인 퍼지수의 파라미터 표시에 대하여 다룬다. 퍼지수의 파라미터 표시의 방법을 통해서 확장원리, 퍼지수의 2항관계, 퍼지수의 완비거리공간, 퍼지함수의 미분적분, norm공간에서의 미분, $L-R$ 퍼지함수의 미분, L 퍼지수의 전순서관계, 끝으로 L 퍼지화에 대하여 소개한다.

1. 퍼지집합과 퍼지수의 파라미터 표시

TV의 프로를 보고서 금속봉으로 통조림을 가볍게 두들겨서 생기는 음에 의하여 일정한 무게, 가령, 500g 이외의 통조림을 확실히 발견하는 직업이 있다는 것을 알았다. 대량의 통조림 중에서 적정중량 이외의 것을 단시간 내에 발견하는 작업을 하지 않으면 안될 경우, 수차례 두들기는 것만으로 정확히 판정할 수 있는 직업인 기술에 감명을 받았다. 오랜기간의 경험에 의하여 직업적 감을 몸에 익힌 것일 것이다. 이와 같이 경험을 쌓아 습득한 또는 선천적으로 몸에 지닌 감이나 경험 등을 수량화하여 응용하는 것이 퍼지적 아이디어의 특징이다.

또, 틀림없는 실험데이터를 활용하는 우수한 기술자나 연구자가 선천적으로 갖는 또는 습득한 감각을 수량화하는 경우에도 퍼지적인 아이디어는 유효할 것이다. 실험으로 얻은 데이터가 얼마나 정확한가, 신뢰할 수 있을까?

(어느 정도의 확률로 신뢰할 수 있는 것인지의 랜덤성을 고려하는 입장도 있으나, 여

기서는 퍼지가성 만에 착안한다). 이 데이터는 대개 $100 \times \alpha$ 퍼센트 만족할 수(α는 0에서 1의 수치) 있다는 것으로 생각한다. 인간의 감성을 수량적으로 표현하는 것이 멤버십 함수라 할 수 있다. 이와 같이 직업적 경험·감에서 세련된 센스를 어떤 함수 등에 의하여 정량적으로 구체화하는 것이 퍼지적 아이디어의 특징이다. '퍼지수리해석'의 연구는 의사결정자의 입장에서 퍼지적 아이디어가 내포된 판단에 따라서 수리적 수법을 구사하는 것에 의하여 제문제의 해결을 시도하는 것을 목적으로 하고 있다. 구체적으로 퍼지집합의 보기를 이하에서 상세히 설명한다.

"키가 대략 170cm인 사람의 집합"을 생각하자. 다시 말하면, 대략 170cm라는 애매한 수치를 생각하는 것이다. 오퍼레이션·리서치(OR)의 분야에서는 모든 사실을 판정하는 의사결정자를 정해서 대상이 되는 시스템에 발생하는 현상 등은 일정한 척도에 비추어서 판단하여 의사를 결정하는 것이 자주 있다. 앞서 기술한 전자의 보기에서 키가 대략 170cm의 사람을 모아서 그의 집합을 퍼지집합(fuzzy set)이라 하고 H로 놓는다. 의사결정자(discion marker)의 입장에서 보면 가령, 다음 경우가 생각될 수 있다. 의사결정자가 H에 얼마나 속하고 있는가의 정도를 나타내는 귀속도 α를 0에서 1까지를 대응시키는 것으로 생각할 수 있다(그림 1.1을 참조).

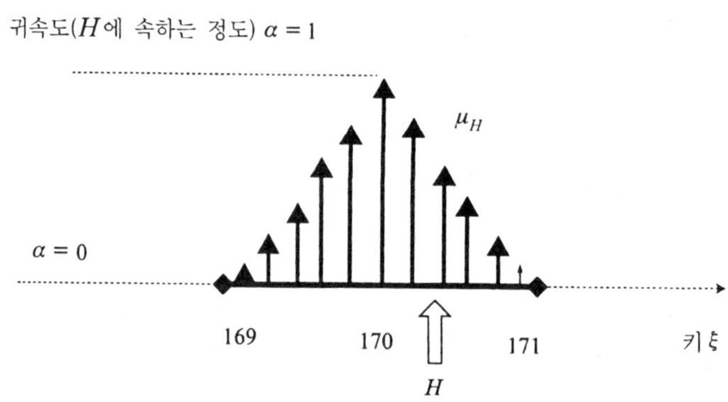

[그림 1.1] 대략 170cm인 사람의 모임 H

키가 170cm인 사람의 H로의 귀속도는 $\alpha = 1$이나, 170cm보다 작거나, 또는 크게 되는데 따라서 귀속도 α(alpha)는 작아진다고 하자. 이와 같이 생각하는 것을 아래와 같이 정의한다.

- 169cm에서 170cm의 사람은 H에 속하고, 그의 귀속도 α는 연속적으로 0에서 1로 증가한다.

- 170cm에서 171cm의 사람은 H에 속하고, 그의 귀속도 α는 연속적으로 1에서 0으로 감소한다.
- 169cm 미만 또는 171cm 이상의 사람은 H에 속하지 않고, 귀속도 α는 0으로 한다.

키 ξ는 H에 속하는 정도를 나타내는 귀속도를 표현하는 나타내는 함수를 $\mu_H(\xi)$로 나타내고, 위의 경우에서 경우로 나눈 것을 표현하는 귀속도를 나타내는 함수를 **멤버십 함수**(membership function)라 한다. 위 경우를 [그림 1.2]에 나타낸다.

- $169 < \xi \leq 170$일 때, $\mu_H(\xi)$는 연속적으로 0에서 1로 증가한다.
- $170 < \xi \leq 171$일 때, $\mu_H(\xi)$는 연속적으로 1에서 0으로 감소한다.
- $\xi \leq 169$, 또는 $\xi \geq 171$일 때, $\mu_H(\xi) = 0$으로 한다.

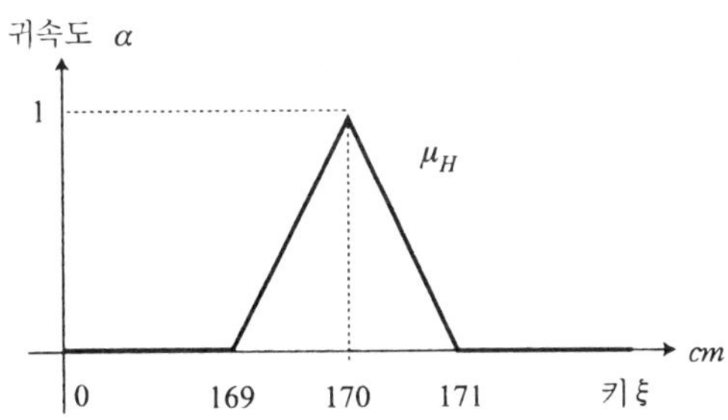

[그림 1.2] 대략 170cm인 함수

지금부터 실수 전체, 즉 실수의 집합과 0 이상 1 이하의 유계폐구간을 각각

$$\mathbf{R} = (-\infty, +\infty),\ I = [0, 1] = \{\xi \in \mathbf{R} : 0 \leq \xi \leq 1\}$$

라 하자. 위의 보기에서 H를 **퍼지수**(fuzzy number)라 한다. 퍼지수는 실수인 퍼지집합이다. 편의상 퍼지수 H를 x로 바꾸어서 나타낸다. x는 멤버십함수 μ_x와 동일시되어 μ_x는 **정규성**(normality), **유계서포트**(bounbed support), **퍼지 볼록성**(fuzzy convex), **상반연속성**(upper semi-continuous)의 성질로 특징지워진다. 멤버십함수 μ_x는 실수의 집합 $\mathbf{R}$에서 귀속도의 집합 I에의 함수로, 애매한 수 x가 어느만큼 애매한가를 정량적으로, 또한 수치화해서 나타내고 있다. 퍼지수 x란 센터(center)라 불리우는 어떤 실수를 포함하는 구간(퍼지집합)을 생각하여, 실수 ξ가 그 구간에 어느 정도 귀속하는가를 나타내는 양이라 할 수 있다. **귀속도**(grade of membership function)가 의미하는 것도 어떤 α는 0 이상

1 이하로 실수 ξ가 퍼지집합에 어느 정도 귀속하는가를 의미한다. 귀속도는 만족도를 나타낼 수도 있다. 여기서 $0<\alpha\le 1$로 하여 α컷 집합(α-cut set)을

$$L_\alpha(\mu_x)=\{\xi\in\mathbf{R}:\ \mu_x(\xi)\ge\alpha\} \tag{1.1}$$

로 나타내고, $L_\alpha(\mu_x)=x_\alpha$로도 쓰고, 또

$$L_0(\mu_x)=supp(\mu_x) \tag{1.2}$$

라 한다. $supp(\mu_x)$는 μ_x의 **서포트**(support)라 하고, $supp(\mu_x)=cl\{\xi\in\mathbf{R}:\ \mu_x(\xi)>0\}$로 정의된다. 서포트의 정의는 **폐포**(closure)를 참조하기 바란다. 이하와 같이 퍼지수 x를 멤버십함수 μ_x로 특징을 부여하자.

[정의 1.1] (퍼지수의 집합) 퍼지수의 집합 $\mathcal{F}_b^{st}$의 원소는 멤버십함수 μ_x와 동일시되고 μ_x는 다음 성질 (i)-(iv)를 만족한다 하자.

(i) **(정규성)** $\mu_x(m)=1$을 만족하는 센터 $m\in\mathbf{R}$가 유일하게 존재한다.

(ii) **(유계서포트)** 서포트 $supp(\mu_x)$는 유계이다.

(iii) **(협의의 퍼지 볼록성)** 멤버십함수 μ_x는 서포트 $supp(\mu_x)$ 위에서 협의퍼지 볼록이다. 즉 $0<\lambda<1$ 및 $\xi_2\in\mathbf{R}$에 대하여

$$\mu_x(\lambda\xi_1+(1-\lambda)\xi_2)>\min[\mu_x(\xi_1),\ \mu_x(\xi_2)] \quad (\xi_1\ne\xi_2)$$

이 성립한다.

(iv) **(상반연속)** 임의의 $\eta\in\mathbf{R}$에 관하여

$$\limsup_{\xi\to\eta}\mu_x(\xi)\le\mu_x(\eta)$$

이 성립한다.

퍼지수 x, y가 서로 같은 $x=y$라고 하는 것은 각각의 멤버십함수를 μ_x, μ_y라 할 때 임의의 $\xi\in\mathbf{R}$에 대하여 $\mu_x(\xi)=\mu_y(\xi)$가 성립하는 것으로 하자.

정규성이란 멤버십함수의 값이 어떤 귀속도가 1이 되는 것을 의미한다. 여기서는 그의 실수를 센터 m로 나타내고, 유일하다고 가정한다.

멤버십함수가 유계서포트를 갖는다는 것은 $\alpha=0$의 서포트 $L_0(\mu_x)$가 유계라는 것을 의미한다. 즉 의사결정자의 입장에서는 대략 x라고 하는 집합에 귀속하는 수는 유계라는 것을 의미한다.

통상, 상기의 (iii)의 $>$를 대신하여 $\geq$에 의하여 기술되는 퍼지볼록성, 즉 $0\leq\lambda\leq 1$ 및 $\xi_1,\ \xi_2\in\mathbf{R}$에 대하여

$$\mu_x(\lambda\xi_1+(1-\lambda)\xi_2)\geq\min\left[\mu_x(\xi_1),\ \mu_x(\xi_2)\right] \tag{1.3}$$

가 가정된다([1]). 퍼지볼록성이란 멤버십함수의 값 $\mu_x(\xi)$가 센터 m에 관하여 ξ가 m 이하일 때는 비감소이고, ξ가 m이상일 때는 비증가인 것을 의미한다. 또, 상기의 성질 (iii)과 (iv)에 관하여 볼록해석과 위상에 관계하는 명제를 기술하자([2, 3, 4] 등을 참조). 여기서는 $\mathbf{R}$의 **직적집합**(product set), $\mathbf{R}^n$(n은 양의 정수)을

$$\mathbf{R}^n=\left\{(x_1,\ x_2,\ \cdots,\ x_n)^T:\ x_i\in\mathbf{R}\quad(i=1,\ 2,\ \cdots,\ n)\right\}$$

(T는 전치)로서 그의 부분집합 $S\subset\mathbf{R}^n$에서 정의되는 함수에 관하여 나타낸다.

[명제 1.1] (퍼지 볼록성) 실수값 함수 $f:S\rightarrow\mathbf{R}$가 퍼지 볼록이라는 것은 $\alpha\in\mathbf{R}$에 대하여 upper level 집합 $L_\alpha(f)=\{x\in S:f(x)\geq\alpha\}$가 **볼록집합**(convex set), 즉

$$\lambda x+(1-\lambda)y\in L_\alpha(f)\quad(x,\ y\in L_\alpha(f),\ \lambda\in I)$$

이라는 것과 동치이다. 이 경우 함수 f는 **준오목**(quasi-concave)이라고도 한다. [그림 1.3]은 함수 f가 퍼지 볼록이라는 것을 나타낸다.

[명제 1.2] (준볼록성) 함수 $f:S\rightarrow\mathbf{R}$는

$$f(\lambda x+(1-\lambda)y)\geq\max[f(x),\ f(y)]\quad(x,\ y\in S,\ \lambda\in I)$$

를 만족할 때, **준볼록**(quasi-convex)이라 한다. 이것은 $\alpha\in\mathbf{R}$에 대하여 lower level 집합 $L_\alpha(f)=\{x\in S:f(x)\leq\alpha\}$가 볼록집합이라는 것과 동치이다.

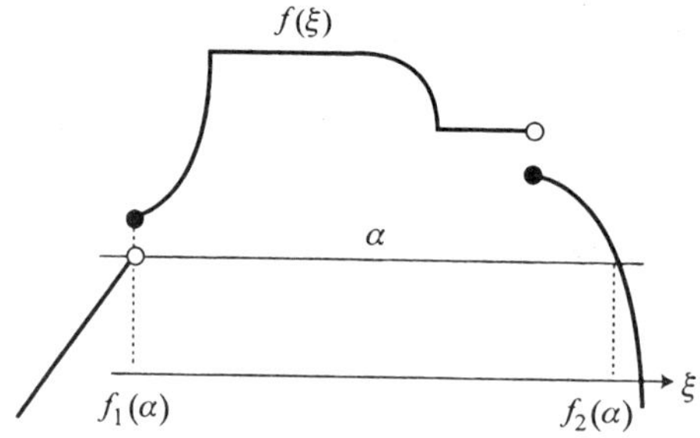

[그림 1.3] 퍼지 볼록이나 협의 퍼지 볼록이 아닌 함수

α-컷 집합 $L_\alpha(f) = [f_1(\alpha), f_2(\alpha)]$는 볼록집합이다.

함수의 상반연속성은 상극한에 의하여 설명된다. 함수 μ_x의 ξ_0에서의 **상극한**(upper limit) $\lim\limits_{\xi \to \xi_0} \sup \mu_x(\xi)$은 ξ_0에서 최대의 집적값을 의미한다. 바꾸어 말하면 $\mathbf{R}$은 거리공간(본장 4를 참조)이므로, ξ_0에 수렴하는 적당한 점렬 $\left\{\xi_n \in \mathbf{R} : \lim\limits_{n \to \infty} \xi_n = \xi_0\right\}$에 의하여 $\lim\limits_{n \to \infty} \mu_x(\xi_n)$은 최대가 된다(상한 · 하한과 상극한 · 하극한을 참조). μ_x의 값은 퍼지집합에의 귀속하는 정도를 나타내므로, μ_x가 불연속점 $\xi_0 \in \mathbf{R}$을 갖고 있다 해도 ξ_0에서 귀속도 $\mu_x(\xi)$는 보다 큰 수치가 할당된다. 그 결과 상극한 $\lim\limits_{\xi \to \xi_0} \sup \mu_x(\xi)$을 넘지 않는다는 것은 자연스럽고, 이것은 상반연속성을 의미한다.

[그림 1.4]는 서포트가 한 점은 아니고, 협의의 퍼지 볼록으로 상반연속인 멤버십함수의 보기이다. 멤버십함수의 서포트가 한 점인 경우는 그의 퍼지집합을 **크리스프집합**(crisp set)이라 하고, 퍼지수는 실수이고, [그림 1.5]는 실수의 멤버십함수이다.

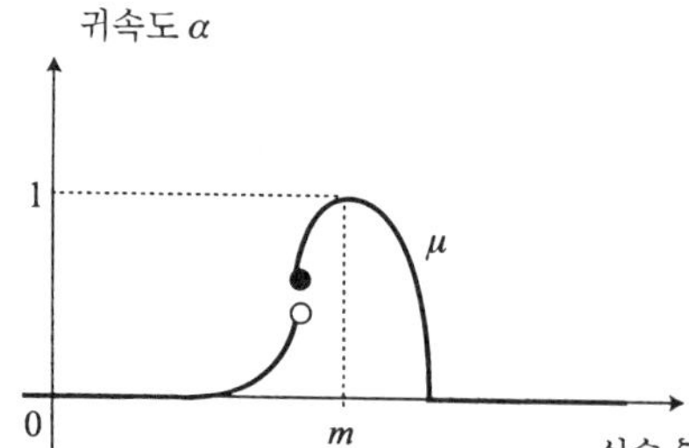

[그림 1.4] 서포트가 한 점이 아니고, 협의의 퍼지볼록, 상반연속인 멤버십함수

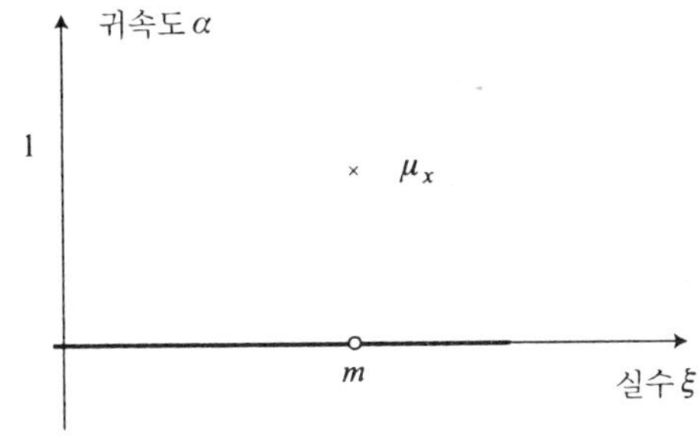

[그림 1.5] 서포트가 한 점이고, 크리스프집합인 멤버십함수

상반연속으로 바꾸어 **구분적 연속**(piecewise continuous)을 가정하는 일도 있다. 이 경우는 정의역의 각 점 ξ에서 멤버십함수가 상반연속이 아닌 경우도 있다.

집합 **R**의 부분집합 S에 대한 **폐포**(closure)를 $cl(S)$로 나타내고, $cl(S)=S\cup\{p\in\mathbf{R} : S$의 직적점$\}$이다. 점 p가 S의 **집적점**(accumulating point)일 경우는 p에 수렴하고, 아래의 세 성질을 만족하는 점렬 $\{p_n\in S : n=1, 2, \cdots\}$이 존재하는 것을 의미한다.

$$\lim_{n\to\infty} p_n = p, \quad p_n\neq p\,(n=1, 2, \cdots), \quad p_n\neq p_m\,(n\neq m) \tag{1.4}$$

집적점에 의하여 다음과 같은 폐집합과 개집합이 정의된다. $S\subset\mathbf{R}^n$라 하자. S의 폐포가 S와 같다. 즉 $cl(S)=S$일 때, S를 **폐집합**(closed set)이라 한다. S의 $\mathbf{R}^n$에서의 **여집합**(complement set)을 $S^c=\{\xi\in\mathbf{R}^n : \xi\notin S\}$라 하고, S가 **개집합**(open set)이라는 것은 S^c가 폐집합일 때를 말한다.

집적점, 폐집합 그리고 개집합의 보기를 들어본다.

(i) 앞에서 기술한 멤버십함수 μ_H의 서포트 $supp(\mu_H)=[169, 171](=S$로 놓는다)의 집적점의 전체는 S와 같다. 실제로 $169\leq p<171$일 때 $p_n=p+(1/n)$, 단, $n=1, 2, \cdots$라면, 점렬 $\{p_n\}$은 (1.4) 식을 만족한다. $p=171$에 대하여는 $\{p_n=171-(1/n) : n=1, 2, \cdots\}$라고 하면 된다. 또 S의 폐포는 $cl(S)=S$에서 S는 폐집합이다. $S^c=(-\infty, 169)\cup(171, +\infty)=\{\xi\in\mathbf{R} : \xi<169, 171<\xi\}$은 개집합이 된다.

(ii) 집합 $S=\{1/n : n=1, 2, \cdots\}$의 집적점은 $\{0\}$만이고, 폐포 $cl(S)=S\cup\{0\}$을 얻는다.

다음에서는 상한·하한과 상극한·하극한에 관하여 기술한다. 부분집합 $S\subset\mathbf{R}$가 위로 유계라는 것은 충분히 큰 $M\in\mathbf{R}$에 관하여 $\xi\leq M(\xi\in S$는 임의)가 성립할 때를 말하고, M을 S의 상계라 한다. S의 상계 가운데 최소값을 상한이라 하고, $\sup S$로 나타낸다.

$s = \sup S$이라는 것은 (a) $\xi \in S$이면 $\xi \le s$(s는 S의 상계의 하나)이고, (b) 어떤 미소인 $\epsilon > 0$에 대하여도 $s - \epsilon \ge \xi_\epsilon$를 만족하는 $\xi_\epsilon \in S$가 존재하는 (s는 S의 최소상계이다)것을 의미한다. x_0에서 f의 상극한 $\overline{\lim}_{x \to x_0} f(x)$은 $\lim_{x \to x_0} \sup f(x) = \lim_{\epsilon \to 0} \sup_{|x - x_0| \le \epsilon} f(x)$라고도 쓴다. $\epsilon > 0$에 대하여 $g_1(\epsilon) = \sup_{|x - x_0| \le \epsilon} f(x)$는 $\epsilon \to 0$일 때 감소함수이다. 즉 ϵ이 0에 가까워질 때 집합 $g_1(\epsilon)$도 감소한다.

또 $S \subset \mathbf{R}$가 아래로 유계란, m을 작게 취하면 $\xi \ge m$($\xi \in S$는 임의)가 성립할 때를 말한다. m을 S의 하계라 하고, S의 최대하계를 하한이라 하고, $\inf S$로 나타낸다. x_0에서 f의 하극한(lower limit) $\underline{\lim}_{x \to x_0} f(x)$는 $\lim_{x \to x_0} \inf f(x) = \lim_{\epsilon \to 0} \inf_{|x - x_0| \le \epsilon} f(x)$라고도 쓴다. $g_2(\epsilon) = \inf_{|x - x_0| \le \epsilon} f(x)$ $(\epsilon > 0)$는 $\epsilon \to 0$일 때 증가함수이다. 즉 ϵ이 0에 가까워질 때, 집합 $g_2(\epsilon)$도 증가한다.

가령 $S = \{x \in \mathbf{R} : |x| < 2/\pi\}$에서

$$f(x) = \begin{cases} e^x \sin(1/x) & (0 < x < 2/\pi) \\ 0 & (x = 0) \\ e^{-x} \sin(1/x) & (-2/\pi < x < 0) \end{cases} \tag{1.5}$$

를 생각한다. 이 경우 $f(S)$의 최대값도 최소값도 존재하지 않는다.

$\sup f(S) = \sup\{f(x) : x \in S\} = e^{2/\pi}$, $\inf f(S) = -e^{2/\pi}$이다. $g_1(\epsilon) = e^{x_n}$(단, x_n은 $1/x_n = \pi(2n + 1/2)$, $|x_n| \le \epsilon$를 만족하는 최소정수 n에 대하여 결정한다), $g_2(\epsilon) = -e^{x_m}$(단, x_m은 $1/x_m = -\pi(2m + 1/2)$, $|x_m| \le \epsilon$을 만족하는 최소의 정수 m에 대하여 결정된다)라 하자. 따라서

$$\overline{\lim_{x \to 0}} f(x) = 1, \quad \overline{\lim_{x \to 0}} f(x) = -1$$

이다(그림 1.6 참조).

실수의 부분집합 S가 **유계**라는 것은 위에도 아래에도 유계인 것을 뜻한다. 적당한 양의 실수 M을 취하면, 임의의 $s \in S$는 $-M \le s \le M$이 성립하는 것을 의미한다. $s \subset \mathbf{R}$가 유계가 아닐 때 **비유계**라 하고, 어떠한 $M > 0$을 취하여 어떤 $s \in S$는 $s \le -M$ 또는 $s \ge M$가 성립하는 것이다.

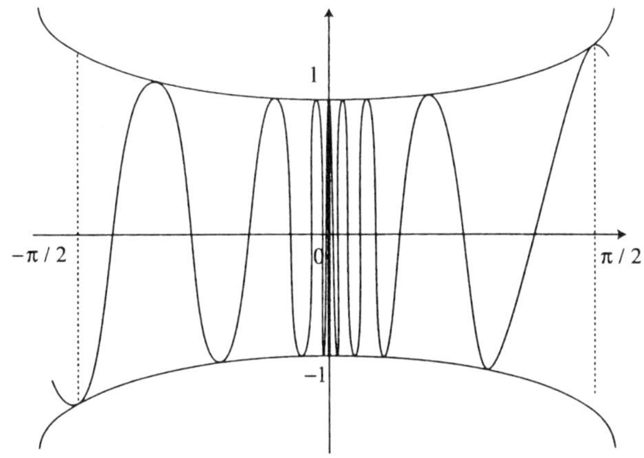

[그림 1.6] 함수 1.5의 원점부근의 거동

함수 $f: \mathbf{R} \to \mathbf{R}$가 구분적으로 연속일 때는, 정의역의 임의의 유계인 구간 J에서

(a) 불연속점 $\xi_i \in J$ $(k=0, 1, \cdots, n)$이 있다 하여도 많아도 유한개이고,

(b) $\xi_0 < \xi_1 < \cdots < \xi_n$이라 할 때, 각 ξ_i에서 좌·우극한

$$f(\xi_i - 0) = \lim_{\epsilon \to +0} f(\xi_i - \epsilon), \quad f(\xi_i + 0) = \lim_{\epsilon \to +0} f(\xi_i + \epsilon)$$

의 어느 것도 존재한다.

아래에서 함수의 여러 가지 연속성의 관계와 그들과 최대값·최소값 원리에 대하여 기술한다.

[명제 1.3] 함수 $f: S \to \mathbf{R}$가 하반연속(lower semi-continuous)이라는 것은 $-f$가 상반연속이라는 것을 의미한다. 이 경우, 다음 성질 (i)~(iii)은 동치이다.

(i) 임의의 $x_0 \in S$에 관하여, $\liminf_{x \to x_0} f(x) \geq f(x_0)$가 성립한다.

(ii) 임의의 $\alpha \in \mathbf{R}$에 대하여, lower level 집합 $L_\alpha(f)$는 폐집합이다.

(iii) f의 $S \times \mathbf{R}$에서의 에피그래프(epigraph)

$$\mathrm{epi}(f) = \{(x, y) \in S \times \mathbf{R} : x \in S, \ y \geq f(x)\}$$

는 폐집합이다. $S \times \mathbf{R}$는 직접집합을 나타낸다.

$$S \times R = \{(x, y) : x \in S, \ y \in \mathbf{R}\}$$

특히 $S \subset R$ 위에서 함수 f가 정의되어서 x_0에의 하반연속인 경우는 임의의 $\epsilon > 0$에 대하여 충분히 작은 $\delta > 0$을 취하면, $0 < |x - x_0| < \delta$ 되는 x는 $f(x) > f(x_0) - \epsilon$을 만족하는 것도 필요충분하다. 또 f가 상반연속일 때는 임의의 $\epsilon > 0$에 대하여 충분히 작은 $\delta > 0$을 취하면 $0 < |x - x_0| < f$ 되는 x는 $f(x) - f(x_0) < \epsilon$을 만족하는 것도 필요충분하다. 따라서 f가 $x = x_0$에서 상반연속이고, 또한 하반연속이면 $\lim_{x \to x_0} f(x) = f(x_0)$와 동치이다. 이 사실은 다음 정리와 같이 $\mathbf{R}^n$의 부분집합 S에서 정의되는 함수에도 해당된다.

> **[정리 1.1]** $S \subset \mathbf{R}^n$라 하자. $f : S \to \mathbf{R}$가 $x = x_0 \in S$에서 연속, 즉 $\lim_{x \to x_0} f(x) = f(x_0)$이라는 것은 다음 두 부등식이 동시에 성립하는 것과 필요충분하다.
>
> $$\liminf_{x \to x_0} f(x) \geq f(x_0), \quad \limsup_{x \to x_0} f(x) \leq f(x_0)$$

[그림 1.7]에서 하반연속함수 f에 관한 (a) lower level 집합과 (b) 에피그래프를 도시하고 있다. 또 $S \subset \mathbf{R}$ 위에서 함수 f가 정의되어서 p에서 상반연속일 때는 임의의 $\epsilon > 0$에 대하여 충분히 작은 $\delta > 0$을 취하면 $0 < |x - p| < \delta$ 되는 x는 $f(p) > f(x) - \epsilon$를 만족하는 것과 필요충분하다. 환언하면 $\mathbf{R}$은 거리공간(본장 4를 참조)이므로, p를 집적점으로 하는 S 내의 임의의 점렬의 집합을 $S(p)$로 해서 $p_n \in S(p)$이면 식 (1.4)가 만족된다. f가 p에서 상반연속일 때, $\max_{\{x_n\} \in S(p)} \lim_{n \to \infty} f(x_n) \leq f(p)$가 성립하는 것이다.

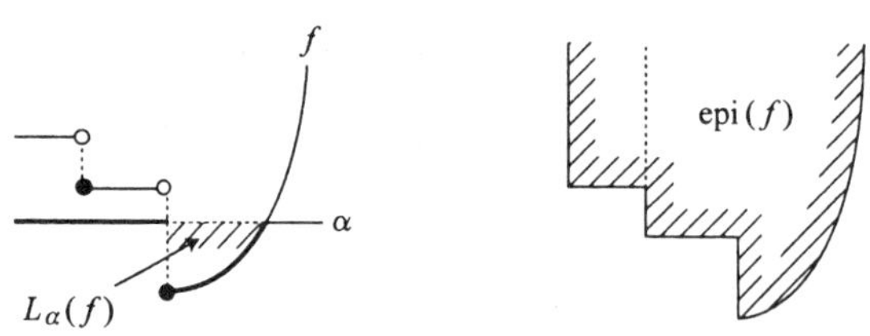

(a) 하반연속함수 f의 $L\alpha(f)$ (b) f의 epigraph

[그림 1.7] 하반연속인 함수의 lower level 집합과 epigraph

상기의 명제 및 퍼지수의 [정의 1.1] (ii)~(iv)에서 **멤버십함수** $\mu_x \in \mathcal{F}_b^{st}$의 α-컷 집합 x_α는 $\alpha \in I$일 때, 콤팩트 볼록집합이 된다. n차원 공간 $\mathbf{R}^n$에서는 **콤팩트 집합**(compact set)은 유계폐집합과 마찬가지이다. $\alpha \in I$일 때 x_α는 유계폐집합이고, 협의의 퍼지 볼록이면 퍼지 볼록이기도 하므로, 명제에서 볼록집합이 된다.

또한 그림에서 하반연속인 함수 f의 정의역 S가 유계폐집합($\mathbf{R}^n$에서는 콤팩트 집합이 된다)일 때, 쉽게 f는 최소값을 갖는 것이 이해된다. 상반연속의 함수에 관하여도 이하의 정리가 성립한다.

> [정리 1.2] (Weierstrass) $S \subset \mathbf{R}^n$는 유계폐집합이고 $f: S \to \mathbf{R}$에 관하여 다음 최대값·최소값의 원리가 성립한다.
>
> (i) f가 S에서 상반연속이면, S 안에 f의 최대원 x_0가 존재한다. 즉 $\max_{x \in S} f(x) = f(x_0)$가 되는 x_0가 있다.
>
> (ii) f가 S에서 하반연속이면, S 안에 f의 최소원 x_0가 존재한다. 즉 $\min_{x \in S} f(x) = f(x_0)$가 되는 x_0가 있다.

앞으로는 멤버십함수의 support가 콤팩트 집합에서 협의의 퍼지볼록성이고 상반연속이거나, support가 한 점으로 되는 크리스프집합이거나의 두 형태를 퍼지수로 다룬다. 그 이유는 뒤에서 기술되는 것과 같이 퍼지수를 2차원 평면상의 곡선으로 볼 때, 그 곡선이 유계연속이고, 또한 퍼지함수의 미분방정식을 해석할 때에는 상미분방정식의 이론을 응용하기 쉽다는 점이다.

2. 퍼지집합의 확장원리와 파라미터 표시

퍼지수의 연산 등은 Zadeh의 **확장원리**(extension principle 가령 [5, 6, 7, 8, 9, 10] 참조)에서 계산되는 것을 나타낸다. n을 양의 정수로 하여 n항 연산에 관한 확장원리를 기술하자.

> [정의 1.2] (확장원리) $\mathbf{R}^n$상에서 정의되는 실수치 함수 $\zeta = f(\xi, \eta, \cdots, \omega)$를 생각한다. 퍼지수의 조$(x, y, \cdots, w)$의 $\zeta = f(\xi, \eta, \cdots, \omega)$에 관한 확정정리이란, 퍼지수의 쌍 $(x, y, \cdots, w)$의 f에 의한 상 $f(x, y, \cdots, w)$가 다음 멤버십함수 $\mu_{f(x, y, \cdots, w)}(\zeta)$를

갖는 퍼지수로 생각할 수 있다. $\zeta \in \mathbf{R}$에 대하여 다음과 같이 정의한다.

$$\mu_{f(x,y,\cdots,w)}(\zeta) = \sup_{\zeta = f(\epsilon,\eta,\cdots,\omega)} \min[\mu_x(\xi), \mu_y(\eta), \cdots, \mu_w(\omega)] \tag{1.6}$$

단, $\mu_x, \mu_y, \cdots, \mu_w$는 각각 퍼지수 $x, y, \cdots, w$의 멤버십함수이다.

여기서 귀속도의 하한 $\min[\mu_x(\epsilon), \mu_y(\eta), \cdots, \mu_w(\omega)]$를 쓰는 것은 $\epsilon, \eta, \cdots, \omega$가 제약 $\zeta = f(\epsilon, \eta, \cdots, \omega)$ 아래에서 ζ의 귀속도가 가능한 작게되도록, 즉 애매성이 넓어지도록 결정된다는 특징이 있다. 이 확장원리에서 퍼지수 x, y의 가감승제의 멤버십함수를 구하면, 각각

$$\mu_{x+y}(\zeta) = \sup_{\zeta = \xi + \eta} \min[\mu_x(\xi), \mu_y(\eta)] \tag{1.7}$$

$$\mu_{x-y}(\zeta) = \sup_{\zeta = \xi - \eta} \min[\mu_x(\xi), \mu_y(\eta)] \tag{1.8}$$

$$\mu_{xy}(\zeta) = \sup_{\zeta = \xi \eta} \min[\mu_x(\xi), \mu_y(\eta)] \tag{1.9}$$

$$\mu_{x/y}(\zeta) = \sup_{\zeta \eta = \xi} \min[\mu_x(\xi), \mu_y(\eta)] \tag{1.10}$$

가 얻어진다. 또 $c \in \mathbf{R}$의 스칼라 배의 멤버십함수는

$$\mu_{cx}(\zeta) = \sup_{\zeta = c\xi} \min[\mu_x(\xi)] \tag{1.11}$$

이므로, 한 종류의 멤버십함수 μ_x의 경우는 최소값을 고려할 필요도 없다. $c=0$일 때는 특별히 $\mu_0(\zeta) = 0 (\zeta \neq 0)$; $\mu_0(0) = 1$로 정한다. 그 결과

$$\mu_{cx}(\zeta) = \begin{cases} \mu_x(\zeta/c) & (c \neq 0), \\ 1 & (c = 0,\ \zeta = 0) \\ 0 & (c = 0,\ \zeta \neq 0) \end{cases}$$

를 얻는다. 가법에서 퍼지수의 영원은 실수 0이다. 스칼라 배에서 $c=0$의 경우에 얻어진다. 임의로 퍼지수 x의 멤버십함수 μ_x에 관하여

$$\mu_{x+0}(\xi) = \mu_{0+x}(\xi) = \mu_x(\xi) \quad (\xi \in \mathbf{R})$$

이 성립한다.

이들의 연산을 확장원리의 정의에 따라서 구체적으로 계산하는 것은 곤란하므로, 일반적인 해석을 하는 것은 더욱 어렵게 한다. [그림 1.8]이 나타내는 것처럼 퍼지수는 2항

연산의 횟수마다 퍼지성이 증가하여 퍼지수는 연산의 횟수가 늘어날수록 애매성은 증대해나가는 특징이 있다.

그러면 Geotschel, Voxman [11, 12]에서 도입된 수법을 써서 퍼지수 x의 기하학적 해석을 하자. 멤버십함수 $\mu_x \in \mathcal{F}_b^{st}$의 α-컷 집합 $L_\alpha(\mu_x)$의 표현을 이용해서 퍼지수를 한 짝의 실수치함수로서 표현한다. 즉 $0 < \alpha \leq 1$에 대하여

$$x_1(\alpha) = \min L_\alpha(\mu_x) = \min x_\alpha, \quad x_2(\alpha) = \max L_\alpha(\mu_x) = \max x_\alpha \tag{1.12}$$

로 하고, 또

$$x_1(0) = \min(supp(\mu_x)), \quad x_2(0) = \min(supp(\mu_x))$$

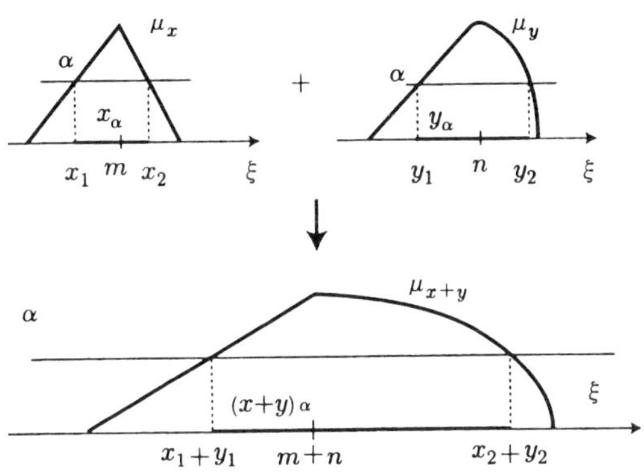

[그림 1.8] 퍼지수 x, y의 합

으로 한다. 멤버십함수의 정의에서 각 $\alpha \in I$에 대하여 α-컷 집합은 늘 유계인 폐구간이 되고, 그의 좌단점, 우단점을 각각 $x_1(\alpha)$, $x_2(\alpha)$로 해서 벡터 $(x_1(\alpha), x_2(\alpha))^T$를 2차원 평면 $\mathbf{R}^2$의 점으로 볼 수가 있다.

[정리 1.3] 퍼지수 x에서 x_1, x_2를 (1.12) 식으로 정하고, I에서 $\mathbf{R}$에의 함수로 한다. 이 경우 다음 관계 (i)-(iii)이 성립한다.

(i) x_1, x_2는 I상의 연속함수이다.

(ii) 유일한 실수 m이 존재해서 다음 관계가 성립한다.

$$x_1(1)=x_2(1)=m, \quad x_1(\alpha)\le m\le x_2(\alpha) \quad (\alpha\in I)$$

(iii) 다음 (a) 비 크리스프와 (b) 크리스프 가운데 어느 한쪽의 성질이 성립한다.

(a) 함수 x_1, x_2는 I에서 각각 비감소, 비증가이다. 실수 $c>0$가 존재하고, $0\le\alpha<c$일 때 $x_1(\alpha)<x_2(\alpha)$이고, $c\le\alpha\le 1$일 때 $x_1(\alpha)=x_2(\alpha)=m$가 성립한다.

(b) 정오표로부터 $0<\alpha\le 1$일 때 $x_1(\alpha)=x_2(\alpha)=m$가 성립한다.

역으로, 상술한 (i)-(iii) 이 성립할 때, $\alpha\in I$에 대하여

$$\mu_x(\xi)=\sup\{\alpha\in I : x_1(\alpha)\le\xi\le x_2(\alpha)\} \tag{1.13}$$

이라면, μ_x는 멤버십함수가 된다. 즉 $\mu_x\in\mathcal{F}_b^{st}$이다.

앞으로 퍼지수 $x\in\mathcal{F}_b^{st}$는 (x_1, x_2)와 동일시해서 $x=(x_1, x_2)$로 한다. (x_1, x_2)를 x의 파라미터표시(parametric representation)라 한다.

멤버십함수의 센터 m에 대하여 좌측, 우측의 함수를 각각 $L(\cdot)$, $R(\cdot)$로 해서 어느 것도 $\mathbf{R}_+=[0, +\infty)$에서 정의되고, 또 각각의 넓어지는 정도를 나타내는 폭을 r, $l>0$로 하자. [그림 1.9]에서는 서로 다른 3종류의 멤버십함수 (i)-(iii) 을 $\mathbf{R}^2$상의 유계연속곡선으로 나타냈다.

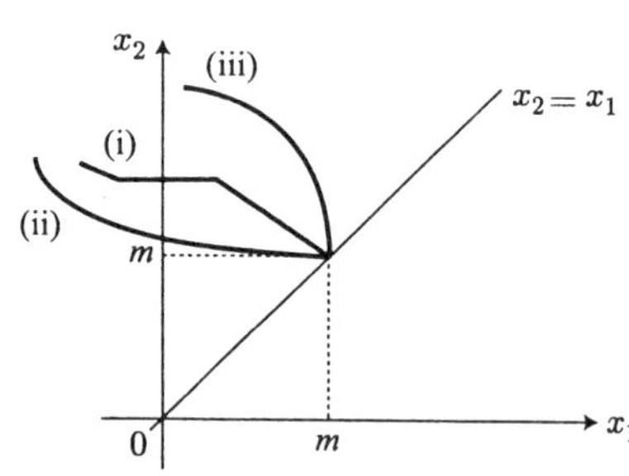

[그림 1.9] 평면상의 유계연속곡선으로 표현되는 퍼지수의 보기 (i)-(iii)

[예 1.1] 멤버십함수 μ는 다음과 같이 L, R에서 구성된다.

$$\mu(\xi)=\begin{cases} L\left(\dfrac{m-\xi}{l}\right)_+ & (\xi \le m) \\ R\left(\dfrac{\xi-m}{r}\right)_+ & (\xi > m) \end{cases}$$

여기에 $L(\xi)_+=\max(L(\xi),\ 0)$ 등으로 한다. $L,\ R:\mathbf{R}_+ \to I$은 역함수 L^{-1}, R^{-1}가 존재하는 한

$$x_1(\alpha)=m-L^{-1}(\alpha)l,\quad x_2(\alpha)=m+R^{-1}(\alpha)r$$

이다. 편의상, $L(\xi)=-c_1\xi+1\,(c_1>0)$를 고정한다. $\alpha=L(\xi)$로 놓으면 $L^{-1}(\alpha)=\dfrac{1-\alpha}{c_1}$가 되고, $x_1(\alpha)=m-\dfrac{(1-a)l}{c_1}$을 얻는다. 함수 R이 각각 (i) 구분적으로 1차함수, (ii) 제곱근, (iii) 2차 함수의 경우를 생각하여 [그림 1.9]는 평면상에 나타내지는 퍼지수의 파라미터 표시의 곡선을 나타내고 있다.

(i) 함수

$$R(\xi)=\begin{cases} -c_2\xi+1 & (0\le\xi\le 1/2) \\ -c_3\xi+1 & (1/2<\xi\le 1) \end{cases}$$

를 생각한다. 단, $0<c_2<c_3<2$로 한다. 이 경우, $-(c_3/2)+1<\alpha<-(c_2/2)+1$ 이외는 역함수 R^{-1}이 존재하여 $-(c_2/2)+1\le\alpha\le 1$일 때 $R^{-1}(\alpha)=\dfrac{1-\alpha}{c_2}$이고, $0\le\alpha\le-(c_3/2)+1$일 때는 $R^{-1}(\alpha)=\dfrac{1-\alpha}{c_3}$에서

$$x_2(\alpha)=\begin{cases} m+\dfrac{(1-\alpha)r}{c_3} & (0\le\alpha\le-(c_3/2)+1) \\ m+1/2 & (-(c_3/2)+1<\alpha<-(c_2/2)+1) \\ m+\dfrac{(1-\alpha)r}{c_2} & (-(c_2/2)+1\le\alpha\le 1) \end{cases}$$

를 얻는다. 평면 $\mathbf{R}^2$상의 파라미터 표시 $x=(x_1,\ x_2)$는

1) $m-(l/c_1)\le x_1\le m-\dfrac{c_3 l}{2c_1}$일 때, $c_3 l(x_2-m)=c_1 r(m-x_1)$

2) $m-\dfrac{c_3 l}{2c_1}<x_1<m-\dfrac{c_2 l}{2c_1}$일 때, $x_2=m+\dfrac{1}{2}$

3) $m-\dfrac{c_2 l}{2c_1}<x_1<m$일 때, $c_2 l(x_2-m)=c_1 r(m-x_1)$

이 된다.

(ii) 함수 $R(\xi)=-c_2\sqrt{\xi}+1$과 $c_2>0$의 경우, x_1, x_2는

$$c_2^2 l^2(x_2-m)=c_1^2 r(x_1-m)^2$$

를 만족한다.

(iii) 함수 $R(\xi)=-c_2\xi^2+1$과 $c_2>0$일 때

$$c_2 l(x_2-m)^2=c_1 r^2(m-x_1)$$

이 된다.

여기서 퍼지수 $x=(x_1, x_2)$, $y=(y_1, y_2)$의 4칙연산에 관한 멤버십함수를 다시 한 번 생각하자. μ_x, μ_y는 각각의 멤버십함수라 하자.

1) 덧셈

$$\begin{aligned}\mu_{x+y}(\xi) &= \sup_{\xi=\xi_1+\xi_2} \min[\mu_x(\xi_1), \mu_y(\xi_2)] \\ &= \sup\{\alpha\in I : \xi=\xi_1+\xi_2, \xi_1\in x_\alpha, \xi_2\in y_\alpha\} \\ &= \sup\{\alpha\in I : x_1(\alpha)+y_1(\alpha)\le\xi\le x_2(\alpha)+y_2(\alpha)\}\end{aligned}$$

가 된다. 합의 파라미터 표시는 $x+y=(x_1+y_1, x_2+y_2)$이다. 영원 $0=(0, 0)$과 퍼지수 $x=(x_1, x_2)$의 합은 $(x_1, x_2)+(0, 0)=(0, 0)+(x_1, x_2)=x$가 된다. 또한 $x_\alpha=L_\alpha(\mu_x)$ 등은 α-컷 집합이다. [그림 1.10]에서 퍼지수 $x=(x_1, x_2)$, $y=(y_1, y_2)$의 합을 나타내고, x, y의 각각의 센터 m, n, α-컷 집합은 x_α, y_α가 되고, 합의 센터는 $m+n$, α-컷 집합은 $(x+y)_\alpha$가 된다.

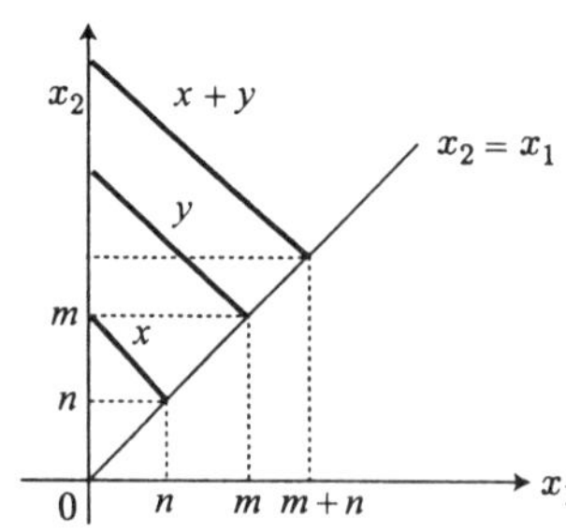

[그림 1.10] 퍼지수의 합 $x+y$

2) 뺄셈

$$\mu_{x-y}(\xi)=\sup\{\alpha \in I : \xi=\xi_1-\xi_2,\ \xi_1 \in x_\alpha,\ \xi_2 \in y_\alpha\}$$

이고, 차의 파라미터 표시는 $x-y=(x_1-y_2,\ x_2-y_1)$이 된다.

3) 곱셈

$$\mu_{xy}(\xi)=\sup\{\alpha \in I : \xi=\xi_1\xi_2,\ \xi_1 \in x_\alpha,\ \xi_2 \in y_\alpha\}$$

이고, 곱의 파라미터 표시는

$$xy=\begin{cases}(x_1y_1,\ x_2y_2) & (0 \le x_1,\ 0 \le y_1)\\ (x_2y_1,\ x_2y_2) & (0 \le x_1,\ y_1 \le 0 \le y_2)\\ (x_2y_1,\ x_1y_2) & (0 \le x_1,\ y_2 \le 0)\\ (x_1y_2,\ x_2y_2) & (x_1 \le 0 \le x_2,\ 0 \le y_1)\\ (\min\{x_2y_1,\ x_1y_2\},\ \max\{x_1y_1,\ x_2y_2\}) & (x_1 \le 0 \le x_2,\ y_1 \le 0 \le y_2)\\ (x_2y_1,\ x_1y_1) & (x_1 \le 0 \le x_2,\ y_2 \le 0)\\ (x_1y_2,\ x_2y_1) & (x_2 \le 0,\ 0 \le y_1)\\ (x_1y_2,\ x_1y_1) & (x_2 \le 0,\ y_1 \le 0 \le y_2)\\ (x_2y_2,\ x_1y_1) & (x_2 \le 0,\ y_2 \le 0)\end{cases}$$

이 된다. 뒤의 본장 7에서 대칭인 멤버십함수를 갖는 퍼지수 x의 제곱 x^2이 계산된다.

4) 나눗셈

$$\mu_{x/y}(\xi)=\sup\{\alpha \in I : \xi\xi_2=\xi_1,\ \xi_1 \in x_\alpha,\ \xi_2 \in y_\alpha\}$$

이다. 아래에서 $supp(\mu_y) \not\ni 0$의 경우를 생각한다. 몫의 파라미터 표시는 경우로 나누면

$$
x/y=\begin{cases}
(x_1/y_2,\ x_2/y_1) & (0\le x_1,\ 0\le y_1)\\
(x_2/y_1,\ x_2/y_2) & (0\le x_1,\ y_1<0<y_2)\\
(x_2/y_2,\ x_1/y_1) & (0\le x_1,\ y_2<0)\\
(x_1/y_1,\ x_2/y_1) & (x_1\le 0\le x_2,\ 0<y_1)\\
(\min\{x_1/y_2,\ x_2/y_1\},\ \max\{x_1/y_1,\ x_2y_2\}) & (x_1\le 0\le x_2,\ y_1<0<y_2)\\
(x_2/y_1,\ x_1/y_2) & (x_1\le 0\le x_2,\ y_2<0)\\
(x_2/y_1,\ x_2/y_2) & (x_2\le 0,\ 0<y_1)\\
(x_1/y_2,\ x_1/y_1) & (x_2\le 0,\ y_1<0<y_2)\\
(x_2/y_1,\ x_1/y_2) & (x_2\le 0,\ y_2<0)
\end{cases}
$$

가 된다.

3. 퍼지수의 2항관계

이 절에서는 두 개의 퍼지수 사이에 있는 일정한 관계를 생각한다. 가령, 대개 같다는 것은 동치관계에 의하여 특징지어진다. 또는 한쪽이 다른쪽보다 대개 크다는 관계는 순서관계와 관련해서 논의된다. 더욱 두 개의 퍼지수(퍼지집합)에서 새로이 구성된 퍼지 최대, 퍼지 최소, 포함, 합, 곱 등을 소개한다([14] 참조.).

[1] 동치관계

통상의 동치관계를 정의한다. 보기에서 두 개의 실수나 퍼지수(퍼지집합) 사이에 대한 동치관계를 구체적으로 생각한다([15] 참조).

[정의 1.3] (동치관계) 집합 X에 관한 2항관계 $\sim$가 동치라는 것은 $x, y, z\in X$에 대하여

(i) (반사적) $x\sim x$

(ii) (대칭) $x\sim y$이면 $y\sim x$

(iii) (추이적) $x\sim y$이고 $y\sim z$이면, $x\sim z$

가 성립할 때를 말한다. 이 경우 관계 $\sim$를 X상의 **동치관계**(equivalence relation)라

한다. 또, $x \in X$에 관한 집합 $C_x = \{y \in X : y \sim x\}$을 **동치류**(equivalence class)라 한다. x의 동치류를 $[x]$로도 쓴다.

분명히, $X = \cup_{x \in X} C_x = \cup \{C_x : x \in X\}$가 성립한다. 또한,

- $x \in C_y$이면 $C_x = C_y$
- $x \notin C_y$이면 $C_x \cap C_y = \phi$

가 유도된다. 이상에서 X는 동치관계 $\sim$에 의하여 분류되고, 서로 공통부분이 없는 동치류의 집합으로 분해된다. 이와 같은 동치류의 집합은 **상집합**(quotient set)이라 하고 $X/\sim$로 나타낸다.

$$X/\sim = \{C_x : C_x \cap C_y \neq \phi \text{ 또는 } C_x = C_y \quad (x, y \in X)\}$$

동치관계 $\sim$는 직접집합

$$X^2 = X \times X = \{(x, y) : x, y \in X\}$$

의 부분집합 $E = \{(x, y) \in X^2$: 상기 (i)-(iii)를 만족한다$\}$에 의하여 특징지어진다. 즉, $\sim$가 X 상의 동치관계이라는 것은 $x, y, z \in X$에 관하여 (i) $(x, x) \in E$; (ii) $(x, y) \in E$이면, $(y, x) \in E$; $(x, y) \in E$, $(y, z) \in E$이면 $(x, z) \in E$가 성립하는 것이며, $E \subset X^2$이 동치관계를 결정짓고 있다. E가 퍼지집합일 때, 퍼지적인 동치관계, 가령, x, y는 대개 같다는 것 등의 동치관계가 얻어진다.

이하에 실수 및 퍼지수의 사이의 동치관계의 보기를 든다.

[예 1.2] 실수값함수 $f : \mathbf{R} \to \mathbf{R}$로 하고, x, y에 대한 2항관계

$$x \sim y \iff f(x) = f(y)$$

라 하자. 이 경우 $\sim$는, 함수값 $f(x) = f(y)$일 때, x와 y가 f에 관하여 같다는 것을 의미하고, $\mathbf{R}$상의 동치관계인 것이 쉽게 밝혀진다. $C_x = \{y \in \mathbf{R} : f(x) = f(y)\}$라 할 때

- $\mathbf{R} = \cup_{x \in \mathbf{R}} C_x$
- $f(x) \neq f(z)$일 때 $C_x \cap C_z = \phi$
- $\mathbf{R}/\sim = \{C_x : x \in \mathbf{R}\}$

이다. 직적집합 X^2의 부분집합 $E=\{(x, y)\in X^2 : f(x)=f(y)\}$를 생각하면, $\sim$는 $E\subset X^2$에 의하여 도입되는 동치관계가 있다.

[예 1.3] 직적집합 $X=\mathbf{R}^2\times\mathbf{R}^2=\{(a, b) : a, b\in\mathbf{R}^2\}$를 생각한다. (a, b), $(c, d)\in X$에 대하여, 관계

$$(a, b)\sim(c, d) \iff a+d=c+b \tag{1.14}$$

는, X상의 동치관계이다. 실제 $a+b=a+b$에서 $(a, b)\sim(a, b)$가 성립한다. $(a, b)\sim(c, d)$이면 $c+b=a+d$가 성립하고, $(c, d)\sim(a, b)$라 할 수 있다. 또한 $(a, b)\sim(c, d)$이고, $(c, d)\sim(e, f)$이면 $a+d=c+b$, $c+f=e+d$이므로, $a+f=e+b$, 즉, $(a, b)\sim(e, f)$가 밝혀진다. 따라서 $\sim$는 X상의 동치관계이다.

또한 벡터 쌍 (a, b), (c, d)가 동치관계에 있다는 것은 $c-a=d-b$와 동치이다(그림 1.11 참조). 또한, $E=\{((a, b), (c, d))\in X^2 : c-a=d-b\}$라면, 관계 $\sim$는 $E\subset X^2$에 의하여 특징지어진다.

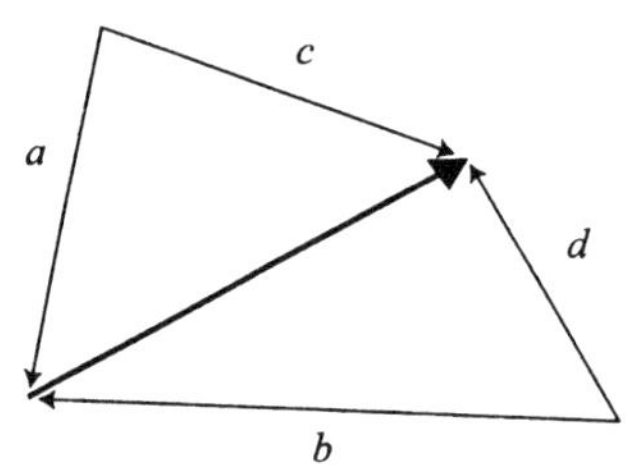

[그림 1.11] 동치관계의 $(a, b)\sim(c, d)$의 도형적 의미

[예 1.4] 전술한 동치관계를 퍼지적으로 다루어보자. 편의상, $f(x)=x$라 하자. 실수 x, y가 서로 같다는 관계 $x\sim y$를 정량적으로 다루는 것이다. 이미 X^2의 동치관계와 어떤 부분집합 $E\subset X^2$의 관련을 설명한 것과 같이 동치관계를 특징지우는 퍼지집합 E, 또는 멤버십함수 μ_E를 명확히 할 필요가 있다. 그러기 위하여 이하와 같은 "대략 x와 y와 같다."라는 관계를 정량적으로 다룬다.

$X=\mathbf{R}$라 하자. 대략 같다고 판단하는 실수의 짝 $(x, y)\in X^2$의 퍼지집합을 $\tilde{E}$라 하자. $x, y\in X$에 대한 귀속도 $\mu_E(x, y)$란 그의 가까움을 수치화한 비율(백분율)을 나타내고, $\mu_E(x, y)$는 이하와 같은 의사결정자가 결정한다 하자.

- $|x-y|=0$일 때, 귀속도는 $\mu_E(x, y)=1$이라 하자.
- $l>0$를 정하여, $|x-y| \geq l$이면, 귀속도는 $\mu_E(x, y)=0$이라 하자.
- $|x-y|$가 연속적으로 0에서 l에 단조로 늘어날 때, 귀속도 $\mu_E(x, y)$는 1에서 0에 1차 함수적으로 감소한다. 즉, 멤버십함수는

$$\mu_E(x, y)=1-\frac{|x-y|}{l}$$

라 하자.

퍼지적인 동치관계 ~를 특징지우는 것은 퍼지집합 $\tilde{E}$, 또는 동일시되는 멤버십함수 μ_E이다(그림 1.12 참조).

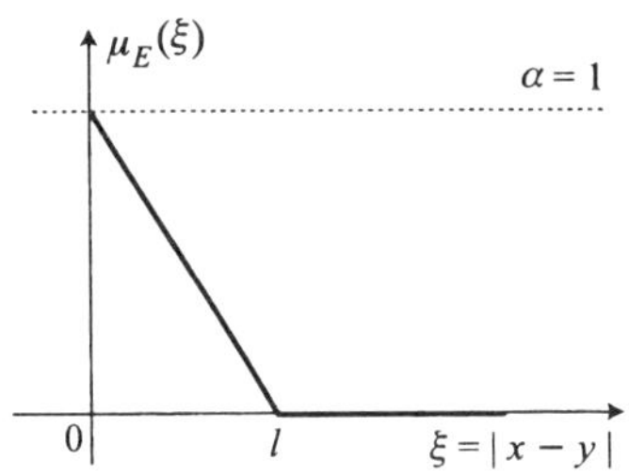

[그림 1.12] 대개 같다고 하는 퍼지적인 동치관계의 멤버십함수 μ_E

[예 1.5] Puri, Ralescu [1]의 수법에 따라서 퍼지수의 집합에 동치관계를 도입한다. 직적집합 $X=\mathcal{F}_b^{st} \times \mathcal{F}_b^{st}$의 원소 (x, y), $(u, v) \in X$에 대하여 관계

$$(x, y) \sim (u, v) \iff x+v=u+y$$

는 동치관계의 정의를 만족한다. 실제, 파라미터 표시를

$$x=(x_1, x_2), \ y=(y_1, y_2), \ u=(u_1, u_2), \ v=(v_1, v_2)$$

로 하여 퍼지수의 확장원리에 의한 합의 연산에서, $(x, y) \sim (u, v)$는 $x_1+v_1=u_1+y_1$ 또한 $x_2+v_2=u_2+y_2$와 같다. 각 x_i, y_i, u_i, $v_i (i=1, 2)$는 I에서 $\mathbf{R}$에의 함수이나 상술한 보기와 마찬가지로 관계 ~는 동치관계이라는 것이 밝혀진다. 동치류를 $C_{(x, y)}=[(x, y)]$라면

$$X/\sim=\{[(x,\ y)] : (x,\ y)\in[(x,\ y)],\ x\in\mathcal{F}_{\mathrm{b}}^{st},\ y\in\mathcal{F}_{\mathrm{b}}^{st}\}$$

이다. X의 부분집합으로

$$E=\{((x,\ y),\ (u,\ v))\in X^2 : x+v=u+y\}$$

를 생각하면, $(x, y)\sim(u, v)$는 $((x, y), (u, v))\in E$와 동치이다. 이 분류는 본장 5에서 퍼지수의 노름공간을 구성하는 경우에 다시 응용된다.

[2] 순서관계

실수의 값은 대소가 비교되나, 다른 집합 사이의 순서나 퍼지수의 대소를 비교하는 순서관계를 기술하고, 구체적으로 보기를 들어 소개한다. 우선, **반순서관계**(partial order relation)의 정의를 아래에 기술하자.

> [정의 1.4] (반순서관계) 집합 X에 대하여 2항관계 $\leq$가 순서관계라는 것은 $x,\ y,\ z\in X$에 대하여
> (i) (반사적) $x\leq x$
> (ii) (상등) $x\leq y$이고 $y\leq x$이면, $x=y$
> (iii) (추이적) $x\leq y$이고 $y\leq z$이면, $x\leq z$
> 가 성립함을 의미한다. 이때, X를 반순서집합이라 한다.

집합에 반순서관계가 주어지는 것은 자기 자신과 비교할 수 있는 것, 크기의 상등성, 비교 가능한 그룹은 그 안에서 비교 가능하다. 또, 직적집합 X^2의 부분집합 $\mathcal{O}=\{(x,\ y)\in X^2 : x,\ y$는 위의 [정의 1.4] (i)-(iii)를 만족한다$\}$이라면, 관계 $\leq$는 부분집합 $\mathcal{O}\subset X^2$에 의하여 정의할 수 있다. $x\leq y$라는 것은 $(x, y)\in\mathcal{O}$와 같다. 다음에서 반순서집합의 보기를 든다.

[예 1.6] 집합 K의 부분집합 $A,\ B\subset K$에서 포함관계는 반순서관계이다. K의 **멱집합**(power set)을 $X=2^K$라 하자. 2^K은 K의 부분집합 전체이다. $A,\ B\in X$에 관하여

$$A\leq B \Longleftrightarrow A\subset B$$

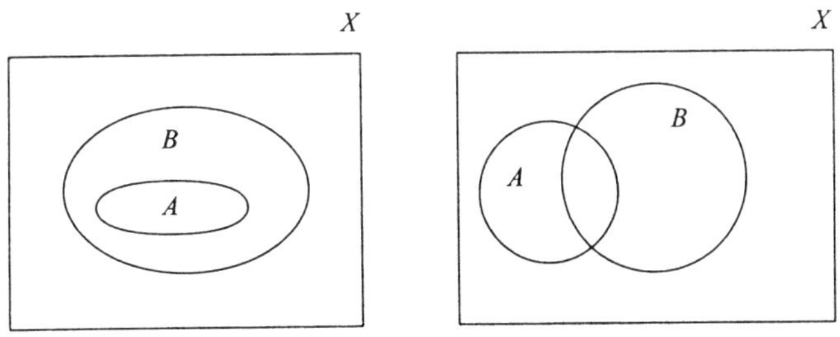

(a) $A \leq B$인 경우 ($A \subset B$)

(b) $A \leq B$가 아닌 경우 ($A \subset B$가 아니다)

[그림 1.13] (a) $A \leq B$인 경우와 (b) $A \leq B$가 아닌 경우

라면, $A \leq A$이다. $A \leq B$이고, 또한 $B \leq A$이면 $A = B$이다. $C \in X$라 하고, $A \leq B$, $B \leq C$이면, $A \leq C$가 성립한다. 따라서 X는 $\leq$에 관한 반순서집합이 된다. 또 모든 $A, B \in X$가 $A \leq B$ 또는 $B \leq A$가 성립하는 것은 아니다(그림 1.13 참조). 또 $\mathcal{O} = \{(A, B) \in X^2 : A \subset B\}$인 집합이라면, $A \leq B$라는 것과 $(A, B) \in \mathcal{O}$는 동치이다.

[예 1.7] 함수의 대소비교는 반순서관계로서 주어진다. 집합 X는 R의 폐구간 $J = [a, b]$에서 $\mathbf{R}$에의 함수 f의 집합으로서 $f, g \in X$에 관하여

$$f \leq g \iff f(t) \leq g(t) \quad (t \in J)$$

라 하자. 이 관계는 반순서관계라는 것이 쉽게 이해된다. [그림 1.14]에서 함수 f, g에 관하여 $f \leq g$이나, f, h에 관하여는 $f \leq h$ 또는 $h \leq f$의 어느 것도 성립 안된다. 이와 같이 반순서관계에서는 반드시 2항 사이 f, g에 관하여 $f \leq g$ 또는 $g \leq f$가 성립한다고 말할 수 없다. X^2의 부분집합의

$$\mathcal{O} = \{(f, g) \in X^2 : f(t) \leq g(t) \quad (t \in J)\}$$

는 다음 관계로 함수의 반순서관계를 결정한다.

$$f \leq g \iff (f, g) \in \mathcal{O}$$

[예 1.8] 2차원벡터 $x = (x_1, x_2)^T$, $y = (y_1, y_2)^T \in \mathbf{R}^2$에 관하여 x가 y보다 거의 작다고 하는 $x \leq_\epsilon y$이라는 퍼지적인 반순서관계를 정량적으로 다룬다.

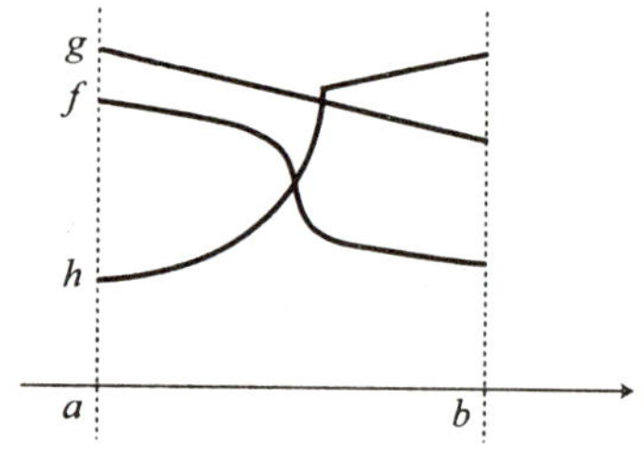

[그림 1.14] $f \le g$이나, $f \le h$도 $h \le f$도 아니고, 또 $g \le h$도 $h \le g$도 아니다.

즉, $\epsilon = (\epsilon_1, \epsilon_2)$는 음수가 아닌 실수의 쌍이고, 미소인 $\epsilon_i \ge 0 (i=1, 2)$을 고정하여 $\Delta_i = y_i - x_i (i=1, 2)$라면, 다음 경우 (a)~(c)와 같이 x, y의 대소를 수량적으로 결정한다.

(a) $\Delta_1 \ge 0$이고, $\Delta_2 \ge 0$일 때, x가 어느 정도 y 이하인가를 나타내는 귀속도 $\mu_\epsilon(\Delta_1, \Delta_2) = 1$로 한다.

(b) $(-\epsilon_1 < \Delta_1 < 0$ 또는 $-\epsilon_2 < \Delta_2 < 0)$이고 $\Delta_1 + \Delta_2 > -(\epsilon_1 + \epsilon_2)$의 경우, Δ_1, Δ_2의 각각에 대하여 한쪽을 고정하고, 다른 쪽을 $-\epsilon_i$에서 0까지 증가할 때, 귀속도 $\mu_\epsilon(\Delta_1, \Delta_2)$는 0 이상 1 이하의 값이 단조로 증가한다.

(c) $\Delta_1 \le -\epsilon_1$ 또는 $\Delta_2 \le -\epsilon_2$일 때, 귀속도 $\mu_\epsilon(\Delta_1, \Delta_2) = 0$으로 한다.

[그림 1.15]에서는 $\Delta = (\Delta_1, \Delta_2)$로 해서, 2차원벡터 $x = (x_1, x_2)^T$는 대략 $y = (y_1, y_2)^T$이라는 것을 나타내는 멤버십함수 μ_ϵ을 도시한다. 서포트 $supp(\mu_\epsilon) = \{(\Delta_1, \Delta_2)^T \in \mathbf{R}^2 : \Delta_i \ge -\epsilon_i \ (i=1, 2)\}$는 유계가 아니다. 이 경우 μ_ϵ의 서포트는 유계가 아니나, 퍼지수의 멤버십함수이다.

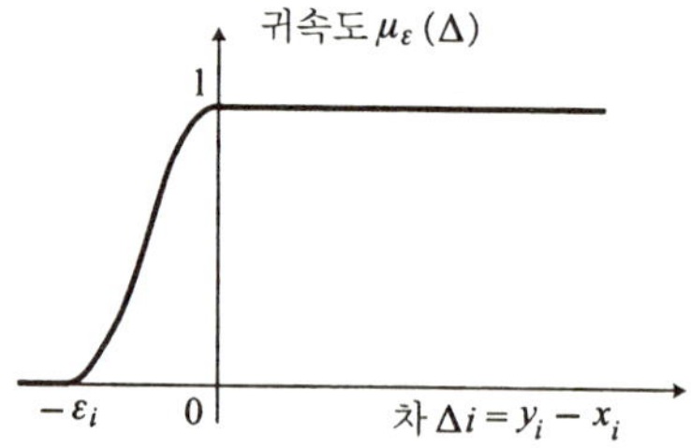

[그림 1.15] 2차원벡터, x, y에 관하여 x가 대개 y 이하라는 것을 나타내는 멤버십함수

집합

$$\mathcal{O}=\{(x,\ y)\in \mathbf{R}^2\times\mathbf{R}^2 : \mu_\epsilon(x,\ y)\geq 0\}$$

라 할 때, $x\leq_\epsilon y$이라는 것은 $(x,\ y)\in\mathcal{O}$와 동치이다. 또한 $\epsilon_1=\epsilon_2=0$일 때, $\leq_0$는 통상의 벡터의 대소비교, 즉 벡터 $x=(x_1,\ x_2)^T\leq y=(y_1,\ y_2)^T$는 $x_i\leq y_i$ $(i=1,\ 2)$가 성립하는 순서관계로서 얻어진다.

[예 1.9] 퍼지 맥스 순서(fuzzy max order) $X=\mathcal{F}_b^{st}$라 하자. 퍼지수 $x,\ y\in X$ 사이에는 퍼지 맥스 순서라는 반순서관계가 주어진다([10]). α-컷 집합 x_α, y_α의 좌우 끝점의 대소비교에 의하여 대개의 대소를 생각한다. 즉 관계

$$x\leq y \iff \max x_\alpha\leq\max y_\alpha,\ \min x_\alpha\leq\min y_\alpha \quad (\alpha\in I) \tag{1.15}$$

로 주면, $\leq$가 X상의 반순서관계라는 것을 확인하자. 임의의 $\alpha\in I$를 고정한다. 우선, 분명히 $x\leq x$이다. $x\leq y$ 또는 $y\leq x$일 때

$$\max x_\alpha\leq\max y_\alpha\leq\max x_\alpha,\quad \min x_\alpha\leq\min y_\alpha\leq\min x_\alpha$$

가 성립한다. 따라서 $x_\alpha=y_\alpha$에서 $x=y$가 밝혀진다.

$z\in X$로 하여 $x\leq y$이고, $y\leq z$이면

$$\max x_\alpha\leq\max y_\alpha\leq\max z_\alpha,\quad \min x_\alpha\leq\min y_\alpha\leq\min z_\alpha$$

이므로, $x\leq z$가 성립한다. 따라서 $\leq$는 X의 반순서집합이다. 그러나 임의의 퍼지수 x, $y\in X$가 순서짓는 것이 가능한 것만은 아니다. [그림 1.16]에 나타내는 것 같이 $x\leq y$이나, $x\leq z$도 $z\leq x$의 어느 것도 성립 안된다.

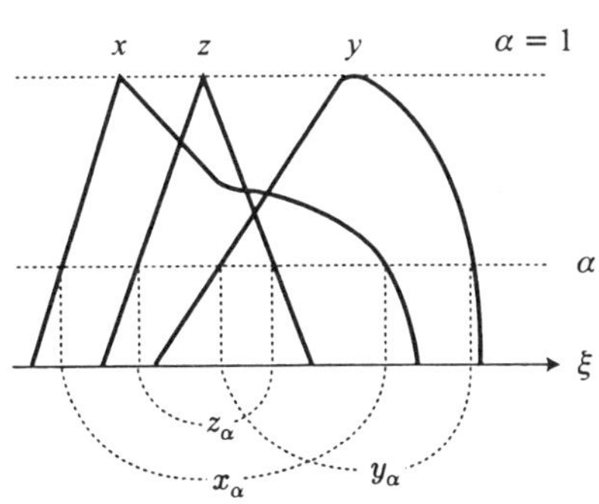

[그림 1.16] $x\leq y$이나, x, z 또는 y, z 사이에는 순서관계는 정해지지 않는다

[3] 퍼지 최대와 퍼지 최소

퍼지수 $x=(x_1, x_2)$, $y=(y_1, y_2)\in\mathcal{F}_{\rm b}^{st}$의 퍼지 최대 $u=x\cup y$, 퍼지 최소 $l=x\cap y$의 각각을 α-컷 집합에 의하여 다음과 같이 생각한다. $\alpha\in I$에 대하여 u, l의 α-컷 집합을

$$(x\cup y)_\alpha=[\max(x_1(\alpha),\ y_1(\alpha)),\ \max(x_2(\alpha),\ y_2(\alpha))] \tag{1.16}$$

$$(x\cap y)_\alpha=[\min(x_1(\alpha),\ y_1(\alpha)),\ \min(x_2(\alpha),\ y_2(\alpha))] \tag{1.17}$$

라 하자. x, y의 퍼지 최대(퍼지 최소)에 관하여, 귀속도 α에 대한 멤버십함수가 되도록 우로(좌로) 이행하도록 퍼지수 x, y의 멤버십함수의 일부에서 취해서 각각의 멤버십함수가 설정된다(그림 1.17 참조).

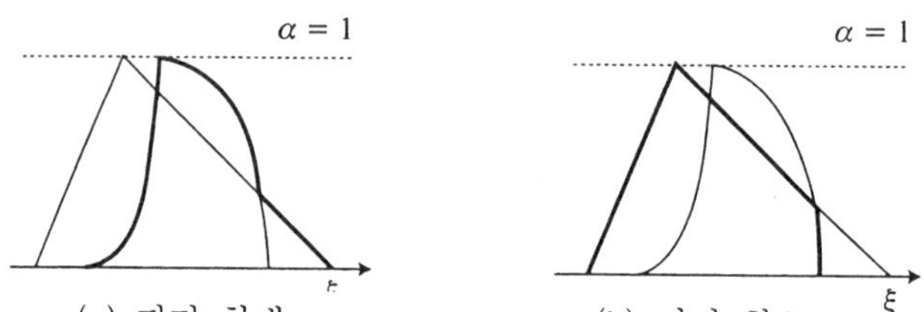

(a) 퍼지 최대 (b) 퍼지 최소

[그림 1.17]

반순서집합 $(X, \le)$이 속(lattice)이라는 것은 임의의 $x, y\in X$에 대하여 상한 $\sup(x, y)\in X$ 및 하한 $\inf(x, y)\in X$이 존재할 때를 말한다.

집합의 포함관계, 함수의 대소관계, fuzzy max 순서관계에서 속을 만들어내는 것이 가능하다.

[예 1.10] 집합 K의 멱집합을 $X=2^K$에서 집합의 포함관계 $\le$는 반순서관계를 이룬다. $A, B\in X$에 대하여

$$\sup(A,\ \mathrm{B})=A\cup B,\quad \inf(A,\ \mathrm{B})=A\cap B$$

로 한다. 이 경우, $(X, \le)$는 속을 만든다.

[예 1.11] 집합 S 상에서 정의되는 실수값 함수의 집합을 X라 하고, 대소관계 $f\le g$를 $f(t)\le g(t)$ $(t\in S)$로 하면, $(X, \le)$는 반순서집합이다. $M(t)=\max(f(t),\ g(t))$, $m(t)=$

$\min(f(t), g(t))$ $(t \in S)$는 M, $m \in X$이고, $M=\sup(f, g)$, $m=\inf(f, g)$이므로, $(X, \leq)$은 속이 된다(그림 1.18 참조).

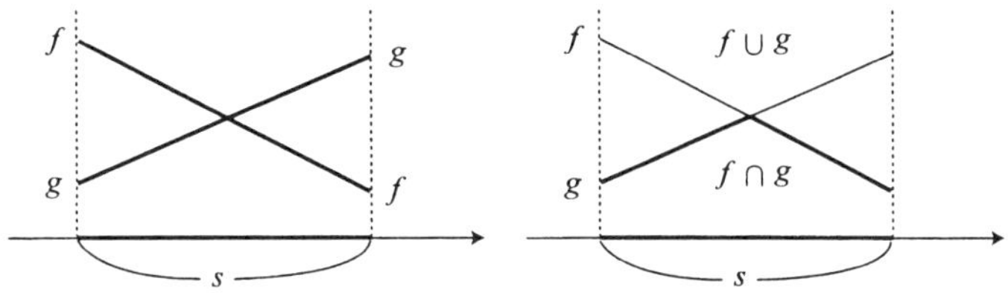

[그림 1.18] 함수 f, g의 상한 $f \cup g$와 하한 $f \cap g$

[예 1.12] 퍼지수의 집합 $\mathcal{F}_{\mathrm{b}}^{st}$은 fuzzy max 순서 $\preceq$에 관하여, 반순서집합을 이룬다. x, $y \in \mathcal{F}_{\mathrm{b}}^{st}$에 대하여 $M=x \cup y$, $m=x \cap y$로 하면 $M=\sup(x, y)$ $m=\inf(x, y)$이므로, $(\mathcal{F}_{\mathrm{b}}^{st}, \preceq)$는 속을 이룬다.

그 밖에도 퍼지집합연산이나 퍼지관계에는 포함, 보관계, 퍼지그래프, 여퍼지관계, 닮음관계, 유사관계 등이 있으나, 자세한 것은 다른 문헌을 참조하기 바란다(7, 8, 6, 13, 14] 등).

4. 파라미터로 표시되는 퍼지수의 완비거리공간

앞 절에서 기술한 퍼지수를 파라미터 표시를 이용하면 퍼지수 $x \in \mathcal{F}_{\mathrm{b}}^{st}$는 평면상의 유계연속곡선으로 볼 수 있다. 본 절에서는 두 가지의 퍼지수에 관하여 떨어져 있는 정도를 나타내는 거리를 생각한다. 또한 거리공간 $\mathcal{F}_{\mathrm{b}}^{st}$의 완비성을 논의한다.

[정의 1.5] (거리공간) 집합 X에 대하여 음수가 아닌 함수 $d: X \times X \to \mathbf{R}_+$가 거리(함수)이라는 것은 x, y, $z \in X$에 대하여

(i) (양정치성) $d(x, y) \geq 0$, 또한 $d(x, y)=0 \iff x=y$

(ii) (대칭성) $d(x, y)=d(y, x)$

(iii) (삼각부등식) $d(x, z) \leq d(x, y) + d(y, z)$
이 성립할 때, d를 거리(metric)이라 부르고(X, d)를 거리공간(metric space) 또는 집합 X는 d에 관한 거리공간을 이룬다고 한다.

가령, 집합 $\mathbf{R}^n(n=1, 2, \cdots)$의 거리로서는 $x=(x_i)$, $y=(y_i) \in \mathbf{R}^n$일 때 다음 d_1, d_2, d_∞는 알고 있는 것들이다.

$$d_1(x, y) = \sum_{i=1}^{n} |x_i - y_i| \tag{1.18}$$

$$d_2(x, y) = \sqrt{\sum_{i=1}^{n} |x_i - y_i|^2} \tag{1.19}$$

$$d_\infty(x, y) = \max_{1 \leq i \leq n} |x_i - y_i| \tag{1.20}$$

퍼지수의 집합 $\mathcal{F}_b^{st}$의 거리를 아래에 소개하자. 파라미터 표시 $x=(x_1, x_2)$, $y=(y_1, x_2) \in \mathcal{F}_b^{st}$에 대하여

$$d_1(x, y) = \sup_{\alpha \in I}(|x_1(\alpha) - y_1(\alpha)| + |x_2(\alpha) - y_2(\alpha)|) \tag{1.21}$$

$$d_2(x, y) = \sup_{\alpha \in I} \sqrt{|x_1(\alpha) - y_1(\alpha)|^2 + |x_2(\alpha) - y_2(\alpha)|^2} \tag{1.22}$$

$$d_\infty(x, y) = \sup_{\alpha \in I} \max(|x_1(\alpha) - y_1(\alpha)|, |(x_2(\alpha) - y_2(\alpha)|) \tag{1.23}$$

의 어느 것도 거리의 [정의 1.5] (i)-(iii)를 만족하고, $\mathcal{F}_b^{st}$은 거리공간이 된다. 특히 d_2를 유클리드 거리(Euclidean metric), (X, d_2)를 유클리드 거리공간(Euclidean space)이라 한다. 가령, 단위원 $S=\{x \in \mathcal{F}_b^{st} : d_2(x, 0) \leq 1\}$을 생각하면, 평면 위의 파라미터 표시 $x=(x_1, x_2) \in S$는 벡터 $(x_1(0), x_2(0))^T$, $(m, m)^T \in \mathbf{R}^2$를 양 끝점으로 하고, 연속곡선으로 집합 $\{(x_1, x_2)^T \in \mathbf{R}^2 : x_1^2 + x_2^2 \leq 1,\ x_2 \geq x_1\}$에 포함된다. 전자는 시점, 후자는 종점이고, $m=x_1(1)=x_2(1)$은 중심이다. 그리고 x_1, x_2는 [정리 1.3] (i)-(iii)를 만족한다(그림 1.19를 참조).

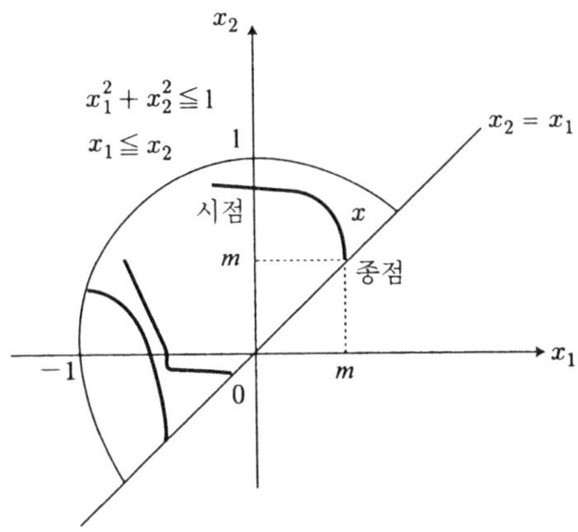

[그림 1.19] 유클리드 거리공간 $\mathcal{F}_b^{st}$의 단위원 S 내의 퍼지수(유계연속곡선) $x=(x_1, x_2)$에 관한 세 가지 보기

고가와(古川)[10]에서는 유한차원공간의 콤팩트집합, 또는 콤팩트로 볼록집합의 집합 X는, 적당한 거리 d에 관하여 완비라는 것이 밝혀져 있다. 거리공간 (X, d)에 관하여, X에서 임의로 **코시열**(Cauchy sequence)$\{x_n \in X : n=1, 2, \cdots\}$에서는 X 내에 극한 x_0가 존재할 때, X는 **완비**(complete)라 한다. 즉

$$\{x_n \in X : \lim_{n, m \to \infty} d(x_n, x_m)=0\}$$

을 만족하는 임의의 $\{x_n \in X\}$에는 $\lim_{n \to \infty} d(x_n, x_0)=0$이 되는 $x_0 \in X$가 존재하게 된다. 완비거리공간에서 각 코시열은 유일한 극한을 갖는 것이 밝혀진다.

> [정리 1.4] 퍼지수의 집합 $\mathcal{F}_b^{st}$는 거리 d에 관하여 완비거리공간이다.

정리가 성립함을 확인하자. 거리공간 $\mathcal{F}_b^{st}$가 완비이려면, 코시열 $\{x_k=(x_1^{(k)}, x_2^{(k)}) \in \mathcal{F}_b^{st} : k=1, 2, \cdots\}$을 생각하고, 어떤 퍼지수 $x_0 \in \mathcal{F}_b^{st}$가 존재하여 $\lim_{n \to \infty} d(x_n, x_0)=0$이면 된다. 우선 코시열은 $\lim_{n, m \to \infty} d(x_n, x_m)=0$이므로, 미분적분학에서 주지인 코시의 정리에서 어떤 극한함수 $x_0=(x_1^{(0)}, x_2^{(0)}) \in C(I) \times C(I)$가 존재하여 $\lim_{k \to \infty} d(x_k, x_0)=0$, 또한 [정리 1.3] (ii)을 만족하는 중심 m이 있고, $x_1^{(0)}, x_2^{(0)}$는 각각, I 위에서 비감소, 비증가인 함수

$x_1^{(0)} \leq m \leq x_2^{(0)}(\alpha)$ $(\alpha \in I)$, $x_1^{(0)}(1) = m = x_2^{(0)}(1)$이다. 여기서 $A = \{\alpha \in I : x_1^{(0)}(\alpha) = x_2^{(0)}(\alpha)\}$라 하자. 만일 $A = [0, 1]$이면, $x_1^{(0)}(\alpha) = x_2^{(0)}(\alpha) = m(\alpha \in I)$이고, [정리 1.3] (iii b)의 경우가 성립한다. $A \neq [0, 1]$이면, 어떤 $0 < c \leq 1$가 존재하여 (1) $c \leq \alpha \leq 1$에서 $x_1(\alpha) = x_2(\alpha)$이고, (2) $0 \leq \alpha < c$에서 $x_1(\alpha) \leq x_2(\alpha)$이다. c는 (1)과 (2)를 만족하는 수의 하한이라면 $c > 0$가 성립한다. 여기서 어떤 $b \in I$에 관하여 $x_1(b) \geq x_2(b)$이고, $0 \leq b < c$라고 가정한다. 이 경우, 하한인 c의 성질에 모순한다. 따라서 $0 \leq \alpha < c$에서 $x_1(\alpha) < x_2(\alpha)$가 밝혀져져 [정리 1.3] (iii a)의 경우가 성립한다. 이상에서 $x_0 \in \mathcal{F}_{\mathrm{b}}^{st}$이다. 따라서 거리공간 $\mathcal{F}_{\mathrm{b}}^{st}$은 완비이다.

완비성에 관하여 $\mathcal{F}_{\mathrm{b}}^{st}$에 한하지 않고, 광의 퍼지 凸에서 상반연속을 만족하는 퍼지수의 집합도 하우스돌프거리에서 도입된 거리([18]를 참조)에서 밝혀진다.

퍼지수의 집합 $\mathcal{F}_{\mathrm{b}}^{st}$은 완비거리공간이므로, 퍼지 최적화문제에서 Newton법 등의 반복성에 의하여 최적해를 구성하는 것, 또는 퍼지미분방정식에 관하여는 **축소사상의 원리**(2장 1을 참조) 등에 의하여 정성해석이 가능하다. 완비거리공간 $(\mathcal{F}_{\mathrm{b}}^{st}, d_1)$에서 코시열과 그렇지 않는 정열을 다음에서 생각하자.

[예 1.13] 점렬 $\{x^{(n)} \in \mathcal{F}_{\mathrm{b}}^{st} : n = 1, 2, \cdots\}$의 각 항의 멤버십함수는

$$\mu_{x^{(n)}}(\xi) = L\left(\frac{\xi - 1/n}{1/(2n)}\right)_+$$

단, $\xi \in \mathbf{R}$에서 $L(\xi) = 1 - |\xi|$이다. 이 경우, 중심 $-1/n$도 폭(spread) $1/(2n)$도 0에 수렴한다.

역함수 $L^{-1}(\alpha)_+ = 1 - \alpha$에서 α-컷 집합 $L_\alpha(\mu_{x^{(n)}}) = [x_1^{(n)}(\alpha), x_2^{(n)}(\alpha)]$의 좌우 끝점은

$$x_1^{(n)}(\alpha) = \frac{1}{n} - \frac{L^{-1}(\alpha)_+}{2n} = \frac{1+\alpha}{2n}$$

$$x_2^{(n)}(\alpha) = \frac{1}{n} + \frac{L^{-1}(\alpha)_+}{2n} = \frac{3-\alpha}{2n}$$

에서 퍼지수 $x^{(n)}$, $x^{(m)}$의 거리는

$$d_1(x^{(n)}, x^{(m)}) = \left|\frac{1}{n} - \frac{1}{m}\right|$$

이다. 따라서 $\lim_{n,m\to\infty} d_1(x^{(n)}, x^{(m)})=0$이 성립한다. 따라서 $\{x^{(n)}\}$은 코시열이다.

각 $x^{(n)}$의 α-컷 집합의 극한은 $\alpha \geq 0$일 때, (1.12) 식 등에서 $\lim_{n\to\infty} L_\alpha(\mu_{x^{(n)}})=\{0\}$이므로, 점렬 $\{x^{(n)}\}$은 실수 0에 수렴한다. $\lim_{n\to\infty} x^{(n)}=0\in\mathbf{R}$. 이 수렴성은 $\mathcal{F}_{\mathrm{b}}^{st}$의 완비성에서 보증되는 것이다. 실제로

$$d_1(x^{(n)}, 0)=\sup_{\alpha\in I}(|x_1^{(n)}(\alpha)|+|x_2^{(n)}(\alpha)|)=2/n$$

에서 확인된다. 이 보기는 $\mathcal{F}_{\mathrm{b}}^{st}$에 극한을 갖는 경우이다. [그림 1.20]은 점렬 $\{x^{(n)}\}$의 각 $x^{(n)}$의 파라미터 표시가 원점(실수 0)에 수렴하는 것, (b)에서는 퍼지수의 멤버십함수 $x^{(n)}$의 극한에 가까워지는 것을 나타내고 있다.

[예 1.14] $L(\xi)=1-|\xi|$로 하여 점렬 $\{x^{(n)}\}$의 멤버십함수 $\mu_{x^{(n)}}$는

$$\mu_{x^{(n)}}(\xi)=L\left(\frac{\xi-1/n}{n}\right)_+$$

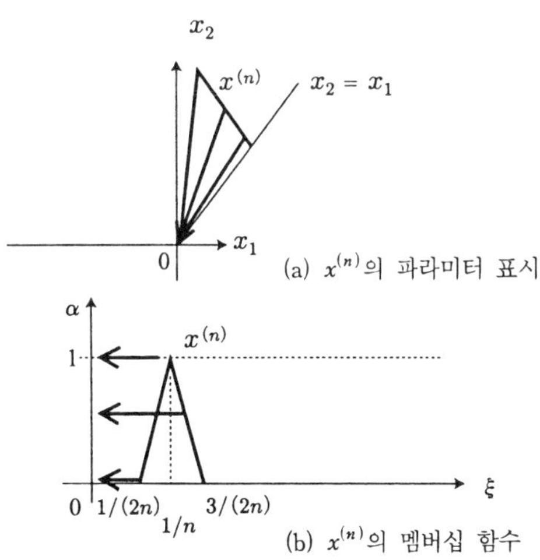

[그림 1.20] 수렴하는 점렬$\{x^{(n)}\in\mathcal{F}_{\mathrm{b}}^{st}\}$

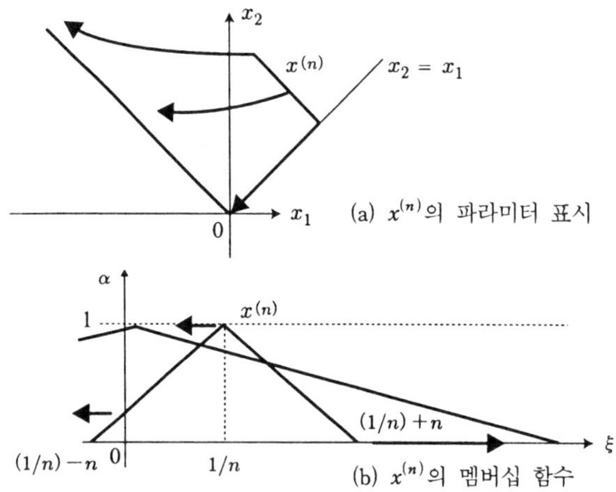

[그림 1.21] $\mathcal{F}_{\mathrm{b}}^{st}$에서 수렴하지 않는 점렬$\{x^{(n)} \in \mathcal{F}_{\mathrm{b}}^{st}\}$

이라 하자. 이 극한 $x^{(0)}$의 멤버십함수에 관하여, 중심은 0에 수렴하므로 스프레드는 ∞로 발산한다. 즉, $\mu_{x^{(0)}}(\xi)=1(\xi \in \mathbf{R})$이기 때문에, $x^{(0)}$의 서포트는 유계가 아니고, $x^{(0)} \not\in \mathcal{F}_{\mathrm{b}}^{st}$ [그림 1.21]에서는 $n \to \infty$일 때 $x^{(n)}$의 파라미터 표시는 애매성이 증대하고, 반직선 $x_1+x_2=0(x_1 \le 0)$에 점근함을 보이고, (b)에서는 $x^{(n)}$의 멤버십함수의 중심은 0에 가까워지나, 스프레드는 무한대에 발산함을 보인다. 당연히 점렬 $\{x^{(n)}\}$은 $\mathcal{F}_{\mathrm{b}}^{st}$에서 수렴하고 있지 않다.

5. 퍼지함수의 미분적분

이 절에서는 퍼지수를 파라미터 표시하는 것에 의하여, 퍼지함수를 다룬다. norm공간에서 미분과 적분에 관하여 논의한다.

[1] 파라미터 표시의 퍼지함수

수직선 상의 구간을 J라 하고, 퍼지함수 $x : J \to \mathcal{F}_{\mathrm{b}}^{st}$에 관한 미분과 적분을 기술한다. 퍼지함수를 미지함수로 하는 퍼지미분방정식의 초기값문제 등을 해석하기 위하여 필수의 사항이 있다. 퍼지미분방정식의 정성해석에는 빈번히 상미분방정식의 수법이 응용된다. 퍼지수 x를 파라미터 표시 (x_1, x_2)로 하는 것에 의하여 퍼지미분방정식은 상미분방정식으로 귀착되다.

그러나 쌍방의 정성해석에 관한 특징은 상반되는 일이 있다. 가령, $\xi(t) \in \mathbf{R}$로 하는 상미분방정식의 초기값문제

$$\xi'(t) = -\xi(t),\ \xi(t_0) = \xi_0 \tag{1.24}$$

의 해는, $\xi(t) = \xi_0 e^{-(t-t_0)}$로 얻어지고, 영해 $\xi = 0$는 대역적 지수점근안정하다는 것이 잘 알려져 있다. 직감적으로 초기값 ξ_0의 절대값 $|\xi_0|$이 아무리 크거나 작은 경우에도 시각 t의 경과에 따라서 해의 $|\xi(t)|$은 지수 함수적으로 감소하며 0에 접근한다. 이 경우, $\mathbf{R}$의 거리를 d라면

$$\lim_{t \to +\infty} d(\xi(t), 0) = \lim_{t \to +\infty} |\xi_0| e^{-(t-t_0)} = 0$$

가 성립한다.

파라미터 표시에 의한 퍼지미분방정식의 해는 애매성이 차츰 증대하는 특징 때문에 정반대의 거동이 보인다. 시각 t에서 퍼지수를

$$x(t) = \{(x_1(t, \alpha),\ x_2(t, \alpha))^T \in \mathbf{R}^2 : \alpha \in I\} = (x_1, x_2)(t)$$

로 하여, 상기의 문제 (1.24)와 같은 형태의 퍼지미분방정식을 생각한다.

$$x'(t) = -x(t),\ x(t_0) = x_0 \tag{1.25}$$

확장원리에 따라서, (1.25)의 우변을 계산하면 $-(x_1, x_2) = (-x_2, -x_1)$에서 연립상미분방정식

$$x_1'(t) = -x_2(t), \quad x_2'(t) = -x_1(t)$$

가 얻어진다. 파라미터 표시의 해는 초기값 $x_0 = \{(a(\alpha), b(\alpha))^T \in \mathbf{R}^2 : \alpha \in I\}$에 대하여

$$x_1(t, \alpha) = \frac{1}{2}\{(e^{-(t-t_0)} + e^{t-t_0})a_0(\alpha) + (e^{-(t-t_0)} - e^{t-t_0})b_0(\alpha)\}$$

$$x_2(t, \alpha) = \frac{1}{2}\{(-e^{(t-t_0)} + e^{-(t-t_0)})a_0(\alpha) + (e^{t-t_0} + e^{-(t-t_0)})b_0(\alpha)\}$$

가 된다. 이 경우 퍼지수 $x, y \in \mathcal{F}_{\mathrm{b}}^{st}$의 거리를 $d_2(x, y) = \sup_{\alpha \in I}\left(\sum_{i=1}^{2}|x_i(\alpha) - y_i(\alpha)|^2\right)^{1/2}$로 하면, $x_0 \neq 0$일 때 $d_2(x(t), 0) = \sqrt{\dfrac{e^{2(t-t_0)} + e^{-2(t-t_0)}}{2}}$, $d_2(x_0, 0)$에서

$$\lim_{t \to \infty} d_2(x(t), 0) = +\infty$$

가 되고, 상미분방정식의 경우와는 현저하게 다르다.

퍼지미분방정식의 해는 적분방정식의 해와 동치이므로(2장 1을 참조) 무한급수의 합, 즉 무한회 연산의 결과가 얻어진다. 따라서 해에는 늘 팽대한 애매성이 축적한다. 또

$$\lim_{t \to \infty} |x_1(t, \alpha) + x_2(t, \alpha)| = 0 \quad (\alpha \in I)$$

이므로, 해의 시각 t에서의 퍼지수(유계연속곡선)

$$x(t) = \{(x_1(t, \alpha), x_2(t, \alpha))^T \in \mathbf{R}^2 : \alpha \in I\} = (x_1, x_2)(t)$$

는 점근적으로 반직선 $\{(x_1, x_2)^T \in \mathbf{R}^2 : x_1 + x_2 = 0 \ \ (x_1 \leq 0)\}$에 가까워진다(그림 1.22 참조).

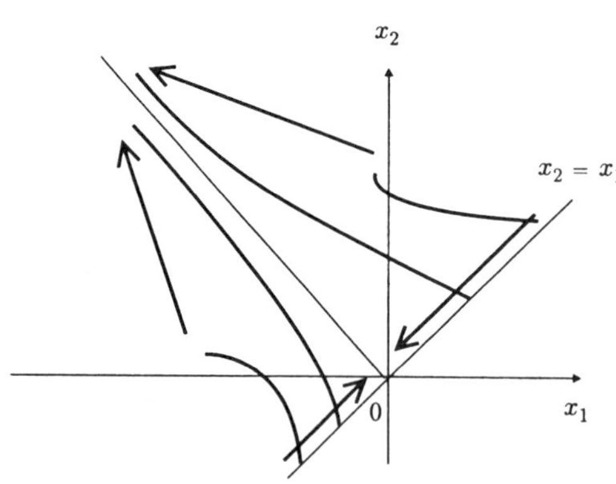

[그림 1.22] $t \to \infty$에서 $x(t) = (x_1, x_2)(t)$는 $x_1 + x_2 = 0$에 수렴한다.

일반적으로, 단독의 상미분방정식(SODE)은 퍼지미분방정식(FDE)의 특수한 것으로 볼 수 있다. 즉, (SODE)의 해 $\xi(\cdot)$(단, $\cdot$은 시각 t의 생략)은 다음 이유로 (FDE)의 해(퍼지함수) $x(\cdot) = (x_1, x_2)(\cdot)$의 일부분이라는 것을 강조하고 싶다.

- 퍼지수 $x=(x_1, x_2)$의 센터는 x_1x_2 평면상의 직선 $x_2=x_1$ 상에 표시된다. 따라서 파라미터 표시의 해 $x(\cdot)=(x_1, x_2)(\cdot)$의 센터 $x_1(1)(=x_2(1)$이다)도 x_1x_2 평면상의 직선 $x_2=x_1$ 위에 표시된다.
- 퍼지수의 α-컷 집합은 폐구간 $[x_1(\alpha), x_2(\alpha)]$의 좌우 끝점은 각각 x_1x_2 평면의 $x_1 \cdot x_2$ 성분에 대응한다. 따라서 파라미터 표시 해의 퍼지함수 $x(\cdot)$의 시각 t에서의 값을 $x(t)$라 하면, 귀속도 α가 1에서 0으로 감소하는 경우, 해는 그 직선상의 점 $(x_1(1), x_2(1))$을 시점으로 해서 연속적으로 늘려나가서, $\alpha=0$일 때 애매성이 최대가 되는 끝점 $(x_1(0), x_2(0))^T$이 된다. (FDE)의 해 $x(\cdot)$는 퍼지함수이고, 시각 t에서의 퍼지수 $x(t)$는 x_1x_2 평면상의 유계연속곡선이기도 하다.
- (FDE)의 해 $x(\cdot)$는 시각의 경과와 더불어 x_1x_2 평면상에서 유계연속곡선의 추이로서 관찰된다.

[2] 퍼지수의 다항식

퍼지수 $x \in \mathcal{F}_b^{st}$의 함수 예로서 다항식 $f(x)=x^k(k=1, 2, \cdots)$의 파라미터 표시를 나타낸다. 반평면 $\{(x_1, x_2)^T \in \mathbf{R}^2 : x_2 \geq x_1\}$을 $S_I - S_{IV}$의 4집합으로 분할하여 파라미터 표시를 생각한다. $S_I - S_{IV}$의 4집합은 [그림 1.23]에 나타낸다.

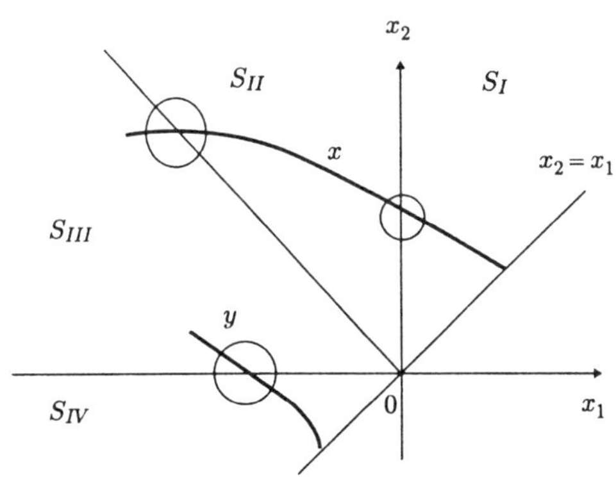

[그림 1.23] 퍼지수 x는 S_I, S_{II}, S_{III}에 존재하고, y는 S_{III}, S_{IV}에 존재한다.

- $S_I=\{x=(x_1, x_2)^T \in \mathbf{R}^2 : x_1 \geq 0\}$로 해서 $x=(x_1, x_2) \in S_I$일 때, $x^k=(x_1^k, x_2^k)$이다.
- $S_{II}=\{x=(x_1, x_2)^T \in \mathbf{R}^2 : x_1 \leq 0 \leq x_2,\ |x_1| \leq x_2\}$로 해서 $x=(x_1, x_2) \in S_{II}$일 때, $x^k=(x_1x_2^{k-1}, x_2^k)$이다.

• $S_{III}=\{x=(x_1, x_2)^T \in \mathbf{R}^2 : x_1 \leq 0 \leq x_2,\ |x_1| \geq x_2\}$로 해서 $x=(x_1, x_2) \in S_{III}$일 때,

$$x^k = \begin{cases} (x_1^k,\ x_1^{k-1}x_2) & (k\text{는 홀수}) \\ (x_1^{k-1}x_2,\ x_1^k) & (k\text{는 짝수}) \end{cases}\text{이다.}$$

• $S_{IV}=\{x=(x_1, x_2)^T \in \mathbf{R}^2 : x_2 \leq 0\}$로 해서 $x=(x_1, x_2) \in S_{IV}$일 때,

$$x^k = \begin{cases} (x_1^k,\ x_1 x_2^{k-1}) & (k\text{는 홀수}) \\ (x_2^k,\ x_1^k) & (k\text{는 짝수}) \end{cases}\text{이다.}$$

특히, [그림 1.23]의 퍼지수 x와 같이 S_I, S_{II}, S_{III}에 존재하는 경우, 다항식의 표시는 세 가지 있으나 x_1x_2 평면의 연속인 곡선이라는 것이 확인된다. $x_1=0$에서 $x^k=(0,\ x_2^k)$, $x_1=-x_2$에서 k가 홀수, 짝수에 관계없이 $x^k=(-x_2^k,\ x_2^k)$이 된다. 퍼지수 y와 같이 S_{III}, S_{IV}에 존재하는 경우는 $x_2=0$일 때가 문제이나, k가 홀수일 때 $x^k=(x_1^k,\ 0)$, k가 짝수일 때 $x^k=(0,\ x_1^k)$이 된다. 다항식은 그의 표시에 관계없이 연속이고 유계인 폐곡선이다.

[3] Norm 공간에서의 미분

Puri-Ralescu 등은 [1]에서 퍼지수의 직적집합 $\mathcal{F}_b^{st} \times \mathcal{F}_b^{st} = \{(x,\ y) : x,\ y \in \mathcal{F}_b^{st}\}$를 동치관계에 의하여 분류하고, 얻어지는 각각의 동치류(집합)를 하나의 벡터로 보아서 선형공간(벡터공간)을 구성했다. 또한, 두 개의 동치류의 Hausdoff 거리에서 norm을 도입하고, 퍼지함수(퍼지수를 값으로 갖는 함수)의 미분가능성을 논의했다. 우선 선형공간의 정의를 다음에 기술한다.

[정의 1.6] (선형공간) 집합 K는 실수의 집합 $\mathbf{R}$ 또는 복소수의 집합 $\mathbb{C}$라 하자. 집합 X와 K에 관하여 합과 스칼라 배를 생각한다. 즉, 임의의 $a,\ b \in X$에 대하여 $a+b \in X$, 임의의 $k \in K$에 대한 $ka \in X$를 정의한다. 또한 $c \in X$, $l \in K$로 하여 다음 성질

(i) (합의 결합률) $(a+b)+c=a+(b+c)$

(ii) (합의 교환율) $a+b=b+a$

(iii) (영원) $a+0=0+a=0$을 만족하는 $0 \in X$가 존재한다.

(iv) (감법) $x+a=a+x=0$을 만족하는 $x \in X$가 존재한다.

(v) (합에 관한 분배율) $k(a+b)=ka+kb$

(vi) (스칼라 배에 관한 분배율) $(k+l)a=ka+la$

(vii) (곱·스칼라 배의 결합률) $l(ka)=(lk)a$

(viii) (스칼라 배의 단위원) $1a=a$

이 만족될 때, X는 선형공간(linear space) 또는 벡터공간(vector space)이라 한다.

선형공간에서는 합과 스칼라 배가 계산 가능이고, 각각에 관하여 계산의 순서도 결과에 영향을 주지 않는다. 차도 계산 가능하고, 몇 개의 분배법칙도 성립한다. 가령, 실수 전체 $\mathbf{R}$은 $a, b, k \in \mathbf{R}$에 대하여 합과 스칼라 배를 각각, $a+b \in \mathbf{R}$, $ka \in \mathbf{R}$라면, $\mathbf{R}$은 선형공간을 이룬다는 것을 알 수 있다. 또는, n차원 선형공간 $\mathbf{R}^n$의 0이 아닌 벡터 c를 고정하고, 부분집합 $X=\{\lambda c : \lambda \in \mathbf{R}\}$ 을 생각한다. $\lambda_1 c$, $\lambda_2 c \in X$, $k \in \mathbf{R}$의 합과 스칼라 배를 각각, $\lambda_1 c+\lambda_2 c \in X$, $k(\lambda_1 c) \in X$이라면, X는 선형공간을 이룬다.

여기서, 퍼지수의 $\mathcal{F}_b^{st}$에서 구성된 선형공간에 대하여 기술하자. 보기 1.5에서 얻어지는 $V_F=\mathcal{F}_b^{st} \times \mathcal{F}_b^{st}/\sim$에 대하여 다음의 합과 스칼라 배를 도입한다. 동치류 $[(x, y)]$, $[(u, v)] \in V_F$, $c \in \mathbf{R}$에 대하여

- (합) $[(x, y)]+[(u, v)]=[(x+u, y+v)]$
- (스칼라 배) $c[(x, y)]=\begin{cases} [(cx, cy)] & (c \geq 0) \\ [((-c)y, (-c)x)] & (c<0) \end{cases}$

라 하자. 이 경우, 동치류 $[(x, y)]=C_{(x, y)}$를 벡터로 볼 수 있어서 $V_F=\{C_{(x, y)} : x, y \in \mathcal{F}_b^{st}\}$는 선형공간을 구성하는 것을 알 수 있다.

다음 단계는 선형성이 성립하는 틀이 짜진 것이 나타난 V_F의 벡터에 대하여 원점에서의 거리를 생각할 수 있다. 즉, 벡터 $[(x, y)]$의 크기를 정의하는 것이 목표이다. 그러기 때문에 선형공간의 벡터의 크기를 의미하는 norm에 대하여 기술한다.

[정의 1.7] (norm) 선형공간 V에 대하여 V 상에서 정의된 음수가 아닌 함수 $\|\cdot\| : V \to \mathbf{R}_+$가 노름(norm)이라는 것은 $x, y \in V$에 대하여

(i) (양정치성) $\|x\| \geq 0$, 또한 $\|x\|=0 \Longleftrightarrow x=0$

(ii) (동차성) 집합 K는 선형공간의 정의에서 스칼라 배를 주는 원소의 집합 $k \in K$에 대하여 $\|kx\|=|k|\,\|x\|$

(iii) (삼각부등식) $\|x+y\| \leq \|x\|+\|y\|$

이 성립할 때, $(V, \|\cdot\|)$을 norm공간, 또는 $\|\cdot\|$을 선형공간 V의 norm이라 한다.

대표적인 norm의 보기를 n차원 선형공간 $\mathbf{R}^n$에 관하여 소개하자.

$x=(x_1, x_2, \cdots, x_n)^T \in \mathbf{R}^n$ (T는 전치를 나타낸다)에 대하여

$$\|x\|_1 = \sum_{k=1}^{n} |x_k| \tag{1.26}$$

$$\|x\|_2 = \sqrt{\sum_{k=1}^{n} |x_k|^2} \tag{1.27}$$

$$\|x\|_\infty = \max_{1 \le k \le n} |x_k| \tag{1.28}$$

의 모두가 norm의 정의를 만족한다. $\|\cdot\|_2$를 **유클리드노름**(Euclidean norm), $(V, \|\cdot\|_2)$을 **유클리드공간**(Eucldean space)이라 한다. 각각의 노름의 차이를 비교하기 위하여 $\mathbf{R}^2$의 단위원 $S_i(i=1, 2, 3)$을 [그림 1.24]에서 도시한다.

$$S_1 = \{x \in \mathbf{R}^2 : \|x\|_1 = 1\}$$

$$S_2 = \{x \in \mathbf{R}^2 : \|x\|_2 = 1\}$$

$$S_3 = \{x \in \mathbf{R}^2 : \|x\|_\infty = 1\}$$

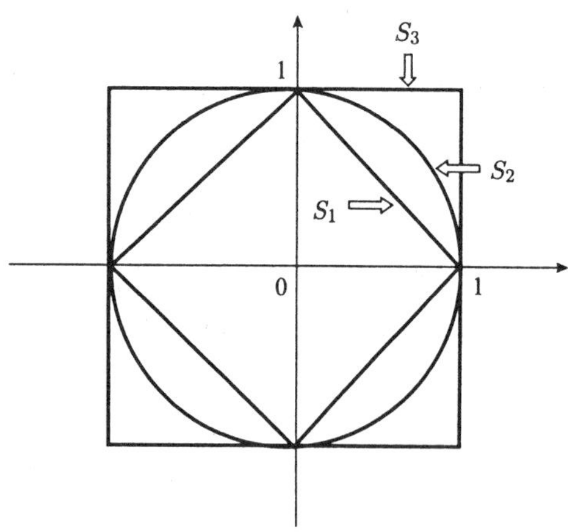

[그림 1.24] 단위원 $S_1=\{x \in \mathbf{R}^2 : \|x\|_1 = 1\}$, $S_2=\{x \in \mathbf{R}^2 : \|x\|_2 = 1\}$, $S_3=\{x \in \mathbf{R}^2 : \|x\|_\infty = 1\}$

주지의 사실이지만, n차원 노름공간 $\mathbf{R}^n$의 임의의 노름 $\|\cdot\|_a$, $\|\cdot\|_b$에 관하여 적당한 $M \ge m > 0$를 취하면

$$m\|x\|_a \le \|x\|_b \le M\|x\|_a \quad (x \in \mathbf{R}^n) \tag{1.29}$$

가 성립한다(가령, [17]을 참조). 이 경우 $\|\cdot\|_a$, $\|\cdot\|_b$는 동치라 한다. 즉, 관계(1.29) 식이 성립할 때, $\|\cdot\|_a \sim \|\cdot\|_b$로 나타내면, ~는 동치관계이다. $\|\cdot\|_a$가 $\|\cdot\|_b$와 동치이면, $\|\cdot\|_a$에 관하여 성립하는 여러 가지의 정량적인 사실(정리 등)은 동시에 다소, 상수배의 변경을 따르면서 $\|\cdot\|_b$에 관하여도 성립한다. 특히, cauchy-schwalts 부등식 및 norm (1.26), (1.27), (1.28)의 정의에 의하여 $x \in \mathbf{R}^n$에 관해서 $\|\cdot\|_1$와 $\|\cdot\|_2$ 또한 $\|\cdot\|_\infty$와 $\|\cdot\|_1$은 각각 동치이다. 즉

$$\|x\|_2 \le \|x\|_1 \le \sqrt{n}\,\|x\|_2; \quad \|x\|_\infty \le \|x\|_1 \le n\|x\|_\infty \tag{1.30}$$

이 얻어진다.

노름에서 거리를 도입할 수 있고, 노름 $\|\cdot\|$을 갖는 노름공간$(V, \|\cdot\|)$의 원소 x, y에 대하여 $d(x, y)=\|x-y\|$로 놓으면, (V, d)는 거리공간이 된다.

Puri－Ralescue 등 [1]의 방법에 따라서 퍼지수의 집합 $\mathcal{F}_{\mathrm{b}}^{st}$의 Hausdoff 거리에서 V_F의 norm을 도입할 수 있는 것이 가능하다. Hausdorff 거리(Hausdorff metric) d_H는 $\mathbf{R}^n$의 compact 볼록집합의 전체 $P_K(\mathbf{R}^n)$에서 정의되는데, 여기서는 $\mathcal{F}_{\mathrm{b}}^{st}$의 멤버십함수 x, y의 α-컷 집합 x_α, $y_\alpha(\alpha \in I)$에 대하여

$$d_H(x_\alpha, y_\alpha)=\max\,(\sup_{\xi \in x_\alpha}\inf_{\eta \in y_\alpha} d(\xi, \eta),\ \sup_{\eta \in y_\alpha}\inf_{\xi \in x_\alpha} d(\xi, \eta)) \tag{1.31}$$

로 정의한다. d는 $\mathbf{R}$의 거리로 한다. $\mathcal{F}_{\mathrm{b}}^{st}$의 멤버십함수의 α-컷 집합은 $\mathbf{R}$에서 콤팩트 볼록이다. 선형공간 V_F의 벡터(동치류) $[(x, y)]$에 대하여 norm $\|[(x, y)]\|$을 다음과 같이 정의한다.

$$\|[(x, y)]\| = \sup_{\alpha \in I} d_H(x_\alpha, y_\alpha) \tag{1.32}$$

상기의 노름은, 퍼지수의 거리 d_∞에 의하여 표현된다. 실제 α-컷 집합 $x_\alpha = [x_1(\alpha), x_2(\alpha)]$, $y_\alpha = [y_1(\alpha), y_2(\alpha)](\alpha \in I)$에 대하여

$$\begin{aligned}\|[(x, y)]\| &= \sup_{\alpha \in I}\max(\sup_{\xi \in x_\alpha}|y_1(\alpha)-\xi|,\ \sup_{\eta \in y_\alpha}|\eta - x_2(\alpha)|)\\ &= \sup_{\alpha \in I}\max(|y_1(\alpha)-x_1(\alpha)|,\ |x_2(\alpha)-y_2(\alpha)|)\\ &= d_\infty(x, y)\end{aligned}$$

을 얻는다(그림 1.25 참조). 노름의 정의를 만족함을 확인하자. $\|[(x, y)]\| \ge 0$이고,

$\|[(x, y)]\|=0$이라는 것과 퍼지수로서 $x=y$이다. 따라서 양정치적이다. $c \in \mathbf{R}$의 스칼라 배에 관한 동차성은 (1.32) 식에서

$$\|c[x, y)]\| = \sup_{\alpha \in I} \max(|c(y_1(\alpha)-x_1(\alpha))|,\ |c(x_2(\alpha)-y_2(\alpha))|)$$
$$= |c|\ \|[(x, y)]\|$$

에서 성립한다. 퍼지수의 집합상의 거리 d_∞에 관한 삼각부등식에서 norm의 경우도 마찬가지일 것이다.

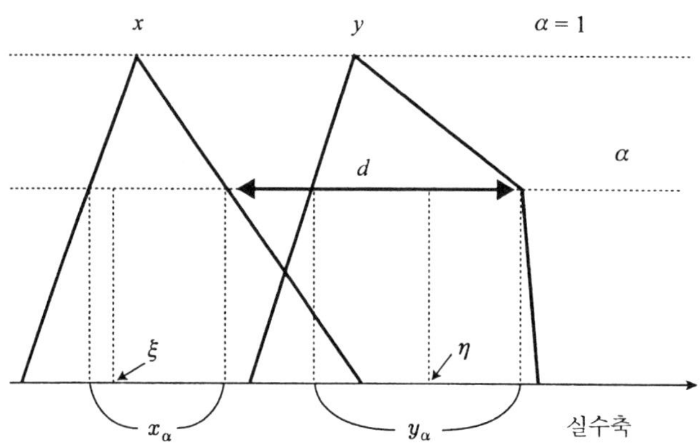

[그림 1.25] Hausdorff 거리가 $\|[(x, y)]\|=d$인 경우

퍼지수의 집합 $\mathcal{F}_{\mathrm{b}}^{st}$에서 norm공간 V_F(실은 본장 5에서 완비인 norm공간)이 구성되는 것을 보였으나, 더욱 퍼지수를 값으로 갖는 퍼지함수의 미분가능성을 V_F에서의 미분가능성에 귀착시켜서 논의한다([1]). 사상 $j : \mathcal{F}_{\mathrm{b}}^{st} \to V_F$은 $j(x)=[(x, 0)]$로 하여 퍼지함수의 미분가능성을 아래와 같이 정의한다.

본절에서 퍼지함수(fuzzy function)란 완비거리공간 X의 부분집합 U에서 정의되어 퍼지수를 값으로 갖는 함수를 말한다.

[정의 1.8] (norm공간에서의 퍼지함수의 미분) $U \subset \mathbf{R}$는 개구간(개집합)으로서, 퍼지함수 $f : U \to \mathcal{F}_{\mathrm{b}}^{st}$가 $t_0 \in U$에서 미분가능(differentiable)이라는 것은 $h \in \mathbf{R}$에 대하여

$$j(f(t_0+h)) = j(f(t_0)) + A(h) + o(h) \tag{1.33}$$

되는 미분 $A(h) \in V_F$가 존재하고, h에 관하여 선형적으로 연속일 때를 말한다. 이 경우, $f(t_0)=A$를 t_0에서 f의 미분계수(미분상)라 한다. $f: U \to V_f$가 존재할 때, f의 **도함수**(derivative)라 한다. 단, 함수 $o: U \to V_F$는 $\lim_{h \to 0} \frac{\|o(h)\|}{|h|}=0$이라 하자.

상술한 미분에 관한 정의를 동치류의 표현에 의하면, $t=t_0+h,\ a,\ b,\ \epsilon(h),\ \delta(h) \in \mathcal{F}_b^{st}$라면

$$[(f(t),\ 0)]-[(f(t_0,\ 0)]=[(a,\ b)]h+[(\epsilon(h),\ \delta(h))]$$

가 된다. 우변의 항은 각각 $A=[(a,\ b)]=[(c,\ 0)]$, $o(h)=[(\epsilon(h),\ \delta(h))]=[(\gamma(h),\ 0)]$ 되는 $c,\ \gamma(h) \in \mathcal{F}_b^{st}$는 퍼지수의 덧셈 $a=a+0=c+b$, $\epsilon(h)=\epsilon(h)+0=\gamma(h)+\delta(h)$을 만족한다. 따라서

$$[(f(t),\ 0)]-[(f(t_0),\ 0)]=[(c,\ 0)]h+[(\gamma(h),\ 0)] \tag{1.34}$$

$$\Longleftrightarrow \begin{cases} [(f(t),\ f(t_0))]=[(ch+\gamma(h),\ 0)] & (h \geq 0) \\ [(f(t),\ f(t_0))]=[(\gamma(h),\ (-h)c)] & (h<0) \end{cases} \tag{1.35}$$

$$\Longleftrightarrow \begin{cases} f(t)=ch+\gamma(h)+f(t_0) & (h \geq 0) \\ f(t)+(-h)c=\gamma(h)+f(t_0) & (h<0) \end{cases} \tag{1.36}$$

$$\Longleftrightarrow \begin{cases} f(t_0+h)=f(t_0)+ch+\gamma(h) & (h \geq 0) \\ f(t_0)=f(t_0-h)+ch-\gamma(h) & (h<0) \end{cases} \tag{1.37}$$

이 성립한다. 끝의 관계식이 성립할 때, Hukuhara 미분가능이라 한다([1]). 여기서, 파라미터 표시

$$f(t)=(f_1(t),\ f_2(t)),\ c=(c_1,\ c_2),\ \gamma(h)=(\gamma_1(h),\ \gamma_2(h)) \in \mathcal{F}_b^{st}$$

를 쓰면, h의 부호에 관계없이

$$f_i(t)=f_i(t_0)+c_ih+\gamma_i(h) \quad (i=1,\ 2)$$

이므로, 미계수는 $f'(t_0)=[(c,\ 0)] \in V_F$를 만족하는 $c \in \mathcal{F}_b^{st}$는 위의 관계식을 만족하고, $\alpha \in I$에 관하여 똑같이 $\lim_{h \to 0} \frac{\gamma_1(h)}{h}=\lim_{h \to 0} \frac{\gamma_2(h)}{h}=0$이다. 단, 퍼지함수 r의 값 $\gamma(h)$의 파라미터 표시는 $\gamma(h)=\{(\gamma_1(h,\ \alpha),\ \gamma_2(h,\ \alpha))^T \in \mathbf{R}^2 : \alpha \in I\}=(\gamma_1,\ \gamma_2)(h)$이다.

[예 1.15] 퍼지함수 $f : \mathbf{R} \to \mathcal{F}_{\mathrm{b}}^{st}$는

$$f(t) = \{(f_1(t, \alpha), f_2(t, \alpha))^T \in \mathbf{R}^2 : \mathrm{a} \in \mathrm{I}\}$$
$$= (f_1, f_2)(t)$$

로 놓는다. 단, f_1의 f_2는 $(t, \alpha) \in \mathbf{R} \times I$에서 연속미분가능, 즉 $f_i \in C^1(\mathbf{R} \times I)$로 한다 $(i=1, 2)$. 실수 h가 $h \to 0$일 때

$$f(t+h) = \{(f_1(t+h, \alpha), f_2(t+h, \alpha))^T : \alpha \in I\}$$
$$= \left\{\left(f_1(t, \alpha) + \frac{\partial f_1}{\partial t}(t, \alpha)h + o_1(h),\ f_2(t, \alpha) + \frac{\partial f_2}{\partial t}(t, \alpha)h + o_2(h)\right)^T : \alpha \in I\right\}$$

가 성립하고, $\alpha \in I$에 관하여도 마찬가지로 $\lim_{h \to 0} \frac{o_i(h)}{h} = 0$ $(i=1, 2)$이다. 따라서

$$f'(t) = \left\{\left(\frac{\partial f_1}{\partial t}(t, \alpha),\ \frac{\partial f_2}{\partial t}(t, \alpha)\right)^T : \alpha \in I\right\}$$

가 되고, $f'(t) = \left(\frac{\partial f_1}{\partial t}, \frac{\partial f_2}{\partial t}\right)(t)$를 얻는다.

또한, norm공간에서 정의되는 퍼지함수 $f : V_F \to V_F$의 미분가능성을 Frechet 미분([19])의 꼴로 나타내보자.

퍼지수의 집합 $U \subset V_F$는 개집합으로서 퍼지함수 $f : U \to V_F$가 $x_0 \in U$에서 **미분가능**(differentiable)이라는 것은 $h \in V_F$에 대하여

$$j(f(x_0+h)) = j(f(x_0)) + A(h) + o(h) \tag{1.38}$$

되는 미분 $A(h) \in V_F$가 존재하고 h에 관한 선형적으로 연속일 경우를 말한다. 단, 함수 $o : V_F \to V_F$는 $\lim_{h \to 0} \frac{\|o(h)\|}{\|h\|} = 0$으로 한다. 단, $A(h)$의 선형성은 앞으로도 검토가 필요하다. 퍼지수 $x \in \mathcal{F}_{\mathrm{b}}^{st}$의 다항식 $f(x) = x^k (k=1, 2, \cdots)$을 계산해 보자.

[예 1.16] 퍼지수 $x = (x_1, x_2)$에 대한 $f(x)$가 S_I에 속하는 경우, 충분히 작은 $h = (h_1, h_2) \in \mathcal{F}_{\mathrm{b}}^{st}$에 관하여, $j(f(x+h)) = [(((x_1+h_1)^k, (x_2+h_2)^k), 0)]$를 계산한다. $x+h = (x_1 + h_1, x_2+h_2) \in S_I$일 때,

$$[(((x_1+h_1)^k,\ (x_2+h_2)^k),\ 0)] = [((x_1^k,\ x_2^k),\ 0)] + [((kx_1^{k-1}h_1,\ kx_2^{k-1}h_2),\ 0)] + o(h)$$

$(h \to 0)$ 등이 성립한다. 따라서 $f'(x) = kx^{k-1} = (kx_1^{k-1},\ kx_2^{k-1})$를 얻는다.

[4] $L-R$ 퍼지함수의 미분

본절에서는 좌측과 우측의 함수를 각각 L, R로 하고, 고정된 형으로 되는 형함수를 정해서 $L-R$ 퍼지수 $x=(m,\ l,\ r)_{LR}$를 다룬다. $L-R$ 퍼지수치의 함수의 미분 등을 소개한다. 여기서 $m \in \mathbf{R}$은 센터 $l,\ r \geq 0$를 각각 좌, 우 폭(퍼짐)이라 한다.

Dubois-Prade {20, 21, 22, 23]은 **형함수**(shape function)를 정의하고, 그것에서 생성되는 멤버십함수를 다룬다.

> [정의 1.9] (형함수) 함수 $L: \mathbf{R} \to I$는
>
> (i) $L(\xi) = L(-\xi)\quad (\xi \in \mathbf{R})$
>
> (ii) $L(0) = 1$
>
> (iii) $L(\xi)$는 $\xi \geq 0$에서 협의단조감소이고, 상반연속이다.
>
> (iv) $\sup\{\xi \in \mathbf{R} : L(\xi) > 0\} = 1$
>
> 를 만족할 때, L을 형함수라 한다.

[그림 1.26]에서 형함수의 보기를 든다.

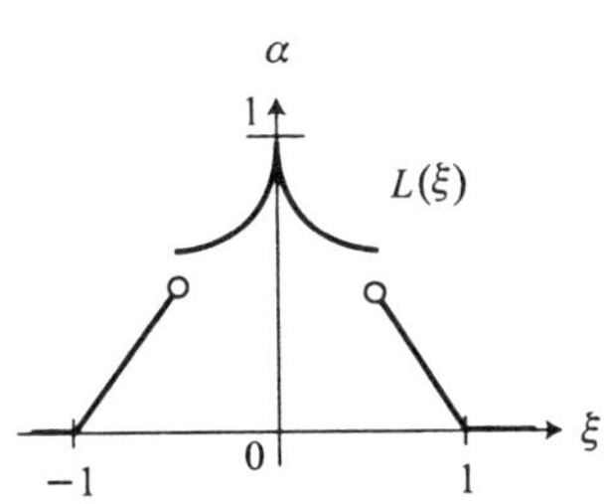

[그림 1.26] 형함수 L

Dubois-Prade 등은 상술한 [정의 1.9] (iii) 대신에 L을 광의단조감수로 가정하고 있다. 조건 (iii) 과 같이 강하게 하는 이유는 본장 2에서 기술한 대로이고, 퍼지수 x를 파라미터

표시 $x=(x_1, x_2)$로 한 경우 x_1, x_2는 연속함수가 되어 해석하는 데에 적합하다. 퍼지수를 특징지우면 멤버십함수의 원함수가 되는 형함수는 광의 퍼지 凸일 때, x_1, x_2는 반드시 연속이 되는 것은 아니다. 멤버십함수의 귀속도의 값은 보다 큰 쪽에 설정시키는 것이 자연스러울 것이다. 또 위에서 기술한 [정의 1.9] (iv) 대신에 $\sup\{\xi \in \mathbf{R} : L(\xi)>0\}<\infty$를 Dubois-Prade 등은 가정하고 있는데, 여기서는 정규화하여 둔다. 여기서는 폭 l, r을 음수가 아니라 하자. 또한 위에서 상술한 형함수의 2종류를 생각하여 그들의 좌측과 우측을 결합시켜서 새로운 형함수를 구성한다.

[정의 1.10] ($L-R$ 퍼지수) 함수 $L, R : \mathbf{R} \to I$은 형함수라 하고, $l, r \geq 0$, $m \in \mathbf{R}$라 하자. 이 경우, $\mu_M : \mathbf{R} \to [0, 1]$을

$$\mu_M(\xi)=\begin{cases} L\left(\dfrac{m-\xi}{l}\right)_+ & (\xi \leq m) \\ R\left(\dfrac{\xi-m}{r}\right)_+ & (\xi > m) \end{cases}$$

라 놓는다. 여기에 $L(\xi)_+=\max(L(\xi), 0)$ 등으로 한다. 이 경우, μ_M은 $L-R$ 퍼지수 ($L-R$ fuzzy number) M의 멤버십함수라 하고, $M=(m, l, r)_{LR}$로 나타낸다. 또한 $l=0$일 때, $L-R$ **퍼지수** $M=(m, 0, r)_{LR}$의 멤버십함수는 $\mu_M(\xi)=0\,(\xi<m)$로 하고 (그림 1.27 참조), 또 $r=0$일 때 $L-R$ **퍼지수** $M=(m, l, r)_{LR}$의 멤버십함수는 $\mu_M(\xi)=0(\xi \geq m)$로 한다.

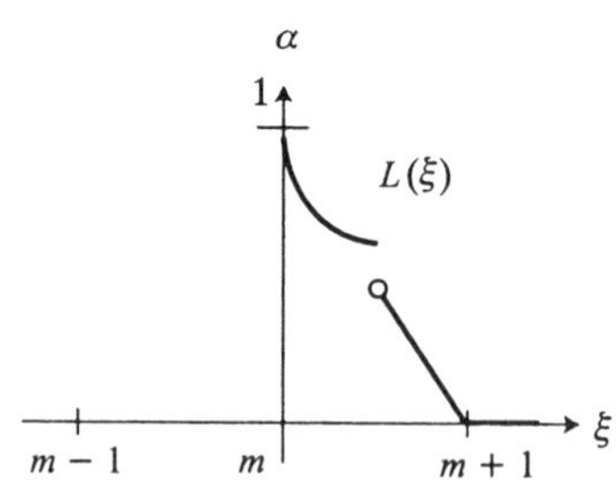

[그림 1.27] **좌폭이** $l=0$**인** $L-R$ **퍼지수의 형함수**

Dubois and Prade 등은 상기의 $L-R$ 퍼지의 표현을 써서 합과 스칼라 배를 논의하여 다음 정리를 얻었다.

[정리 1.5] $L-R$ 퍼지수 M, N을

$$M=(m,\ l,\ r)_{LR},\quad N=(n,\ \gamma,\ \delta)_{LR}$$

로 둔다. 여기서 폭은 $l,\ r,\ \gamma,\ \delta \geq 0$에서 $m,\ n \in \mathbf{R}$로 하여 M, N의 멤버십함수를 각각 μ_M, μ_N로 한다. 확장원리 (1.6) 또는 (1.7)에 의한 합의 멤버십함수

$$\mu_{M+N}(\zeta)=\max_{\zeta=\xi+\eta} \min(\mu_M(\xi),\ \mu_N(\eta))$$

는 이 경우

$$\mu_{M+N}(\zeta)=\begin{cases} L\left(\dfrac{m+n=\xi}{l+\gamma}\right)_+ & (\xi \leq m+n) \\ R\left(\dfrac{\xi-(m+n)}{r+\delta}\right)_+ & (\xi > m+n) \end{cases}$$

가 되고

$$M+N=(m+n,\ l+\gamma,\ r+\delta)_{LR}$$

로 표현된다.

다음과 같은 negative element(음수의 스칼라 배)를 생각한다([20]). $L-R$ 퍼지수 $M=(m,\ l,\ r)_{LR}$에 대하여 $-(m,\ l,\ r)_{LR}=(-m,\ r,\ l)_{RL}$로 놓는다. $c \in \mathbf{R}$에 대한 스칼라 배는

$$cM=\begin{cases} (cm,\ cl,\ cr)_{LR} & (c \geq 0) \\ (cm,\ -cr,\ -cl)_{RL} & (c<0) \end{cases}$$

이 된다. 특히 $L-R$ 퍼지수 $M=(m,\ l,\ r)_{LR}$은 $L(\xi)=R(\xi)\ (\xi \in \mathbf{R})$, 또한 $l=r$일 때, $M=(m,\ l)_L$로 나타내고, L 퍼지수(L-fuzzy number)이라 한다.

다음에 Dubois-Prade([20, 21, 22, 23])이 논의한 바와 같이, $L-R$ 퍼지수의 값을 갖는 퍼지함수의 미분에 관하여 기술하자.

함수 f는 $\mathbf{R}$ 상에서 정의되어 $L-R$ 퍼지수의 값을 가질 때, $L-R$ 퍼지함수라 하고, $f=(m,\ l,\ r)_{LR}$로 나타낸다. $m,\ l,\ r : \mathbf{R} \to I$라 하자. $\alpha \in I=[0,\ 1]$에 대하여 α-컷 집합의 좌, 우 끝점은 각각 역함수 L^{-1}, R^{-1}가 존재하므로(이유는 L, R의 협의 단조성),

$$f_\alpha^-(t)=m(t)-L^{-1}(\alpha)l(t) \tag{1.39}$$

$$f_\alpha^+(t) = m(t) + R^{-1}(\alpha) r(t) \tag{1.40}$$

로 한다.

[정의 1.11] ($L-R$ 퍼지함수의 도함수) 변수 $t \in \mathbf{R}$의 음수가 아닌 폭 함수 l, $r : \mathbf{R} \to \mathbf{R}_+$와 센터 $m : \mathbf{R} \to \mathbf{R}$는 모두 미분가능이라 하자. 이 경우, $L-R$ 퍼지함수 f는 미분가능이라 하고, 그의 도함수 $\frac{df}{dt}$의 멤버십함수를

$$\mu_{\frac{df}{dt}(t)}(\xi) = \begin{cases} \sup\left\{\alpha : \frac{df_\alpha^\pm}{dt}(t) = \xi\right\} & \left(\frac{df_\alpha^\pm}{dt}(t) = \xi \text{가 성립할 때}\right) \\ 0 & \left(\frac{df_\alpha^\pm}{dt}(t) = \xi \text{는 성립안 할 때}\right) \end{cases} \tag{1.41}$$

라 하자. 여기서, $\frac{df_\alpha^\pm}{dt}(t) = \xi$이란 $\frac{df_\alpha^+}{dt}(t) = \xi$ 또는 $\frac{df_\alpha^-}{dt}(t) = \xi$를 의미한다. 만일 $\mu_{\frac{df}{dt}(t)}$의 우변이

$$\mu_{\frac{df}{dt}(dt)}(\xi) = \begin{cases} L\left(\frac{c(t) - \xi}{p(t)}\right)_+ & (\xi \leq c(t)) \\ R\left(\frac{\xi - c(t)}{q(t)}\right)_+ & (\xi > c(t)) \end{cases}$$

를 만족할 때, $\frac{df}{dt}(t) = (c(t), p(t), q(t))_{LR}$로 나타낸다.

다음 정리는 $L-R$ 퍼지함수의 미분에 관하여 가능성과 미분상의 표현에 관한 내용이다.

[정리 1.6] 형함수 L, R는 $\mathbf{R}$ 상에서 단조인 연속함수라 하고, $L-R$ 퍼지함수 $f = (m, l, r)_{LR}$은 미분가능이라 하자. 이 경우 $\alpha \in I$로 하고 f_α^+, f_α^-는 $t \in \mathbf{R}$에 관하여 미분가능이고,

$$\frac{df_\alpha^-}{dt}(t) = \frac{dm}{dt}(t) - L^{-1}(\alpha)\frac{dl}{dt}(t) \tag{1.42}$$

$$\frac{df_\alpha^-}{dt}(t) = \frac{dm}{dt}(t) + R^{-1}(\alpha)\frac{dr}{dt}(t) \tag{1.43}$$

가 성립한다. 이러한 조건에서, 다음 표현 (i)-(iv)가 성립한다.

(i) 만일 $\frac{dl}{dt}(t) \geq 0$ 또한 $\frac{dr}{dt}(t) \geq 0$일 때, 다음 식이 성립한다.

$$\frac{df}{dt}(t) = \left(\frac{dm}{dt}(t),\ \frac{dl}{dt}(t),\ \frac{dr}{dt}(t)\right)_{LR} \tag{1.44}$$

(ii) 만일 $\frac{dl}{dt}(t) \leq 0$이고, 또한 $\frac{dr}{dt}(t) \leq 0$일 때, 다음 식이 성립한다.

$$\frac{df}{dt}(t) = \left(\frac{dm}{dt}(t),\ -\frac{dr}{dt}(t),\ -\frac{dl}{dt}(t)\right)_{RL} \tag{1.45}$$

(iii) 만일 $\frac{dl}{dt}(t) \leq 0$이고, 또한 $\frac{dr}{dt}(t) \geq 0$일 때, 퍼지 최대에 의하여 표시되어

$$\frac{df}{dt}(t) = \left(\frac{dm}{dt}(t),\ 0,\ -\frac{dl}{dt}(t)\right)_L \cup \left(\frac{dm}{dt}(t),\ 0,\ \frac{dr}{dt}(t)\right)_R \tag{1.46}$$

즉, 다음 식이 성립한다.

$$\mu_{\frac{df}{dt}(t)}(\xi) = \begin{cases} 0 & \left(\xi < \frac{dm}{dt}\right) \\ \max\left[L\left(\dfrac{\xi - \frac{dm}{dt}}{-\frac{dl}{dt}}\right)_+,\ R\left(\dfrac{\xi - \frac{dm}{dt}}{\frac{dr}{dt}}\right)_+\right] & \left(\xi \geq \frac{dm}{dt}\right) \end{cases} \tag{1.47}$$

(iv) 만일 $\frac{dl}{dt}(t) \geq 0$이고, $\frac{dr}{dt}(t) \leq 0$일 때, 다음 식이 성립한다.

$$\frac{df}{dt}(t) = \left(\frac{dm}{dt}(t),\ \frac{dl}{dt}(t),\ 0\right)_L \cup \left(\frac{dm}{dt}(t),\ -\frac{dr}{dt}(t),\ 0\right)_R \tag{1.48}$$

Dubois-Prade의 방법에 의하면, $L-R$ 퍼지함수 $f=(m,\ l,\ r)_{LR}$의 미분가능을 보증하려면 폭 함수 $l,\ r : \mathbf{R} \to \mathbf{R}_+$의 단조성이 미계수의 퍼지수가 $L-R$형이기 위한 충분 조건이다. 이 경우 폭의 도함수의 단조성이 그의 f'의 표시에 밀접하게 관계한다고 할

수 있다. 상기 [정리 1.6] (i)에서 $l'(t),\ r(t) \geq 0\,(t \in \mathbf{R})$이면, $\dfrac{df_\alpha^-}{dt} \leq \dfrac{df_\alpha^+}{dt}$이기 때문에 결론의 관계식이 성립한다. (ii)도 마찬가지이다. (iii) 및 (iv)에서는 가정하는 조건에서 $\dfrac{df_\alpha}{dt}$($=A$라 놓는다), $\dfrac{df_\alpha^+}{dt}$($=B$라 놓는다)의 대소비교가 일률적으로 결정되지 않기 때문에 새로이 $\dfrac{df_\alpha^-}{dt}=\min(A,\ B)$, $\dfrac{df_\alpha^+}{dt}=\max(A,\ B)$로 하여 각각의 결론의 식이 얻어진다. 끝으로 상기 [정리 1.6] (ii)에 관한 보기를 든다.

[예 1.17] 퍼지함수 $f: \mathbf{R} \to \mathcal{F}_{\mathrm{b}}^{st}$의 퍼지수 $f(t)$는 $L-R$ 퍼지수로서

$$f(t) = \left(\frac{1}{t},\ \frac{1}{2t},\ \frac{1}{4t^2}\right)_{LR} \qquad (t>0)$$

이라 하자. 이 경우

$$L(\alpha)=1-\alpha, \quad R(\alpha)=1-\alpha^2, \quad m(t)=\frac{1}{t}, \quad l(t)=\frac{1}{2t}, \quad r(t)=\frac{1}{4t^2}$$

로 하고, 그의 멤버십함수는

$$\mu_{f(t)}(\xi)=\begin{cases}\left(-1+\dfrac{2\xi}{t}\right)_+ & \left(\dfrac{1}{2t} \leq \xi < \dfrac{1}{t}\right) \\ (1-(4\xi t^2-4t)^2)_+ & \left(\dfrac{1}{t} \leq \xi \leq \dfrac{1}{t}+\dfrac{1}{4t^2}\right)\end{cases}$$

이다. α-컷 집합은

$$L_\alpha(f(t))=[f_\alpha^-(t),\ f_\alpha^+(t)]=\left[\frac{1+\alpha}{2t},\ \frac{2t+\sqrt{1-\alpha}}{2t^2}\right]$$

이다. [그림 1.28]에서는 $t \to \infty$일 때, $L-R$ 퍼지수 $f(t)$가 0에 수렴하는 양상을 나타내고 있다.

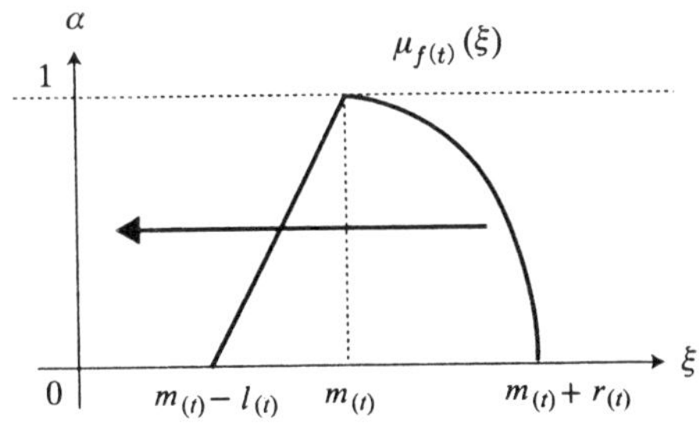

[그림 1.28] $\lim_{t\to\infty} f(t)=0$이 되는 $L-R$ 퍼지함수의 보기

α-컷 집합의 좌·우 끝점을 미분한다.

$$\frac{df_\alpha^-}{dt}(t)=\frac{-(1+\alpha)}{2t^2}\le 0,\quad \frac{df_\alpha^+}{dt}(t)=\frac{-(2t+\sqrt{1-\alpha})}{2t^3}\le 0$$

이고, $\frac{df_\alpha^+}{dt}(t)\le\frac{df_\alpha^-}{dt}(t)\le 0$을 얻는다. $f'(t)$의 멤버십함수는 $\left[\frac{df_\alpha^+}{dt}(t),\ \frac{df_\alpha^-}{dt}(t)\right]=$ $L_\alpha(f'(t))$에서

$$\mu_{f'(t)}(\xi)=\begin{cases}(1-(2t+2t^3\xi)^2)_+ & \left(\frac{-1}{t^2}\le\xi\le\frac{-2t+1}{2t^3}\right)\\ (1+(2t^2\xi+2))_+ & \left(\frac{-3}{2t^2}\le\xi<\frac{-1}{t^2}\right)\end{cases}$$

이 된다. $f'(t)$는 좌우의 형함수가 각각 R, L이고, $f'(t)=\left(\frac{-1}{t^2},\ \frac{1}{2t^3},\ \frac{1}{2t^2}\right)_{RL}$로 나타내진다.

[5] 파라미터 표시되는 퍼지함수의 미분적분

퍼지수 $x\in\mathcal{F}_b^{st}$를 파라미터 표시한 $x=(x_1, x_2)$의 값을 갖는 퍼지함수 $x:\mathbf{R}\to\mathcal{F}_b^{st}$의 미분·적분에 관하여 [1, 24, 25, 26, 27]의 결과를 기술한다. 실수 $t\in[t_1, t_2]$에 대하여, 퍼지함수

$$\begin{aligned}x(t)&=\{(x_1(t,\ \alpha),\ x_2(t,\ \alpha))^T\in\mathbf{R}^2:\alpha\in I\}\\&=(x_1,\ x_2)(t)\end{aligned}$$

를 생각한다.

[정의 1.12] 함수 $x=(x_1, x_2):\mathbf{R}\to\mathcal{F}_b^{st}$가 t에서 미분가능(H-미분가능 또는 Hukuhara 미분가능, [1]를 참조)이라는 것은 $h\to+0$로 하여 다음 조건 (i)와 (ii)를 만족하는 퍼지수 $\eta\in\mathcal{F}_b^{st}$가 존재할 경우를 말한다.

(i) $x(t+h)=x(t)+h\eta+o(h)$

(ii) $x(t)=x(t-h)+h\eta+o(h)$

여기서, $o(h)=(o_1, o_2)(h)\in\mathcal{F}_b^{st}$이고, $\lim_{|h|\to 0}\frac{d(o(h), 0)}{|h|}=0$으로 한다. η를 **미계수**(differential coefficient)라 하고, $\eta=x'(t)=\frac{dx}{dt}(t)$로 쓴다. $x'(t)$를 t의 함수로 봐서 **도함수**(derivative)라 한다.

함수 $x=(x_1, x_2)$가 t에서 미분가능일 때는 임의의 $\alpha\in I$에 관하여 $x_1(\cdot, \alpha)$, $x_2(\cdot, \alpha)$가 t에서 미분가능인 것과 동치이다. 이 경우 미계수는 $\eta=\left(\frac{\partial x_1}{\partial t}, \frac{\partial x_2}{\partial t}\right)\in\mathcal{F}_b^{st}$이다.

다음은 구간 $J=[t_1, t_2]$라 놓고, 퍼지함수 $x: J\to\mathcal{F}_b^{st}$의 적분에 관하여 기술한다.

[정의 1.13] 함수 $x=(x_1, x_2)$가 J 상에서 적분가능일 때는 각 $\alpha\in I$에 관하여 $x_1(\cdot, \alpha)$와 $x_2(\cdot, \alpha)$ J 상에서 적분가능인 것을 말한다. 이 경우

$$\int_{t_1}^{t_2}x(s)ds=\left\{\left(\int_{t_1}^{t_2}x_1(s, \alpha)ds, \int_{t_1}^{t_2}x_2(s, \alpha)ds\right)^T\in\mathbf{R}^2 : \alpha\in I\right\}$$

로 표시한다.

도함수 x'이나 함수 x는 J가 적분가능일 때, 다음 관계식이 성립하는 것이 쉽게 확인된다.

$$\int_{t_1}^{t}x'(s)ds+x(t_1)=x(t)\quad(t\in J)$$

또 $0\in\mathbf{R}$라 해서

$$d\left(\int_{t_1}^{t}x(s)ds, 0\right)\le\int_{t_1}^{t}d(x(s), 0)ds\quad(t\in J)$$

6. L 퍼지수의 전순서관계

$L-R$ 퍼지수는 중심의 센터에 대하여 좌우의 형함수가 고정되어 센터와 왼쪽 폭과 오른쪽 폭에 의하여 특징지어진다. 좌우의 형함수가 일치한다. 즉 우형함수 R이 좌형함수 L와 같은 경우를 이 절에서 다루고, L 퍼지수라 한다.

[정의 1.9]에 의한 형함수 $L:\mathbf{R}\rightarrow\mathbf{R}_+$를 고정해서 L 퍼지수의 집합의 원소 M은, 센터 $m\in\mathbf{R}$, 폭 $l\geq 0$에 의하여 $M=(m,\ l,\ l)_{LL}$ 또는 $M=(m.l)_L$로 나타내진다. 멤버십함수는

(a) 비크리스프 : 이 경우 폭이 $l>0$이고, 센터를 m으로 하여

$$\mu_M(\xi)=\begin{cases} L\left(\dfrac{\xi-m}{l}\right)_+ & (\xi\geq m) \\ L\left(\dfrac{m-\xi}{l}\right)_+ & (\xi<m) \end{cases}$$

(b) 크리스프(실수) : 폭이 $l=0$, 센터를 n으로 하여

$$\mu_N(\xi)=\begin{cases} 1 & (\xi=n) \\ 0 & (\xi\neq n) \end{cases}$$

의 두 가지 경우가 있다. L 퍼지수와 멤버십함수는 동일시한다.

$$\begin{aligned}\mathcal{F}_L&=\{M=(m,\ l)_L : m\in\mathbf{R},\ l\geq 0\}\\ &=\{\mu_M:\mathbf{R}\rightarrow I\text{는 위에서 기술한 (a) 또는 (b)를 만족한다}\}\end{aligned}$$

로 나타내진다. [그림 1.29]에서는 (a) 비크리스프 센터가 m인 L 퍼지수 M, (b) 크리스프 형으로 센터가 n의 L 퍼지수 N을 나타낸다.

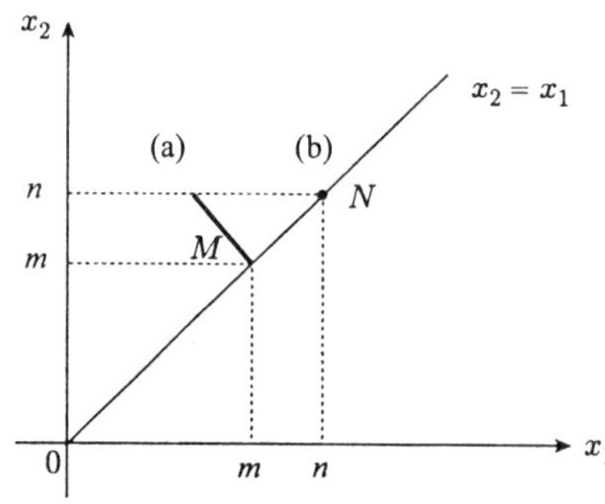

[그림 1.29] (a) 크리스프 아닌 퍼지수 M, (b) 크리스프의 퍼지수 N

L 퍼지수의 집합 $\mathcal{F}_L$에는 반순서관계, 또한 전(선형)순서관계가 도입가능하다. 반순서관계란 일종의 대소관계를 의미한다. 그의 관계는 모든 L 퍼지수는 자기 자신과 비교가능, 등호를 대소관계로 나타내는 것, 대소비교의 추이성에 의하여 특징지어진다. $x \leq y$이란 x는 y보다도 "크지 않다", 또는 "뒤에 있지 않다"라고 할 수 있다([16]). 가령, 정수의 부분집합 $S_1 = \{1, 2, 3, 4\}$에 관하여 순서관계 $n \leq m$이란 m/n가 정수가 되는 경우로 생각된다. $1 \leq 2 \leq 4$, $1 \leq 3$이나, $2 \leq 3$와 $3 \leq 4$는 성립 안된다. 이 경우 S에 도입된 순서관계 $\leq$는 반순서관계라 한다. 또 $S_2 = \{1, 2, 4\}$에 그의 순서관계 $\leq$를 도입하면, 어느 $n, m \in S_2$에 관하여도 대소비교가 가능하게 된다. 이 경우, S_2의 $\leq$는 **전순서**(선형순서)관계라 한다.

전순서관계의 중요성은 유일한 최대값이나 최소값을 구하는 일을 목적으로 하는 최적화문제에서 모든 양에 관한 대소비교가 되는 것이 중요하다는 것부터 이해된다. 유한차원의 공간에서 최적화문제에 관한 가해성 정리나 수치해법과 마찬가지로 앞으로 퍼지 최적화문제에 관한 최적해의 존재판단과 반복법 등에 의한 수치해법이 기대된다.

일반적인 퍼지수의 집합에 관하여 그렇게 하는 것이 당연할 전순서관계는 아직 확정하고 있다고 말하기 어렵다. $L-R$ 퍼지수의 경우도 마찬가지이다. 또, 대칭적인 멤버십함수에 의하여 특징지어지는 L 퍼지수의 집합은 랜덤퍼지 max 순서관계에 의하여 전순서집합이 된다.

본절에서는 모든 두 원소에 관하여 순서관계가 부쳐지는 집합을 다룬다. 반순서집합 $(X, \leq)$의 원 $x, y \in X$가 $x \leq y$ 또는 $y \leq x$이 성립할 때, $(X, \leq)$를 **전순서집합**(total order relation set)이라 한다. L 퍼지수의 집합 $\mathcal{F}_L$에는 random fuzzy max 순서관계 $\leq_\lambda$를 도입하고, 다음 절에서 L 퍼지수의 최적화문제의 해법을 위하여 준비를 해둔다. 또한, $\lambda \in I$는 의사결정자가 정하는 파라미터이다. random fuzzy max 순서에 관한 내용은

[10]을 참조하여라. 여기서는 정의 등의 해설을 한다. 파라미터 표시의 L 퍼지수 $x=(x_1, x_2)$, $y=(y_1, y_2)\in\mathcal{F}_L$은 센터와 폭의 표현에 의하면, $x=(x_1(1), l_x)_L$, $y=(y_1(1), l_y)_L$이 된다. 또한 $x_1(1), y_1(1)$는 x, y의 센터에서 $l_x=x_1(1)-x_1(0)\geq 0$ 및 $l_y=y_1(1)-y_1(0)\geq 0$는 x, y의 폭이다.

> **[정의 1.14]** 다음과 같은 관계 $x\preceq_\lambda y$는 조건 (i)-(iii)을 만족한다 하자.
>
> (i) $y_1(1)\geq x_1(1)$일 때, $|l_y-l_x|\leq y_1(1)-x_1(1)$이 성립한다.
>
> (ii) $y_1(1)>x_1(1)$이고, $l_y\neq l_x$일 때, $\lambda|l_y-l_x|\leq y_1(1)-x_1(1)<|l_y-l_x|$가 성립한다.
>
> (iii) $l_y-l_x>0$일 때, $|y_1(1)-x_1(1)|<\lambda(l_y-l_x)$가 성립한다.

위의 조건 (iii)에서, $\max(y_1(1)-x_1(1), x_1(1)-y_1(1))<\lambda(l_x-l_y)$은 제외된다. 따라서 $y_1(1)+\lambda l_y<x_1(1)+\lambda l_x$은 있을 수 없다. 또 (iii)은 경우로 나누면

$$x_1(1)-y_1(1)<\lambda(l_y-l_x) \quad (x_1(1)-y_1(1)\geq 0)$$
$$y_1(1)-x_1(1)<\lambda(l_y-l_x) \quad (y_1(1)-x_1(1)\geq 0)$$

이 된다. 최초의 부등식은 뒤에 기술하는 보제의 결론이고, 뒤의 부등식은 퍼지수 x, y를 파라미터 표시할 때의 제1성분으로 x, y의 대소비교를 한 것이고, 제2성분의 비교도 마찬가지인 것은 $\mathcal{F}_L$이기 때문이다. [그림 1.30]은 $\preceq_\lambda$이 전순서관계임을 나타낸다.

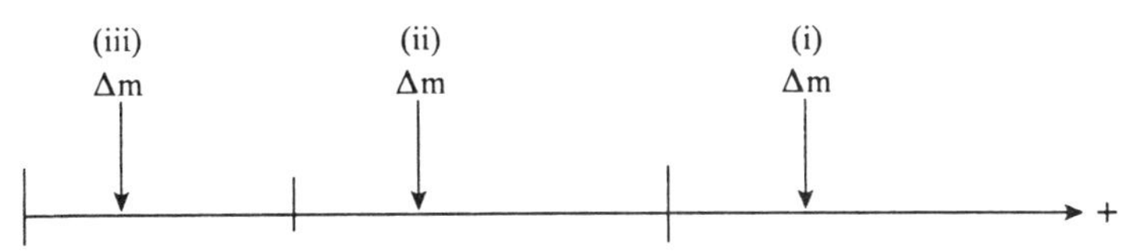

[그림 1.30] 랜덤퍼지 max 순서관계 $\preceq_\lambda$ 전순서성($\Delta m=y_1(1)-x_1(1)$, $\Delta l=|l_x-l_y|$)

위에서 기술한 정의에서 다음 보제가 얻어진다([10]).

[보제 1.1] $\lambda\in I$라 하자. L 퍼지수 $x=(x_1(1), l_x)_L$, $y=(y_1(1), l_y)_L\in\mathcal{F}_L$에 관하여

$x \preceq_\lambda y$이라는 것은 다음 (a), (b)의 어느 것 한쪽이 성립하는 것과 필요충분하다.

(a) $\lambda l_x + x_1(1) < \lambda l_y + y_1(1) \quad (l_y > l_x)$

(b) $\lambda l_x + x_1(1) \le \lambda l_y + y_1(1) \quad (l_y \le l_x)$

상기의 보제에서 L 퍼지수 x, y의 대소관계는 파라미터 표시한 경우의 제2성분만으로의 비교가능하다는 것을 알 수 있다. x가 y보다 크지 않다는 것은 센터 $x_1(1)$에서 λl_x 만큼 더한 제2성분이 y의 제2성분 $\lambda l_y + y_1(1)$을 넘지 않는 것이다. 여기서, $\lambda \in I$는 의사결정자에 의하여 결정되고, 대소관계를 어떻게 정하느냐에 따라 영향을 준다. $\lambda = 0$일 때 대소관계는 센터 $x_1(1)$, $y_1(1)$만으로 정해지고, $\lambda = 1$일 대, 애매성이 최대인 경우의 비교이고, 퍼지수 x, y가 각각 센터에서 최대의 애매성(폭 l_x, l_y를 의미한다)을 더한 수치 $x_1(1) + l_x$, $y_1(1) + l_y$로 비교하는 것이 된다. $0 < \lambda < 1$일 때는 센터에서 폭의 λ배, 즉 $x_1(1) + \lambda l_x$, $y_1(1) + \lambda l_y$, 그리고 μ_x, μ_y를 각각 x, y의 멤버십함수라면 $\max L_{1-\lambda}(\mu_x)$, $\max L_{1-\lambda}(\mu_y)$의 수차로 비교판정한다. 이와 같이 L 퍼지수의 집합은 형함수가 한 종류이고, 또한 대칭이므로, 두 수의 비교는 $\alpha = 1 - \lambda$에 대한 α-컷 집합의 오른쪽 끝점의 수치만으로 좋다는 1원적인 경우에 귀착되어 $\preceq_\lambda$는 전순서관계이라는 것을 나타낸다.

대칭성 $x \preceq_\lambda x$은 분명하다. $x \preceq_\lambda y$이고 $y \preceq_\lambda x$일 때, $\lambda l_x + x_1(1) \le \lambda l_y + y_1(1) (l_y \le l_x)$이고 $\lambda l_y + y_1(1) \le \lambda l_x + x_1(1) (l_x \le l_y)$가 성립하여 바로 $l_x = l_y$이고 $x_1(1) = y_1(1)$이 된다. 따라서 $x = y$이다. 추이적 성질도 성립함을 나타낸다. 또, $l_y > l_x$, $l_y \le l_x$의 경우로 나누어서, 다음의 두 오른쪽 끝점

$$\max L_{1-\lambda}(\mu_x) = x_1(1) + \lambda l_x,$$
$$\max L_{1-\lambda}(\mu_y) = y_1(1) + \lambda l_y$$

을 비교하는 것에서 $\preceq_\lambda$는 전순서관계이다.

[정리 1.7] 임의의 L 퍼지수 $x, y \in \mathcal{F}_L$에 관하여, $x \preceq_\lambda y$ 또는 $y \preceq_\lambda x$가 성립한다. 따라서 $\preceq_\lambda$는 $\mathcal{F}_L$ 위의 전순서관계이다.

[그림 1.31]은 비크리스프의 L 퍼지수 x와 실수 y가 2차원 평면상에 표현한 경우를 나타낸다.

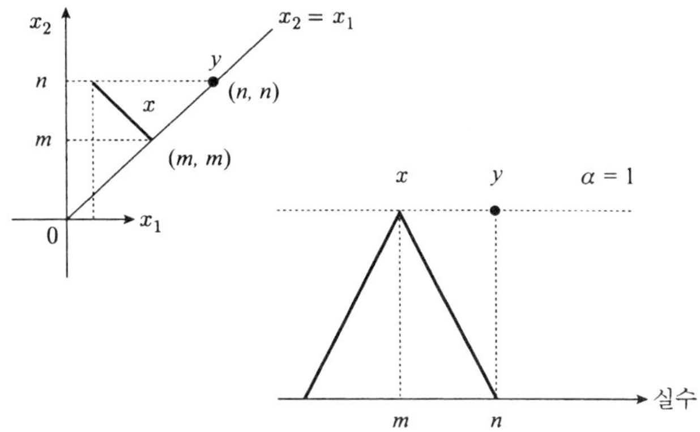

[그림 1.31] $x \le_{\lambda} y$의 보기

7. L 퍼지화

퍼지수의 곱셈이나 나눗셈은 확장원리에 따라서 계산하기 때문에 일반적으로 쉽지 않다. 더욱 형함수를 정한 경우에는 곱셈이나 나눗셈은 닫혀져 있다고는 할 수 없다. 가령, L 퍼지수 $x \in \mathcal{F}_L$의 제곱 x^2은 $\mathcal{F}_{\rm b}^{st}$의 원이기는 하나, 반드시 $\mathcal{F}_L$의 원소인 것은 아니다. 그 경우에는 x^2에 대하여 L 퍼지수 $(x^2)_L$를 대응시켜서 L 퍼지화라는 조작이 필요하게 된다. $x^2 \in \mathcal{F}_{\rm b}^{st}$의 L 퍼지화란 센터, 폭, 형함수의 데이터를 살려서 새롭게 $(x^2)_L$을 생각하는 것이다. $x=(x_1, x_2) \in \mathcal{F}_{\rm b}^{st}$의 α-컷 집합 $L_\alpha(x)=[x_1(\alpha), x_2(\alpha)]$으로 한 경우, L 퍼지화수 $(x)_L$의 α-컷 집합 $L_\alpha((x)_L)=[x_1(\alpha), 2x_1(1)-x_1(\alpha)]$로 한다(그림 1.32를 참조).

L 퍼지수 $x=(x_1, x_2) \in \mathcal{F}_L$의 제곱 $x^2 \in \mathcal{F}_{\rm b}^{st}$의 L 퍼지화수 $(x^2)_L$를 생각해 본다. 본질을 보기 위하여 센터를 1, 서포트 $L_0(x)$는 0을 내점으로 포함한다 하자. 지금 형함수를 $L : \mathbf{R} \to I$라면, x의 멤버십함수는

$$\mu_x(\xi)=L\left(\frac{x_1(1)-\xi}{x_1(1)-x_1(0)}\right)_+ \quad (\xi \ge 0)$$

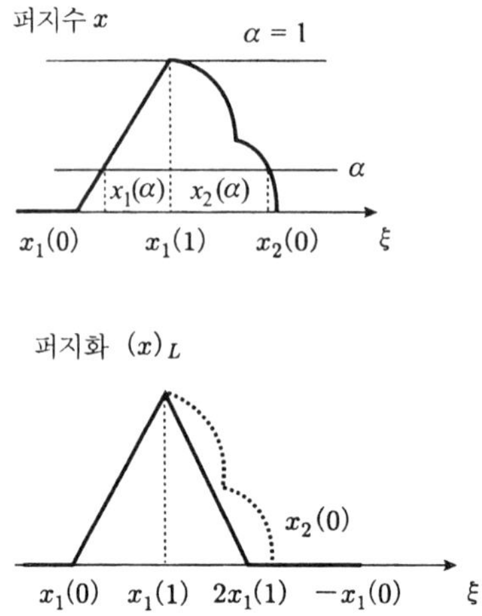

[그림 1.32] L 퍼지화의 도시

로 쓸 수 있다.

단, $L(\xi)_+ = \max(L(\xi), 0)$ $(\xi \geq 0)$이다. 또 센터 $x_1(1)(=x_2(1)$와 폭 $x_1(1)-x_1(0)$에 의하여 $x=(x_1(1)-x_i(0))_2$로 표시된다.

제곱 x^2은 확장원리에 의하여

- $x_1(\alpha) \geq 0$일 때, $x^2=(x_1^2, x_2^2)$
- $x_1(\alpha) \leq 0 \leq x_2(\alpha)$일 때, $x^2=(x_1x_2, \max[x_1^2, x_2^2])$
- $x_2(\alpha) \leq 0$일 때, $x^2=(x_2^2, x_1^2)$

로 계산된다. 계산 후도 L 퍼지수가 되지 않으면 안된다는 것이다. 가령, 앞 절에서는 L 퍼지수의 집합에 전순서관계(모든 수가 대소비교 가능하다)를 고찰했으나, 그의 전순서 관계를 퍼지 최적화문제의 실행가능집합으로 부여하여 생각하는 경우가 있다. L 퍼지수의 집합 내의 부분집합의 원집합으로 부여하여 생각하는 경우가 있다. L 퍼지수의 집합 내의 부분집합의 원소(수)에 대한 목적함수(가령, 다항식)의 값을 계산할 때, 퍼지수의 형은 늘 일정한 것은 아니다. 형함수를 고정하고, 또 계산후의 각 수의 센터 및 폭의 정보를 효과적으로 이용하는 것이 L 퍼지화의 사고이다.

일반적으로 $x=(x_1, x_2) \in \mathcal{F}_b^{st}$를 L 퍼지화로 대응시키는 사상

$$(x)_L = (x_1(1),\ x_1(1)-x_1(0))_L$$

을 도입한다. $y=(x)_L=(y_1, y_2)$라 놓으면 $y_1(1)=x_1(1)$, $y_1(1)-y_1(0)=x_1(1)-x_1(0)$이 되므로 그의 멤버십함수는

$$\mu_y(\xi)=L\left(\left|\frac{y_1(1)-\xi}{y_1(1)-y_1(0)}\right|\right)_+ \quad (\xi\in\mathbf{R})$$

이 된다. 제곱의 L 퍼지화 사상은

$$(x^2)_L=(x_1(1)^2,\ x_1(1)^2-x_i(0)x_j(0)))_L$$

로 얻어진다. 단, $x_i(0)x_j(0)$의 i, j의 번호는 다음 경우와 같다.

- $x_1(0)x_2(0)\le 0$일 때 $i=1$, $j=2$이다.
- $x_1(0)x_2(0)>0$이고, $|x_1(0)|<|x_2(0)|$일 때 $i=j=1$이다.
- $x_1(0)x_2(0)>0$이고, $|x_1(0)|\ge|x_2(0)|$일 때 $i=j=2$이다.

특히 센터를 1로 한, 제곱의 계산예를 다음에 든다.

[예 1.18] L 퍼지수 $x=(x_1, x_2)$에 관하여 형함수를 $L(\xi)=(1-|\xi|)_+$ $(\xi\ge 0)$, 센터를 $x_1(1)=1$, 폭을 $l=x_1(1)-x_1(0)>0$으로 하여 $1\le l$의 경우를 [그림 1.33]에 나타낸다. x의 멤버십함수는 $\mu_x(\xi)=L\left(\frac{1-\xi}{l}\right)_+$ $(\xi\in\mathbf{R})$이다. 제곱 $x^2\in\mathcal{F}_b^{st}$의 멤버십함수는 이하와 같다.

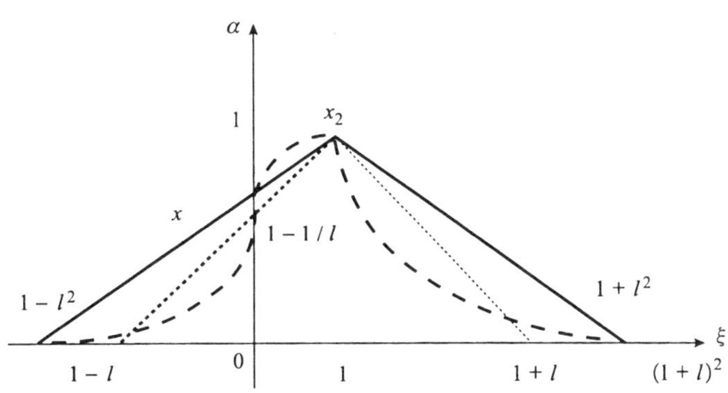

[그림 1.33] x는 L 퍼지수이고, x^2은 L 퍼지수가 아니고, $(x^2)_L$은 L 퍼지수인 보기

$$\mu_{x^2}(\xi)=\begin{cases}\left(1-\dfrac{\sqrt{1-\xi}}{l}\right)_+ & (\xi<1)\\ \left(1-\dfrac{1-\sqrt{\xi}}{l}\right)_+ & (\xi\geq 1)\end{cases}$$

또한 x^2의 L 퍼지화수는 $(x^2)_L=(1,\ l^2)_L$이고, 멤버십함수는

$$\mu_{(x^2)_L}(\xi)=L\left(\left|\frac{\xi-1}{l^2}\right|\right)_+ \quad (\xi\in\mathbf{R})$$

로 나타내진다.

또한, $x\in\mathcal{F}_L$의 스칼라 배는, $(kx)_L=kx \quad (k\in\mathbf{R})$이다.

제 2 장 퍼지 미분방정식

여러 가지 최적화문제를 다루는 경우, 목적함수가 어떤 양의 총합으로 표시되고, 그 양이 지수적으로 감쇠하는 것이 가끔 있다. 가령, 기계의 고장문제, 석유산출량문제 등에서 사용하는 기계의 고장발생률, 유전의 석유 매시 산출량 등은 시간의 추이에 따라서 지수적으로 감소하는 것으로 모델화된다.

유전시설 교체문제에서는 유전 한 시설에서 석유를 산출하여 석유 판매 이득의 최대화를 위하여 지수적으로 감소하는 석유 매시 산출량을 보면서 언제 시설을 교체할 것인가를 결정하는 문제이다. 시각 t에서 매시 산출량을 $x(t)$라 하고, 감쇠계수를 $D>0$이라 하자. 이 경우 지수감쇠모델은 상미분방정식의 초기값문제

$$x'(t) = -Dx, \quad x(0) = \nu \tag{2.1}$$

로 나타내진다. 초기 매시 산출량을 ν라 하자. 이 변수분리형의 문제는 $x(t) = \nu e^{-Dt}$로 하는 해가 얻어진다.

감쇠계수 D를 확정적인 고정된 수치로는 하지 않고, 숙련된 경험자의 판정에 의한 양으로 잡아본다. 즉, 실수 D를 퍼지 수 $D = (D_1, D_2) \in \mathcal{F}_b^{st}$로 하여 생각한다. 단, $D_1(\alpha)$ $(\alpha \in I)$는 퍼지 수 D의 알파칼 집합의 좌단점에서 양수이다. 이 가정하에서 석유 매시 산출량 $x(t)$와 초기 매시 산출량 ν는 퍼지 수가 된다. 따라서 $x(t) = (x_1, x_2)(t) \in \mathcal{F}_b^{st}$로 매개변수로 표시되어, 초기값문제 (2.1)은

$$\frac{dx}{dt}(t) = -(Dx), \quad x(0) = \nu \tag{2.2}$$

로 얻어진다. 이 경우, 해는 일의적으로 존재하고

$$x(t)=\nu+\int_0^t(-(Dx(s)))ds \tag{2.3}$$

이다.

실수값 $x(t)$의 초기값문제 (2.1)의 해는, 지수적으로 0에 수렴한다. 그러나 퍼지 초기값문제 (2.2)의 해는 매개변수 표시에 의한 해석에 의하면 꼭 같은 거동이 얻어지는 것은 아니다. 이 상이한 것을 금후, 논의할 필요가 있다.

1. 퍼지 초기값문제

이 절에서 퍼지 미분방정식을 고찰의 대상으로 하며, 특히 초기값문제의 해에 관한 존재와 일의성을 축소사상의 원리에 의하여 결과를 기술하기로 한다([28, 29]).

부분집합 $J\subset \boldsymbol{R}$, $S\subset \mathcal{F}_{\mathbf{b}}^{st}$로 한다. 퍼지 함수 $f: J\times S \to \mathcal{F}_{\mathbf{b}}^{st}$에서 되는 퍼지 미분방정식과 $(t_0, x_0)\in \boldsymbol{R}\times\mathcal{F}_{\mathbf{b}}^{st}$의 초기조건

$$\frac{dx}{dt}(t)=f(t, x), \quad x(t_0)=x_0 \tag{2.4}$$

을 만족하는 미분가능한 퍼지 함수 $x: J_1 \to \mathcal{F}_{\mathbf{b}}^{st}$ (단, $t_0\in J_1\subset J$)를 (2.4)의 해라 한다. 그의 존재와 일의성, 점근거동의 해석을 본절 이후의 목적으로 한다. (2.4)를 퍼지 초기값문제(fuzzy initial value problem)라 한다.

앞으로 다음 가정하에서 고찰을 해나간다.

[가정 1] 함수 f는 정의역 $J\times S$ 위에서 연속이라 하자. 즉, 임의의 $(t, x)\in J\times S$에 관하여

$$\lim_{(s, y)\to(t, x)} d(f(s, y), f(t, x))=0$$

이 성립한다 하자. 또는 $\lim_{(s, y)\to(t, x)} f(s, y)=f(t, x)$로 쓴다.

상미분방정식의 초기값문제와 마찬가지로 (2.4)의 해의 존재 · 일의성에 관하여도 후술되는 축소사상의 원리가 응용된다.

[정리 2.1] (가령, [28, 29]) 상수 $c>0$, $r>0$에서, 구간 $J_c=[t_0-c, t_0+c]$와 폐집합 $\mathcal{B}(x_0, r)=\{x\in\mathcal{F}_b^{st} : d(x, x_0)\le r\}$가 주어져서, 다음 조건 (i)과 (ii)가 성립한다고 하자.

(i) 함수 f와 $J_c\times\mathcal{B}(x_0, r)$에서 유계이다. 즉, 충분히 큰 $M>0$에 대하여, $d(f(t, x), 0)\le M$ $(t, x)\in J_c\times\mathcal{B}(x_0, r)$가 성립한다.

(ii) 함수 f는 x에 관한 Lipschitz 조건을 만족한다. 즉, 어떤 $L>0$가 존재해서

$$d(f(t, x), f(t, y))\le Ld(x, y) \quad ((t, x), (t, y)\in J_c\times\mathcal{B}(x_0, r)$$

이 경우 (2.4)에는 유일한 해 x가 존재하여

$$x(t)=x_0+\int_{t_0}^{t} f(s, x(s))ds \quad (t\in J_\rho)$$

가 성립한다. 단, $J_\rho=[t_0-\rho, t_0+\rho]$ 또는 $\rho=\min(c, r/M)$라 하자.

증명은 J_ρ을 $[t_0, t_0+\rho]$와 $[t_0-\rho, t_0]$로 나누어서, 다음의 축소사상의 원리에 의하여 밝혀진다. 따라서 $J_\rho=[t_0, t_0+\rho]$로 하여 증명해도 지장이 없다.

[정리 2.2] 축소사상의 원리([30] 등을 참조) 집합 S는 거리 d를 갖는 완비거리공간 X의 부분집합이라고 하자. 사상 $V: S\to S$는 축소사상이라 하자. 즉, 상수 λ는 $0<\lambda<1$라 하고

$$d((V(x), V(y))\le\lambda d(x, y)$$

이면, V는 S에 유일한 부동점 x, 즉 $V(x)=x$를 갖는다.

증명 $J_\rho=[t_0, t_0+\rho]$이라 하자. 구간 J_ρ로 정의되는 연속인 퍼지 함수 $x: J_\rho\to\mathcal{F}_{\mathbf{b}}^{st}$ 전체 $C(J_\rho ; \mathcal{F}_{\mathbf{b}}^{st})$의 부분집합으로

$$S=\{x\in C(J_\rho ; \mathcal{F}_{\mathbf{b}}^{st}) : d(x(t), x_0)\le r, x(t_0)=x_0\} \tag{2.5}$$

를 생각한다. 집합 S의 거리는 $x, y\in S$에 대하여

$$d_\infty(x,\ y) = \sup_{t \in J_\rho} d(x(t),\ y(t))$$

라 하자. 여기서 (2.4) 식을 형식적으로 $[t_0,\ t]\ (t \in J_\rho)$에서 적분한 초기조건을 대입하면(해의 존재를 가정하여 해를 만족할 동치인 조건을 유도해 보면)

$$x(t) = \int_{t_0}^{t} x'(s)ds + x(t_0) \tag{2.6}$$

$$\Longleftrightarrow\ x(t) = \int_{t_0}^{t} f(s,\ x(s))ds + x_0 \tag{2.7}$$

을 얻는다. 즉, 해가 존재한다는 가정하에서 (2.4)의 연속미분가능한 해와 (2.7) 식의 연속인 해는 동치이다. 이 사실과 축소사상의 원리를 이용하면, (2.4)의 해에 관한 존재와 일의성이 밝혀진다. 우선, (2.7) 식의 우변을 사상 V라 놓고, 다음에 축소사상의 원리를 응용해서 V^m (m은 충분히 큰 정수로서, V의 m회의 합성함수)의 부동점 x가 S에 유일하게 존재하는 것을 유도한다. S 안에 $V(x) = x$를 만족하는 원도 유일하다는 것도 뒤에서 나타낸다. 이 경우,

$$\begin{aligned}
x = V(x)\ (x \in S)\ &\Longleftrightarrow\ x(t) = [V(x)](t)\ \ (x \in S,\ t \in J_\rho) \\
&\Longleftrightarrow\ x(t) = x_0 + \int_{t_0}^{t} f(s,\ x(s))ds\ \ (t \in J_\rho) \\
&\Longleftrightarrow\ x\text{는 (2.7)의 해 } (t \in J_\rho) \\
&\Longleftrightarrow\ x\text{는 (2.4)의 해 } (t \in J_\rho)
\end{aligned}$$

이다. 이상의 추론을 완결시키기 위하여

$$[V(x)](t) = x_0 + \int_{t_0}^{t} f(s,\ x(s))ds\ \ (t \in J_\rho) \tag{2.8}$$

라 놓고, V가 S 안에 유일한 부동점을 갖는 것을 확인한다. 우선, $[V(x)](t)$는 t에 관하여 연속인 퍼지 함수이다. $[V(x)](t_0) = x_0$이고

$$\begin{aligned}
d([V(x)](t),\ x_0) &\le \int_{t_0}^{t} d(f(s,\ x(s)),\ 0)ds \\
&\le \int_{t_0}^{t} Mds \\
&\le M\rho \le r
\end{aligned}$$

에서, V는 S에서 S에의 사상이다. V의 합성함수로 된다.

$$V^2(x) = V(V(x)),\ \cdots,\ V^{k+1}(x) = V(V^k(x))\,(k = 1,\ 2,\ \cdots)$$

의 열을 생각한다. $x, y \in S$에 대한

$$d([V(x)](t), [V(y)](t)) \le \int_{t_0}^{t} d(f(s, x(s)), f(s, y(s)))ds$$
$$\le L\int_{t_0}^{t} d(x(s), y(s))ds$$
$$\le L(t-t_0)d_\infty(x, y)$$

이다. 마찬가지로,

$$d([V^2(x)](t), [V^2(y)](t)) \le \int_{t_0}^{t} d(f(s, V(x(s))), f(s, V(y(s))))ds$$
$$\le L\int_{t_0}^{t} d(V(x(s)), V(y(s)))ds$$
$$\le \frac{L^2(t-t_0)^2 d_\infty(x, y)}{2}$$

가 성립한다. 마찬가지로 $m=1, 2, \cdots$에 대하여

$$d([V^m(x)](t), [V^m(y)](t)) \le \frac{(L(t-t_0))^m d_\infty(x, y)}{m!}$$
$$\le \frac{(\rho L)^m d_\infty(x, y)}{m!}$$

에서, $d_\infty(V^m(x), V^m(y)) \le \frac{(\rho L)^m}{m!} d_\infty(x, y)$가 성립한다. $\lim_{m\to+\infty} \frac{(\rho L)^m}{m!} = 0$에서 충분히 큰 m에 대하여 $\lambda = \frac{(\rho L)^m}{m!} < 1$이므로, V^m는 S 상의 축소사상이고, 그의 원리에서 유일한 부동점 $x \in S$가 존재한다. 즉 $V^m(x) = x$이다. 따라서 $y = V(x)$라 놓으면 $V(V^m(x)) = V(x) = y = V^m(V(x)) = V^m(y)$가 성립하기 때문에 y도 V^m의 부동점이다. 그의 유일성에서 $x = y = V(x)$, 즉 x는 V의 부동점이라 할 수 있다. 여기서, $x \ne z$ 또한 $V(z) = z$라 가정한다. 따라서

$$V^m(x) = V^{m-1}(V(z)) = V^{m-1}(z) = \cdots = V^2(z) = V(z) = z$$

이다. 이 경우, 거리 d_∞의 양정치성에서

$$0 < d_\infty(x, z)$$
$$= d_\infty(V^m(x), V^m(z))$$
$$\le \lambda d_\infty(x, z)$$

에서, $(1-\lambda)d_\infty(x, z) \leq 0$이 되어 $1-\lambda \leq 0$을 얻는다. 이것은, $0<\lambda<1$에 모순하므로 $x=z$이다. 따라서 V의 부동점도 유일하다.

따라서 (2.4)의 해는 J_ρ 상에서 유일하게 존재한다. ◀

[예 2.1] 다음 형식의 퍼지 미분방정식은 퍼지 수의 연산에는 확장원리의 효과가 영향을 주어서, 꼭 선형적이라고는 말할 수 없다.

$$x'(t)=x \tag{2.9}$$

실수 k, l이 $k+l<0$ 또한 $k>0>l$로 하여 $x_1(\alpha) \leq 0 \leq x_2(\alpha)$의 경우

$$\begin{aligned}(k+l)x &= (k+l)(x_1,\ x_2) = ((k+l)x_2,\ (k+l)x_1)\\ &\neq kx+lx = (kx_1+lx_2,\ kx_2+lx_1)\end{aligned}$$

이 되어, (2.9)는 선형이라 말하기 어렵다.

[예 2.2] 연속인 실수값함수 $a : \mathbf{R} \to \mathbf{R}$와 퍼지 수 $x \in \mathcal{F}_{\mathrm{b}}^{st}$로 되는 퍼지 함수 $f(t, x)=a(t)+x$는 x에 관하여 미분가능이고 $\dfrac{df}{dx}=1$이며, f는 x에 관하여 Lipschutz 조건을 만족한다. 이 경우 퍼지 초기값문제

$$x'(t)=f(t,\ x),\ \ x(t_0)=x_0 \tag{2.10}$$

는 t_0 부근에서 일의적인 해를 갖는다.

상기의 존재, 일의성의 정리에서는 축소사상이 응용되고 있다. (2.4)의 해의 존재성의 정리에는 거리공간에서 다음 샤우다의 부동점정리([31] 참조)의 응용에 의하여 증명된다.

> [정리 2.3] (샤우다의 부동점정리) 집합 S는 완비 norm공간(Banach공간) X의 유계인 볼록폐집합이라 하자. 연속인 시상 $V : S \to S$는 상의 폐포 $cl(V(S))$가 compact이면, V는 S에 적어도 하나의 부동점 x를 갖는다.

다음 정리에서 퍼지 함수 f의 연속성을 가정하는데, x에 관한 Lipschutz 연속을 가정하지 않을 때, 해의 존재만을 보증하는 것이다.

[정리 2.4] 정리 2.1의 조건 (i)를 가정하면, (2.4)는 $J_\rho = [t_0 - \rho,\ t_0 + \rho]$에서 존재하는 해를 갖고, $\rho > 0$는 정리 2.1과 마찬가지이다.

증명은 거리 d_∞에 관한 완비한 $C(J_\rho\ ;\ \mathcal{F}_{\mathbf{b}}^{st})$에서 앞에서 기술한 집합 (2.5)식 및 사상 (2.8)식이 다음 성질을 만족하는 것에 의하여 밝혀진다.

- $S \subset C(J_\rho\ ;\ \mathcal{F}_{\mathbf{b}}^{st})$에서 유계(임의의 $x \in S$에 대하여 $d(x, 0) \le r$)이다.
- S는 폐집합(만일 점렬 $\{x_n \in S\}$가 $\lim\limits_{n \to} x_n = y$이면, $y \in S$)이다.
- S는 볼록집합 ($x, y \in S$, $k \in I$에 관하여 $kx + (1-k)y \in S$)이다.
- $V(x)$는 $x \in S$에 관하여 연속 ($\lim\limits_{y \to x} d(V(y), V(x)) = 0$) 이다.
- 임의의 점렬 $\{z_n \in V(S)\}$은, $cl(V(S))$에서 수렴하는 부분점렬을 포함한다(어떤 $\{\bar{z}_n\} \subset \{z_n\}$인 $z_0 \in cl(V(S))$에 관하여 $\lim\limits_{n} \bar{z}_n = z_0$)이다. 증명은 Arleza–Ascoli의 정리 등을 응용한다.

상세한 것은 Kartsatos[32]나 [18]을 참조하기 바란다.

2. 퍼지 미분방정식의 정성해석

본 절에서는 퍼지 수를 매개변수 표시하여 얻어지는 연립상미분방정식에 관한 정성해석을 하는 것에 의하여 단독 퍼지 미분방정식의 해의 점근거동에 관한 안정성 및 흡인성에 관하여 논의한다. 변수 $t \in R$에 대하여 퍼지 함수 $p = (p_1, p_2)$는 연속이라 하고, 다음 퍼지 초기값문제

$$x' = p(t)x, \quad x(t_0) = x_0 \tag{2.11}$$

를 생각한다. 단, $t_0 \in \mathbf{R}$, $x = (x_1, x_2)$, $x_0 = (a_0, b_0) \in \mathcal{F}_b^{st}$이라 하자.

다음 예에서 계수의 함수는 실수값이다.

[예 2.3] 함수 $p = (p_1, p_2)$는 실수값함수, 즉 $p_1(t, \alpha) \equiv p_2(t, \alpha) = p_1(t)(\alpha \in I)$라 하자.
(i) $p_1(t) \ge 0$일 때, (2.11)의 해는

$$x(t)=e^{\int_{t_0}^{t}p_1(s)ds}(a_0,\ b(0))\quad (t\geq t_0)$$

이다.

(ii) $p_1(t)\leq 0$이라 하자. 이 경우, 파라미터 표시에서 $x_1{}'(t)=p_1(t)x_2(t)$, $x_2{}'(t)=p_1(t)x_1(t)$을 얻는다. (2.11) 식의 해는 $x_1(t)\geq 0$인 한,

$$x_1(t,\ \alpha)=\frac{1}{2}\left\{\left(e^{\int_{t_0}^{t}p_1(s)ds}+e^{-\int_{t_0}^{t}p_1(s)ds}\right)a_0(\alpha)+\left(e^{\int_{t_0}^{t}p_1(s)ds}-e^{-\int_{t_0}^{t}p_1(s)ds}\right)b_0(\alpha)\right\}$$

$$x_2(t,\ \alpha)=\frac{1}{2}\left\{\left(e^{\int_{t_0}^{t}p_1(s)ds}-e^{-\int_{t_0}^{t}p_1(s)ds}\right)a_0(\alpha)+\left(e^{\int_{t_0}^{t}p_1(s)ds}+e^{-\int_{t_0}^{t}p_1(s)ds}\right)b_0(\alpha)\right\}$$

Seikkala [34]에서는 $p_1(t)\equiv -1$의 예가 소개되어 있다.

[정리 2.5] 상술한 예 2.3 (ii)에서 $\lim_{t\to\infty}\int_{t_0}^{t}p_1(s)ds=-\infty$ $(t_0\in\mathbf{R})$의 조건에서 다음 관계 (i)−(ii)가 성립한다.

(i) 초기값이 실수 $x_0\in\mathbf{R}$이면, (2.11)의 해는 $t\to\infty$에서 0에 수렴한다.

$$\lim_{t\to\infty}d(x(t),\ 0)=0$$

(ii) 초기값은 실수가 아닌 퍼지 수, $x_0\in\mathcal{F}_b^{st}\setminus\mathbf{R}$이면 해의 파라미터 표시를 $x=(x_1,\ x_2)$라면

$$\lim_{t\to\infty}d(x(t),\ 0)=\infty,\ \sup_{\alpha\in I}\lim_{t\to\infty}|x_1(t,\ \alpha)+x_2(t,\ \alpha)|=0$$

이 성립한다.

증명은 쉬우니, 각자 시도해 주기 바란다.

상기의 정리를 확장하기 위하여 다음 예에서 보제적인 역할을 하는 내용을 소개한다. 더욱, 추론의 과정에서 하기의 구롱월의 부등식을 응용한다(가령, [35, 36] 참조).

[보제 2.1] 연속함수 $F:[a, b]\to\mathbf{R}_+$는 다음 적분방정식

$$F(t)\le K+\int_a^t p(s)F(s)ds \quad (t\in[a, b])$$

를 만족한다. 단, $p:[a, b]\to\mathbf{R}_+$는 가적분함수로서, 상수 $K\ge 0$라 하자. 이 경우, 다음 부등식이 성립한다.

$$F(t)\le K\,e^{\int_a^t p(s)ds} \quad (t\in[a, b])$$

[예 2.4] ([37]) 계수의 퍼지 함수 $p=(p_1, p_2)$는 $p_1(t, \alpha)\ge 0$ $(t\in\mathbf{R}, \alpha\in I)$라 하자. 이 경우 다음 관계 (a)–(c)가 성립한다. 또한 $J=[\tau, \sigma)$ $(t_0\le\tau<\sigma)$라 하자.

(a) $x_1(t, \alpha)\ge 0$ $(t\in J, \alpha\in I)$인 한,

$$x_1'(t, \alpha)=p_1x_1,\ x_2'(t, \alpha)=p_2x_2$$

가 얻어져서 (2.11)의 해는 $t\in J$에 관하여 다음과 같다 :

$$x(t)=\left\{\left(e^{\int_\tau^t p_1(s, \alpha)ds}a_0(\alpha),\ e^{\int_\tau^t p_2(s, \alpha)ds}b_0(\alpha)\right)^T : \alpha\in I\right\}$$

(b) $x_1(t, \alpha)\le 0\le x_2(t, \alpha)$ $(t\in J, \alpha\in I)$인 한, 상미분방정식계

$$x_1'(t, \alpha)=p_2x_1,\ x_2'(t, \alpha)=p_2x_2$$

가 얻어져서, (2.11)의 해는 $t\in J$에 관하여 다음과 같다 :

$$x(t)=\left\{\left(e^{\int_\tau^t p_2(s, \alpha)ds}a_0(\alpha),\ e^{\int_\tau^t p_2(s, \alpha)ds}b_0(\alpha)\right)^T : \alpha\in I\right\}$$

(c) $x_2(t, \alpha)\le 0$ $(t\in J, \alpha\in I)$인 한, 상미분방정식계

$$x_1'(t, \alpha)=p_2x_1,\ x_2'(t, \alpha)=p_1x_2$$

가 얻어지고, (2.11)의 해는 $t\in J$에 관하여 다음과 같다 :

$$x(t)=\left\{\left(e^{\int_\tau^t p_2(s, \alpha)ds}a_0(\alpha),\ e^{\int_\tau^t p_1(s, \alpha)ds}b_0(\alpha)\right)^T : \alpha\in I\right\}$$

또, $p_2(t, \alpha) \le 0$ $(t \in \boldsymbol{R}, \alpha \in I)$일 때를 생각한다. 이 경우, 결론 (d)-(f)를 얻는다.

(d) $0 \le x_1(t, \alpha)$ $(t \in J, \alpha \in I)$인 한, 상미분방정식계

$$x_1'(t, \alpha) = p_1 x_2,\ x_2'(t, \alpha) = p_2 x_1$$

를 얻는다. 구론월의 부등식과

$$p_1(x_1 + x_2) \le (x_1 + x_2)' \le p_2(x_1 + x_2)$$

에서 (2.11)의 해는 $t \in J$에 관하여 다음 관계를 만족하는 것을 알 수 있다 :

$$d(x(\tau), 0)e^{\int_\tau^t p_1(s, \alpha)ds} \le d(x(t), 0) \le d(x(\tau), 0)e^{\int_\tau^t p_2(s, \alpha)ds} \quad (\alpha \in I)$$

(e) $x_1(t, \alpha) \le 0 \le x_2(t, \alpha)$ $(t \in J, \alpha \in I)$되는 한, 상미분방정식계는

$$x_1'(t, \alpha) = p_1 x_{2,}\ x_2'(t, \alpha) = p_1 x_1$$

이고, (d)와 마찬가지로 하면, (2.11)의 해는 $t \in J$에 관하여 다음 관계를 만족한다.

$$d(x(t), 0) \le d(x(\tau), 0)e^{-\int_\tau^t p_1(s, \alpha)ds} \quad (\alpha \in I)$$

(f) $x_2(t, \alpha) \le 0$ $(t \in J, \alpha \in I)$ 되는 한, 상미분방정식계

$$x_1'(t, \alpha) = p_2 x_2,\ x_2'(t, \alpha) = p_1 x_1$$

이 성립하고, (2.11)의 해는 $t \in J, \alpha \in I$에 관하여 다음 관계를 만족한다.

$$d(x(\tau), 0)e^{\int_\tau^t p_1(s, \alpha)ds} \le d(x(t), 0) \le d(x(\tau), 0)e^{\int_\tau^t p_2(s, \alpha)ds}$$

이 예에서 다음 (2.11)의 해에 관하여 수렴이나 발산의 정리가 얻어진다([37]).

[정리 2.6] 문제 (2.11)의 계수함수 $p : \mathbf{R} \to \mathcal{F}_b^{st}$의 파라미터 표시는 $p = (p_1, p_2)$로 한다. 또한 $p_2(t, \alpha) \le 0$ $(t \in \mathbf{R}, \alpha \in I)$이고,

$$\lim_{t \to \infty} \int_{t_0}^t p_2(s, \alpha)ds = -\infty \quad (t_0 \in \mathbf{R})$$

이라 하자. 이 경우, 다음 결론 (i)-(iii)이 성립한다.

(i) 문제 (2.11)의 해 x의 초기값이 실수 $x_0 \in \mathbf{R}$일 때,

$$\lim_{t \to \infty} d(x(t), 0) = 0$$

이 성립한다.

(ii) 문제 (2.11)의 해 x의 초기값이 실수가 아닌 퍼지 수 $x_0 \in \mathcal{F}_{\mathbf{b}}^{st} \setminus \mathbf{R}$일 때,

$$\lim_{t \to \infty} d(x(t), 0) = \infty$$

이다.

(iii) 문제 (2.11)의 해 $x(t) = \{(x_1(t, \alpha), x_2(t, \alpha))^T \in \mathbf{R}^2 : \alpha \in I\}$는 $J_1 = [\tau, \sigma]$이라 하고, $|x_1(t, \alpha)| \le x_2(t, \alpha)$일 때

$$0 \le x_1(t, \alpha) + x_2(t, \alpha) \le e^{\int_\tau^t p_1(s, \alpha) ds} \quad (\tau, t \in J_1, \alpha \in I)$$

가 성립한다.

문제 (2.11)의 계수함수는 다음 가정을 만족한다 하자.

$$p(t, \cdot) = (-p_0(t, \cdot), p_0(t, \cdot)), \ p_0(t, \alpha) \ge 0 \ \ (t \in \mathbf{R}, \alpha \in I) \tag{2.12}$$

[예 2.5] ([37]) 가정 (2.12) 식에서, (2.11)의 해 x에 관한 다음 관계 (i) - (iv)가 성립한다. J의 부분구간을 $J_1 = [\tau, \sigma] \subset J$ 또는 $x(\tau) = (c_0, d_0) \in \mathcal{F}_{\mathbf{b}}^{st}$라 하자.

(i) $x_1(t, \alpha) \ge 0 \ (t \in J_1, \alpha \in I)$이면, 상미분방정식계

$$x_1'(t, \alpha) = -p_0 x_2, \quad x_2'(t, \alpha) = p_0 x_2$$

가 얻어진다. 또한 $x_1(t, \alpha) + x_2(t, \alpha) = c_0(\alpha) + d_0(\alpha)$이고, (2.11)의 x_2는 다음과 같다.

$$x_2(t, \alpha) = d_0 e^{\int_\tau^t p_0(s, \alpha) ds} ds \ \ (t \in J_1, \alpha \in I)$$

(ii) $x_1(t, \alpha) \le 0 \le x_2(t, \alpha)$가 $|x_1(t, \alpha)| \le x_2(t, \alpha)$ $(t \in J_1, \alpha \in I)$이면 상미분방정

식계

$$x_1'(t, \alpha) = -p_0 x_2, \quad x_2'(t, \alpha) = p_0 x_2$$

를 얻는다. 또한 $x_1(t, \alpha) + x_2(t, \alpha) = c_0(\alpha) + d_0(\alpha)$이고, x_2는

$$x_2(t) = d_0 e^{\int_\tau^t p_0(s, \alpha) ds} \quad (t \in J_1, \ \alpha \in I)$$

를 만족한다.

(iii) $x_1(t, \alpha) \leq 0 \leq x_2(t, \alpha)$ 또한 $|x_1(t, \alpha)| \geq x_2(t, \alpha)$ $(t \in J_1, \ \alpha \in I)$이면, 상미분방정식계

$$x_1'(t, \alpha) = p_0 x_1, \quad x_2'(t, \alpha) = -p_0 x_1$$

가 얻어진다. 또한 $x_1(t, \alpha) + x_2(t, \alpha) = c_0(\alpha) + d_0(\alpha)$이고, x_1은 다음과 같다.

$$x_1(t, \alpha) = c_0 e^{\int_\tau^t p_0(s, \alpha) ds} \quad (t \in J_1, \ \alpha \in I)$$

(iv) $x_2(t, \alpha) \leq 0$ $(t \in J_1, \ \alpha \in I)$이면, 상미분방정식계는

$$x_1'(t, \alpha) = p_0 x_1, \quad x_2'(t, \alpha) = -p_0 x_1$$

에서 $x_1(t, \alpha) + x_2(t, \alpha) = c_0(\alpha) + d_0(\alpha)$이 얻어진다. 이 경우 (2.11)의 x_1은

$$x_1(t, \alpha) = c_0 e^{\int_\tau^t p_0(s, \alpha) ds} \quad (t \in J_1, \ \alpha \in I)$$

을 만족한다.

가정 (2.12) 식에서 (2.11)의 해는 안정하다(해 x의 크기 $d(x, 0)$를 늘 미소로 하려면, 초기값 x_0의 크기 $d(x_0, 0)$를 좁히면 좋다)는 것이 밝혀진다. 다음에 (2.11)의 **자명해**(trivial soluton) 또는 **영해**(zero-solution) $x=0$가 균등안정인 것의 정의를 기술한다.

[정의 2.1] 퍼지 초기값 문제 (2.11)의 영해 $x=0$이 **균등안정**(uniformly stable)이라는 것은 임의의 미소인 $\varepsilon>0$에 대하여, 역시 미소인 $(\varepsilon>)\delta>0$를 취하면 어떤 초기시각 $t_0\in\mathbf{R}$와 초기값 $x_0\in\mathcal{F}_{\mathbf{b}}^{st}$가 $d(x_0, 0)\le\delta$이면 (2.11)의 모든 해 x는 $d(x(t), 0)<\varepsilon$ $(t\ge t_0)$를 만족한다는 것을 의미한다.

다음 정리에서는 가정 (2.12) 식에서 (2.11)의 영해가 균등안정이기 위한 판정법을 나타내고 있다([37]).

[정리 2.7] 가정 (2.12) 식에서 상수 $M>0$는

$$\lim_{t\to\infty}\sup\int_{t_0}^{t}p_0(s, \alpha)ds\le M \quad (t\ge t_0\ge 0, \alpha\in I)$$

를 만족한다하자. 이 경우 (2.11)의 영해는 균등안정이다.

증명 조건에서, 어떤 $M_1>M$은

$$\int_{t_0}^{t}p_0(s, \alpha)ds\le M_1 \quad (\forall t\ge\forall t_0\ge 0, \alpha\in I)$$

를 만족한다. [예 2.5] (i)−(iv)에서,

$$\begin{aligned}|x_1(t, \alpha)|+|x_2(t, \alpha)| &\le(|a_0(\alpha)|+|b_0(\alpha)|)\left(1+e^{\int_{t_0}^{t}p_0(s, \alpha)ds}\right)\\ &\le d(x_0, 0)(M_1+1)\end{aligned}$$

$(t\ge t_0)$가 성립한다. 임의의 $\varepsilon>0$에 대하여 $\delta<\varepsilon/(M_1+1)$이라면, 임의의 $t_0\in\mathbf{R}$ 및 $x_0\in\mathcal{F}_{\mathbf{b}}^{st}$가 $d(x_0, 0)<\delta$이면, $t\ge t_0$에 대한 해 x는

$$\begin{aligned}d_1(x(t), 0)&=\sup_{\alpha\in I}(|x_1(t, \alpha)|+|x_2(t, \alpha)|)\\ &\le d(x_0, 0)(M_1+1)\\ &<\varepsilon\end{aligned}$$

를 만족한다. 따라서 (2.11)의 영해는 균등안정이다. ◀

이 절의 끝으로 정리 2.5의 확장을 기술한다([37]).

[정리 2.8] 문제 (2.11)의 계수함수는

$$p(t,\ \alpha)=(-m(t,\ \alpha)-q_1(t,\ \alpha),\ -m(t,\ \alpha)+q_2(t,\ \alpha))\quad (t\in \mathbf{R},\ \alpha\in I)$$

의 꼴을 하고 있다. 실수값함수 $m,\ q_1,\ q_2 : \mathbf{R}\times I\to \mathbf{R}_+$는 연속이고,

$$0\le q(t,\ \alpha)\le m(t,\ \alpha)\quad (t\in \mathbf{R},\ \alpha\in I) \tag{2.13}$$

라 하자. 여기서 $q(t,\ \alpha)=\max\limits_{i=1,2}[q_1(t,\ \alpha),\ q_2(t,\ \alpha)]$로 한다. 또한

$$\int_{t_0}^{\infty}(m(s,\ \alpha)-q_2(s,\ \alpha))ds=\infty \tag{2.14}$$

$$e^{-\int_{t_0}^{\infty}m(s,\ \alpha)ds}\int_{t_0}^{\infty}q(s,\ \alpha)e^{\int_{t_0}^{s}[2m(r,\ \alpha)+q_1(r,\ \alpha)]dr}ds=0 \tag{2.15}$$

$(t_0\in \mathbf{R},\ \alpha\in I)$라 하자. 이 경우, 다음 결론 (i)–(ii)가 성립한다.
(i) 초기값이 실수 $x_0\in \mathbf{R}$이라면 (2.11)의 해 x는 다음과 같다.

$$\lim_{t\to\infty}d(x(t),\ 0)=0$$

(ii) 초기값이 실수가 아닌 퍼지 수 $x_0\in \mathcal{F}_{\mathbf{b}}^{st}\setminus \mathbf{R}$이면 (2.11)의 해 x는 다음과 같다.

$$\lim_{t\to\infty}d(x(t),\ 0)=\infty,\ \lim_{t\to\infty}\sup_{\alpha\in I}|x_1(t,\ \alpha)+x_2(t,\ \alpha)|=0$$

증명 (i) 정리 2.6 (i)에서 즉시 결론이 얻어진다.

(ii) 초기값은 $x_0\in \mathcal{F}_{\mathbf{b}}^{st}\setminus \mathbf{R}$이라 하자. 정리 2.6 (i)에서 $x_1(t,\ \alpha)\ge 0,\ a_0(\alpha)+b_0(\alpha)=0$이 되는 한

$$\lim_{t\to\infty}\sup_{\alpha\in I}|x_1(t,\ \alpha)+x_2(t,\ \alpha)|=0$$

이 된다.

다음에 $x(t)=(x_1,\ x_2)(t)$가 $|x_1(t,\ \alpha)|\le x_2(t,\ \alpha)\quad (J_1=[\tau_1,\ \delta_1])$이면

$$0\le x_1(t,\ \alpha)+x_2(t,\ \alpha) \tag{2.16}$$

$$\le (x_1(\tau_1, \alpha)+x_2(\tau_1, \alpha))e^{-\int_{\tau_1}^{t}[m(s, \alpha)+q_1(s, \alpha)]ds} \tag{2.17}$$

$(t \in J_1, \alpha \in I)$가 된다.

또, 해 $x(t)$가 $|x_1(t, \alpha)| \ge x_2(t, \alpha)$ $(t \in J_2 = [\tau_2, \delta_2])$로 한다. 함수 $f(t) = -(x_1(t, \alpha) + x_2(t, \alpha))$ $(t \in J_2, \alpha \in I)$라 하자. [예 2.4] (e)에서

$$\begin{aligned} f'(t) &= -m(t, \alpha)f(t)+q_1(t, \alpha)x_2(t, \alpha)-q_2(t, \alpha)x_1(t, \alpha) \\ &\le -m(t, \alpha)f(t)+q(t, \alpha)[x_2(t, \alpha)-x_1(t, \alpha)] \\ &\le -m(t, \alpha)f(t)+q(t, \alpha)d(x(\tau_2), 0)e^{\int_{\tau_2}^{t}[m(s, \alpha)+q_1(s, \alpha)]ds} \end{aligned}$$

이므로

$$\frac{d}{dt}\left[e^{\int_{\tau_2}^{t}m(s, \alpha)ds}f(t)-d(x(\tau_2), 0)\int_{\tau_2}^{t}q(s, \alpha)e^{\int_{\tau_2}^{s}[2m(r, \alpha)+q_1(r, \alpha)]dr}ds\right] \le 0$$

이 얻어진다. 구간 $[\tau_2, t]$에서 적분하면

$$f(t) \le e^{\int_{\tau_2}^{t}m(s, \alpha)ds}\left[f(\tau_2)+d(x(\tau_2), 0)\int_{\tau_2}^{t}q(s, \alpha)e^{\int_{\tau_2}^{s}[2m(r, \alpha)+q_1(r, \alpha)]dr}ds\right]$$

$(t \in J_2, \alpha \in I)$에서,

$$0 \ge x_1(t, \alpha)+x_2(t, \alpha) \tag{2.18}$$

$$\ge -e^{-\int_{\tau_2}^{t}m(s, \alpha)ds}\{-(x_1(\tau_2, \alpha)+x_2(\tau_2, \alpha) \tag{2.19}$$

$$+d(x(\tau_2), 0)\int_{\tau_2}^{t}q(s, \alpha)e^{\int_{\tau_2}^{s}[2m(r, \alpha)+q_1(r, \alpha)]dr}ds\} \tag{2.20}$$

$(t \in J_2)$가 된다. [예 2.5] (iii)에서 $x(t)$는 $x_1(t, \alpha) \le 0 \le x_2(t, \alpha)$ $(t \in [\tau, \infty), \alpha \in I)$이다. 여기서, $\tau = \max(\tau_1, \tau_2)$이다. 따라서 (2.17)~(2.20)에서 $\sup_{a \in I}|x_1(t, \alpha)+x_2(t, \alpha)| \to 0$ as $t \to \infty$가 성립한다. ◀

3. 퍼지 경계값 문제

본 절에서는 구간 $J=[a, b]\subset\mathbf{R}$에 대한 퍼지 미분방정식과 **퍼지 경계조건**(fuzzy boundary condition)으로 되는 **퍼지 경계값 문제**(fuzzy boundary value problem)의 해의 존재·일의성에 관하여 퍼지 수의 파라미터 표시에 의한 방법을 통하여 논의한다([33]). 증명에는 축소사상의 원리가 응용된다. 해의 존재만을 보증하는 데는 샤우다의 부동점 정리가 응용되는 결과가 얻어지나, 다른 기회로 넘긴다. 퍼지 경계값 문제

$$\frac{d^2x}{dt^2}(t)=f(t, x, x'),\ x(a)=A,\ x(b)=B \tag{2.21}$$

를 생각한다. 여기서 $t\in J$, $x=(x_1, x_2)\in\mathcal{F}^{st}_{\mathbf{b}}$, $A=(A_1, A_2)$, $B=(B_1, B_2)\in\mathcal{F}^{st}_{\mathbf{b}}$라 하자. 퍼지 수의 매개변수표시에서 상미분방정식계의 경계값 문제

$$\begin{aligned}
&\frac{d^2x_1}{dt^2}(t)=f_1(t, x_1, x_2, x_1', x_2')\\
&\frac{d^2x_2}{dt^2}(t)=f_2(t, x_1, x_2, x_1', x_2')\\
&x_1(a)=A_1,\quad x_2(a)=A_2,\\
&x_1(b)=B_1,\quad x_2(b)=B_2
\end{aligned}$$

를 얻는다. 함수 f는 $J\times\mathcal{F}^{st}_{\mathbf{b}}\times\mathcal{F}^{st}_{\mathbf{b}}$ 위에서 연속이라 하자.

$y_1=x_1$, $y_2=x_2{}'$라 놓으면

$$\frac{d}{dt}\begin{pmatrix}x_1\\x_2\\y_1\\y_2\end{pmatrix}=\begin{pmatrix}0&0&1&0\\0&0&0&1\\0&0&0&0\\0&0&0&0\end{pmatrix}\begin{pmatrix}x_1\\x_2\\y_1\\y_2\end{pmatrix}+\begin{pmatrix}0\\0\\f_1(t, x_1, x_2, y_1, y_2)\\f_2(t, x_1, x_2, y_1, y_2)\end{pmatrix}$$

가 된다. 또한 $z=(x_1, x_2, y_1, y_2)^T\in\mathbf{R}^4$라 하면

$$\frac{dz}{dt}(t)=Mz+F(t, z),\quad \mathcal{L}(z)=c \tag{2.22}$$

와 같이 퍼지 경계값 문제 (2.21)은 귀착된다. 여기서,

$$M=\begin{pmatrix}0&0&1&0\\0&0&0&1\\0&0&0&0\\0&0&0&0\end{pmatrix},\ F(t,\ z)=\begin{pmatrix}0\\0\\f_1(t,z)\\f_2(t,z)\end{pmatrix},\ c=\begin{pmatrix}A_1(\alpha)\\A_2(\alpha)\\B_1(\alpha)\\B_2(\alpha)\end{pmatrix} \tag{2.23}$$

이다($\alpha\in I$). 여기서 $\mathcal{L}$는 $C(J)^4$에서 $\mathbf{R}^4$에의 유계선형사상으로, 다음과 같다.

$$\mathcal{L}(z)=(x_1(a),\ x_2(a),\ x_1(b),\ x_2(b))^t$$

또한, 기본행렬

$$X(t)=e^{tM}=\begin{pmatrix}1&0&t&0\\0&1&0&t\\0&0&1&0\\0&0&0&1\end{pmatrix}$$

을 얻는다. $X(\cdot)$에 대한 정행렬 U는

$$\mathcal{L}(X(\cdot)z_0)=\begin{pmatrix}1&0&a&0\\0&1&0&a\\1&0&b&0\\0&1&0&b\end{pmatrix}\ z_0=Uz_0$$

$(z_0\in\mathbf{R}^4)$을 생각한다. 이 경우

$$U^{-1}=\frac{1}{b-a}\begin{pmatrix}b&0&-a&0\\0&b&0&-a\\-1&0&1&0\\0&-1&0&1\end{pmatrix}$$

로 계산된다. $\mathbf{R}^4$의 norm을

$$\|z\|=|x_1|+|x_2|+|y_1|+|y_2|$$

로 하고, 그의 norm에서 얻어지는 행렬 norm을

$$\|U\|=\sup_{\|z\|=1}\|Uz\|$$

라 하자. 이 경우

$$\|U\|=\max(2,\ a+b),\ \|U^{-1}\|=\frac{b+1}{b-a}$$

을 얻는다.

퍼지 경계값문제의 해의 존재·일의성에 관한 정리를 기술할 준비를 한다. 집합 $\mathcal{F}_{\mathbf{b}}^{st}\times\mathcal{F}_{\mathbf{b}}^{st}\times\mathcal{F}_{\mathbf{b}}^{st}\times\mathcal{F}_{\mathbf{b}}^{st}$의 거리는

$$d_{\infty}(z, \bar{z})=\sup_{t\in J} d(x(t)), \bar{x}(t)+\sup_{t\in J} d(y(t), \bar{y}(t))$$

라 하자. 여기서

$$z(t)=(x(t), y(t)), \bar{z}(t)=(\bar{x}(t), \bar{y}(t))\in \mathcal{F}_{\mathbf{b}}^{st}\times\mathcal{F}_{\mathbf{b}}^{st},$$

그리고

$$\bar{x}(t)=(\bar{x}_1, \bar{x}_2)(t), \bar{y}(t)=(\bar{y}_1, \bar{y}_2)(t)\in \mathcal{F}_{\mathbf{b}}^{st}$$

$(t\in J)$이다.

[정리 2.9] 적분가능한 함수 $l: J\to \mathbf{R}_+$가

$$((b+1)\|U^{-1}\|+\|\mathcal{L}\|)\int_a^b (b-s+1)l(s)ds<1$$

를 만족한다 하자. 또, (2.23)의 F는

$$d(F(t, z), F(t, \bar{z}))\le l(t)d(z, \bar{z})\quad (z=(x, y), \bar{z}=(\bar{x}, \bar{y}), t\in J)$$

라 하자. 여기서 $x, y, \bar{x}, \bar{y}\in \mathcal{F}_{\mathbf{b}}^{st}$이다. 이 경우 (2.21)은 임의의 $c=(A, B)\in \mathcal{F}_{\mathbf{b}}^{st}\times \mathcal{F}_{\mathbf{b}}^{st}$에 관하여 유일한 해를 갖는다.

증명 임의의 $u\in \mathcal{F}_{\mathbf{b}}^{st}$를 고정하고, 다음 경계값문제

$$\frac{dz}{dt}=Mz(t)+F(t, u),\quad \mathcal{L}(z)=c$$

를 생각한다. 이 선형계에는 유일한 해 z_u가 존재하여

$$\begin{aligned} z_u(t)&=X(t)U^{-1}(c-\mathcal{L}(q_u))+q_u(t)\\ &=U^{-1}(c-\mathcal{L}(q_u))+\int_a^t Mz_u(s)ds+\int_a^t F(s, u(s))ds \end{aligned}$$

$(t \in J)$이 성립한다. 여기서

$$q_u(t) = \int_a^t X(t)X^{-1}(s)F(s, u(s))ds$$

이다. 따라서 사상 $\mathcal{V} : \mathcal{F}_{\mathbf{b}}^{st} \to \mathcal{F}_{\mathbf{b}}^{st}$를 $[\mathcal{V}(u)](t) = z_u(t) \quad (t \in J)$라 놓는다.

$z(t), \ \bar{z}(t) \in \mathcal{F}_{\mathbf{b}}^{st}$와 $t \in J$에 관하여

$$[\mathcal{V}(z)](t) - [\mathcal{V}(\bar{z})](t) = X(t)U^{-1}(-\mathcal{L}(q_z)) + \mathcal{L}(q_{\bar{z}})) + q_z(t) - q_{\bar{z}}(t)$$

가 성립한다. 이 경우

$$d_\infty(\mathcal{V}(z), \ \mathcal{V}(\bar{z})) \le [((b+1)\|U^{-1}\| + \|\mathcal{L}\| \int_a^b (b-s+1)l(s)ds]d_\infty(z, \ \bar{z}),$$

이므로, $\mathcal{V}$는 축소사상이라는 것이 밝혀진다. 따라서 (2.21)은 유일한 해를 갖는다. ◀

4. 퍼지 미분 포함

본 절에서는 안정한 형의 상미분방정식을 퍼지화하여 두 가지로 해석한다. 퍼지 수의 파라미터 표시법에서는 불안정한 해석결과를 얻는다. 한편, 미분포함에 의한 방법에서는 상미분과 마찬가지 결과를 유도한다.

[1] 파라미터 표시의 해법

퍼지 수 $x \in \mathcal{F}_{\mathbf{b}}^{st}$를 파라미터 표시하는 것에 의하여 퍼지 초기값문제 (2.2)의 해법을 밝힌다. 퍼지 계수를 $D = (D_1, D_2) \in \mathcal{F}_{\mathbf{b}}^{st}$라 놓는다. 단, $D_1(\alpha), D_2(\alpha) \quad (\alpha \in I)$는 α-컷 집합(유계폐구간) $[D_1(\alpha), D_2(\alpha)]$의 양수로 하는 좌·우 단점이다. $x(t) = (x_1, x_2)(t) \in \mathcal{F}_{\mathbf{b}}^{st}$라 놓으면 $x_1(t) \ge 0$이 되는 한, 제1장의 2의 승법에 관한 확장원리에서

$$\begin{aligned}\frac{dx}{dt} &= -(D_1, D_2)(x_1, x_2)\\ &= -(D_1x_1, D_2x_2)\\ &= (-D_2x_2, -D_xx_1)\end{aligned}$$

을 얻는다. 연립상미분방정식

$$x_1'(t) = -D_2 x_2,\ x_2'(t) = -D_1 x_1$$

을 초기조건 $x(0) = (x_1, x_2)(0) = (\nu_1, \nu_2) \in \mathcal{F}_{\mathbf{b}}^{st}$에서 풀면

$$x_1(t) = \frac{\left(\nu_1 + \nu_2\sqrt{\frac{D_2}{D_1}}\right)e^{-\sqrt{D_1 D_2}\,t}}{2} + \frac{\left(\nu_1 - \nu_2\sqrt{\frac{D_2}{D_1}}\right)e^{\sqrt{D_1 D_2}\,t}}{2} \tag{2.24}$$

$$x_2(t) = \frac{\left(\nu_1\sqrt{\frac{D_1}{D_2}} + \nu_2\right)e^{-\sqrt{D_1 D_2}\,t}}{2} - \frac{\left(\nu_1\sqrt{\frac{D_1}{D_2}} - \nu_2\right)e^{\sqrt{D_1 D_2}\,t}}{2} \tag{2.25}$$

$(t \geq 0,\ x_1(t, \alpha) \geq 0,\ \alpha \in I)$를 얻는다. 단, α를 고정하고 $x_1(t) = x_1(t, \alpha)$, $x_2(t) = x_2(t, \alpha)$, $D_1 = D_1(\alpha)$, $D_2 = D_2(\alpha)$, $\nu_1 = \nu_1(\alpha)$, $\nu_2 = \nu_2(\alpha)$이다. 또, $x_1(t) \leq 0 \leq x_2(t)$의 경우는

$$x_1'(t) = -D_2 x_2,\ x_2'(t) = -D_2 x_1$$

을 $(x_1(0), x_2(0)) = (0, \nu_2)$에서 풀면

$$x_1(t) = \frac{\nu_2(e^{-D_2 t} - e^{D_2 t})}{2},\ x_2(t) = \frac{\nu_2(e^{-D_2 t} + e^{D_2 t})}{2} \tag{2.26}$$

을 얻는다. $0 \in \mathbf{R}$에 대하여

$$\lim_{t \to +\infty} d(x(t), 0) = +\infty$$

가 성립하고, 이 경우

$$\lim_{t \to +\infty} \sup_{\alpha \in I} |x_1(t, \alpha) + x_2(t, \alpha)| = 0$$

이다([37] 참조).

[2] 미분포함에 의한 방법

퍼지 초기값문제 (2.2)에서 집합값함수를 유도하여 미분포함의 이론을 응용해서 퍼지 함수 $x = (x_1, x_2)$를 도출한다([38, 39, 40, 18] 참조). 이 방법을 **퍼지 미분포함**(fuzzy differential inclusion)이라 한다. Aubin–Celina [41]의 아이디어를 이용해서 (2.2)에 대한

집합값함수

$$F(\xi,\ \alpha)=[-D_2(\alpha)\xi,\ -D_1(\alpha)\xi]\subset \mathbf{R}$$

은 $\mathbf{R}\times I$에서 K_C^1에의 사상이라 하자. 그리고 $K_C^1\subset \mathbf{R}$는 compact 볼록집합의 전체로 한다. 이 경우, 미분포함의 관계

$$\xi_\alpha{}'(t)\in F(\xi_\alpha,\ \alpha),\ \xi_\alpha(0)\in L_\alpha(\nu)$$

를 얻는다. 단, $L_\alpha(\nu)=[\nu_1(\alpha),\ \nu_2(\alpha)]$ $(\alpha\in I)$이다. $\alpha\in I$에 대한 미분부등식

$$-D_2(\alpha)\xi_\alpha(t)\le \xi_\alpha{}'(t)\le -D_1(\alpha)\xi_\alpha(t) \tag{2.27}$$

$$\nu_1(\alpha)\le \xi_\alpha(0)\le \nu_2(\alpha) \tag{2.28}$$

이 성립한다. 특히, 실수값함수 ξ_α는 $\mathbf{R}$ 상에서 정의되나, 퍼지 수 x에 관한 정보를 어느 것도 제공하지 않는 것을 강조하고 싶다. 즉, $\alpha\in I$에 대하여 $\xi_\alpha(t)$는 실수이나 퍼지 수의 특성은 어디에도 지니고 있지 않다.

그러므로 미분부등식의 해는

$$\xi_\alpha(0)e^{D_2(\alpha)t}\le \xi_\alpha(t)\le \xi_\alpha(0)e^{-D_1(\alpha)t}$$

이고, 더욱 $\xi_\alpha(0)\in L_\alpha(\nu)$이다. 따라서 $\alpha\in I,\ t\in \mathbf{R}$에 관하여

$$\xi_\alpha(t)\in[\nu_1(\alpha)e^{-D_2(\alpha)t},\ \nu_2(\alpha)e^{-D_1(\alpha)t}]$$

를 얻는다. 이것에서 **해집합**(solution set)이라 불리우는 다음과 같은 집합이 얻어진다.

$$S_\alpha(L_\alpha(\nu),\ t)=[\nu_1(\alpha)e^{-D_2(\alpha)t},\ \nu_2(\alpha)e^{-D_1(\alpha)t}]$$

해집합 $S_\alpha(L_\alpha(\nu),\ t)$은, 퍼지 수$(\nu_1e^{-D_2t},\ \nu_2e^{-D_1t})$의 파라미터 표시$(\nu_1e^{-D_2t},\ \nu_2e^{-D_1t})$의 α-컷 집합으로 볼 수 있다. 즉, 퍼지 미분포함의 방법에서 (2.2)의 해는 $x(t)=(\nu_1e^{-D_2t},\ \nu_2e^{-D_1t})$ $(t\in \mathbf{R})$이 되고, d를 퍼지 수의 거리라면

$$\lim_{t\to\infty} d(x(t),\ 0)=0 \quad (0\in \mathbf{R})$$

로 계산된다.

제 3 장 퍼지 최적화

여기서는 실최적화문제 및 퍼지 최적화문제의 해법을 설명한다.

1. 최적화문제의 해법

함수로 주어진 **목적함수**(objective function) $f : \mathbf{R}^n \to \mathbf{R}$과 실행가능집합(feasible set)

$$C = \{z \in \mathbf{R}^n : g_j(z) \leq 0 \ (j = 1, 2, \cdots, m)\} \tag{3.1}$$

(f, g는 볼록함수)로 구성된 실볼록최적화문제(real convex optimization problem)

$$\text{minimize } f(z) \text{ subject to } z \in C \tag{3.2}$$

의 해법을 생각한다. m, n은 정의 정수이다. 이 (3.2)에 관한 **최적해**(optimal solution) $z^* \in C$는 $f(z^*) = \min_{z \in C} f(z)$를 만족하는 점이다. 이 최적해의 존재와 해법을 이하에서 설명한다.

다음의 **라그랑함수**(Lagrangian function) $L : \mathbf{R}^n \times \mathbf{R}^m_+ \to \mathbf{R}$을 $z \in \mathbf{R}^n$, $\lambda = (\lambda_1, \lambda_2, \cdots, \lambda_m)^T \in \mathbf{R}^m_+$로 놓고

$$L(z, \lambda) = f(z) + \sum_{j=1}^{m} \lambda_j g_j(z)$$

을 생각한다. $\lambda_j \geq 0$ $(j=1, 2, \cdots, m)$로부터, 임의의 $z \in C$에 대하여 $L(z, \lambda) \leq L(z, 0) = f(z)$이다.

최적화문제 (3.2)의 해법으로는 라그랑주함수 $L(z, \lambda)$에 관한 안점과 열미분을 생각하는 것은 극히 유효하다([42]). $D \subset \mathbf{R}^m$라고 하자. 점 $(z^* \cdot \lambda^*) \in C \times D$가 L을 C에서 최소화, D에서 최대화하는 **안점**(saddle point)이라는 것은

$$L(z^*, \lambda) \leq L(z^*, \lambda^*) \leq L(z, \lambda^*) \quad (z \in C, \lambda \in \mathbf{R}_+^m) \tag{3.3}$$

일때이다. 집합 $\partial f(z_0) \subset C$가 $z_0 \in C$에서의 **열미분**(subdifferential)이라는 것은 다음과 같이 생각한다.

$$\partial f(z) = \{a \in \mathbf{R}^n : f(z) \geq f(z_0) + a^T(z - z_0) \ (\text{임의의 } z \in C)\}$$
$$(a^T\text{는 벡터 } a\text{의 전치이다})$$

다음과 같이 안점과 열미분을 응용하면 (3.2)의 최적해를 얻는다.

[정리 3.1] 실볼록최적화문제 (3.2)의 Lagrange함수에 관한(C에서 최소화, D에서 최대화의) 안점을 $(z^* \cdot \lambda^*) \in C \times D$라는 것과 $z^* \in C$가 (3.2)의 최적해이고 동시에 다음 조건 (a)–(b)가 성립하는 것은 필요충분조건이다:

(a) $\lambda_j \geq 0$, $g_j(z^*) \leq 0$, $\lambda_j g_j(z^*) = 0$. $(j = 1, 2, \cdots, m)$ (최초의 두 부등식은 당연하다)

(b) 열미분 $\partial L(z^*, \lambda^*)$가 0을 포함한다, 즉

$$\partial f(z^*, \lambda^*) + \sum_{j=1}^{m} \lambda_j \partial g_j(z^*, \lambda^*) \ni 0$$

상기의 (a)와 (b)를 **쿤·타커조건**(kuhn–Tacker condition)이라 한다.

또한 다음 정리에서는 L이 어떠한 함수를 취할지라도 안점에 있어서 최소화와 최대화의 순서는 교환가능한 것을 의미한다. 그 경우에 안점을 구하기 위한 조건을 제시하고 있다.

[정리 3.2] 직적집합 $C \times D$는 공집합이 아니고 함수 $L : C \times D \to \mathbf{R}$은 임의라고 하자. 점 $(z^*, \lambda^*) \in C \times D$가 (3.3)을 만족하는 안점이라는 것은 다음의 세 등식이 성립하는 것과는 필요충분조건이다:

$$\sup_{z \in C} \inf_{\lambda \in D} L(z, \lambda) = \inf_{\lambda \in D} L(z^*, \lambda)$$

$$\inf_{\lambda \in D} \sup_{z \in C} L(z, \lambda) = \sup_{z \in C} L(z, \lambda^*)$$

$$\sup_{z \in C} \inf_{\lambda \in D} L(z, \lambda) = \inf_{\lambda \in D} \sup_{z \in C} L(z, \lambda)$$

이상의 보제로부터 (3.3)을 만족하는 안점은 L을 D에서 최대화, C에서 최소화하는 안점도 된다. 이러한 정리를 **미니맥스정리**(minimax theorem)라고 한다([2]).

2. L 퍼지 최적화문제

본 절에서는 L Fuzzy 함수로 주어진 목적함수와 실행가능집합으로 만들어진 L Fuzzy 최적화문제(L-fuzzy optimization problem)를 생각한다. 목적함수는 L Fuzzy 함수 $f : X \to \mathcal{F}_L$로 나타내고, 그 정의역 X는 n을 자연수로 하고 $\mathcal{F}_L^n$ 또는 $\mathcal{F}_L^\infty$의 부분집합이라고 하자. L Fuzzy 함수의 값 $f(z)$를 최소화 또는 최대화 하는 문제가 최적화문제이다. 단,

$$\mathcal{F}_L^n = \{z = (z_1, z_2, \cdots, z_n) : z_i \in \mathcal{F}_L \ \ (i = 1, 2, \cdots, n)\},$$

$$\mathcal{F}_L^\infty = \{z = (z_1, z_2, \cdots) : z_i \in \mathcal{F}_L \ \ (i = 1, 2, \cdots)\}$$

이라고 하자. L Fuzzy 수의 집합 $\mathcal{F}_L$에는 랜덤 Fuzzy max순서 $\preceq_\lambda$가 도입되어진다. 정수 $0 \le \lambda \le 1$는 의사결정자에 의해 결정되어진다. 이 경우 모든 $x, y \in \mathcal{F}_L$에 대해서 $x \preceq_\lambda y$와 $y \preceq_\lambda x$가 성립한다. 실행가능집합 C_λ^δ는 m을 자연수로 하고 L Fuzzy 함수 $g_j : X \to \mathcal{F}_L$ $(j = 1, 2, \cdots, m)$로 구성된 **제약조건**(constraint) $g_j \preceq_\lambda (0, \delta_j)_L$ $(j = 1, 2, \cdots, m)$에 의해 다음과 같이 구성된다.

$$C_\lambda^\delta = \{z \in X : g_j(z) \preceq_\lambda (0, \delta_j)_L \quad (J = 1, 2, \cdots, m)\}$$

단, $(0, \delta_j)_L$은 센터가 0, 폭이 $\delta_j \ge 0$인 L Fuzzy수이다($j = 1, 2, \cdots, m$). 각 제약조건은 $g_j(z)$는 대략 0 이하인 것을 의미한다. 또한, $\delta = (\delta_1, \delta_2, \cdots)^T$로 두자.

앞으로 논의하는 L Fuzzy 최적화문제를 다음과 같이 정식화한다.

$$\text{minimize } f(z) \text{ subject to } z \in \mathcal{C}_\lambda^\delta \tag{3.4}$$

다음 예는 $X = \mathcal{F}_L^n$인 경우이다.

[예 3.1] 목적함수 및 제약조건 $f,\ g_j : \mathcal{F}_L \to \mathcal{F}_L\ (j=1, 2, 3)$, $z=(u, v) \in \mathcal{F}_L^2$이라 하고

$$f(z) = -u-v\ ; \tag{3.5}$$

$$g_1(z) = -u \leq_\lambda (0, \delta_1)_L\ ; \tag{3.6}$$

$$g_2(z) = -v \leq_\lambda (0, \delta_2)_L\ ; \tag{3.7}$$

$$g_3(z) = (u^2)_L + (v^2)_L \leq_\lambda (1, \delta_3)_L \tag{3.8}$$

라고 하자. 단, $(0, \delta_1)_L$, $(0, \delta_2)_L$, $(1, \delta_3)_L$은 L Fuzzy 수이고, 최초의 두 수는 센터가 어느 것도 0, 최후의 센터는 1이다. L Fuzzy수 u, v의 제곱 $(u^2)_L = (u_1(1)^2, l_{u^2})_L$과 $(v^2)_L = (v_1(1)^2, l_{v^2})_L$은 L Fuzzy화된 수라고 하자.

특히 주의할 점은 L Fuzzy 최적화문제 (3.4)는 $\lambda=0$, $\delta=0$의 경우 모든 L Fuzzy수의 센터도 폭도 0이기 때문에 「L Fuzzy 수=실수」이다. 최적화문제는 실수형으로 귀착되고, 대소비교도 실수 사이의 비교로 되고, $\lambda=0$이라는 것은 센터의 값으로의 비교를 의미한다.

이상으로 [예 3.1]은 $\lambda=0$, $\delta=0$일 때의 실최적화문제가 되고, $z=(x, y)^T \in \mathbf{R}^2$ $(x=u_1(1)$, $y=v_1(1))$로 해서 다음과 같이 귀착된다.

$$\begin{aligned} &\text{minimize } f(x, y) = -x-y \\ &\text{subject to } g_1(x, y) = -x \leq 0 \\ &\qquad\qquad g_2(x, y) = -y \leq 0 \\ &\qquad\qquad g_3(x, y) = x^2+y^2 \leq 1 \end{aligned}$$

상기의 실최적화문제의 최적값·최적해는

$$\min f(x, y) = f\left(\frac{1}{\sqrt{2}}, \frac{1}{\sqrt{2}}\right) = \frac{-1}{\sqrt{2}}$$

로 주어진다(그림 3.1 참조).

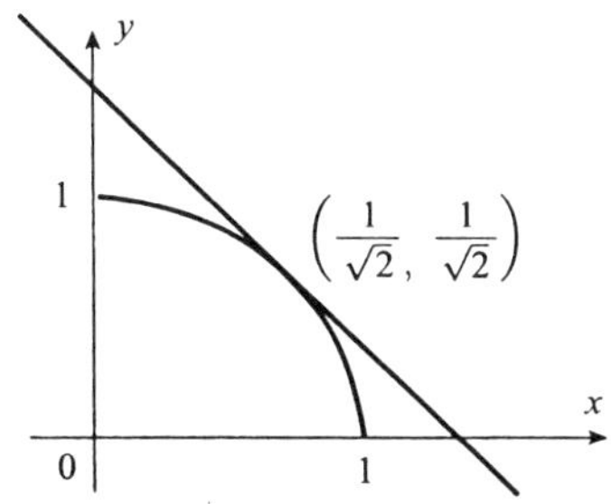

[그림 3-1] Fuzzy 최적화문제의 변수 $z=(x, y)$를 센터로 한정하는 최적화문제

그리고 [예 3.1]에 있어서의 L Fuzzy 최적화문제의 최적해와 최적치는 실최적해·실수이다. 최적해 (u^*, v^*)는

$$u^* = v^* = \left(-\sqrt{\frac{1+\lambda\delta_3}{2}},\ 0\right)_L \in \mathbf{R}$$

이고, 최적치는

$$\min_z f(z) = \left(-\sqrt{\frac{1+\lambda\delta_3}{2}},\ 0\right)_L \in \mathbf{R}$$

이 된다. 만약 $\lambda=0$이고, 또한 $\delta_j=0\ \ (j=1, 2, 3)$이면

$$u^* = v^* = x = y,\ \min_z f(z) = \min_{x, y} f(x, y)$$

가 된다.

실제로 최적해 $z^*=(u^*, v^*) \in \mathcal{F}_L^2$를 구한다. Lagrange함수

$$\mathcal{L}(w) = -u-v+k(w),\ \ (w=(z, \eta) \in \mathcal{F}_L^2,\ \ \eta=(\eta_1, \eta_2, \eta_3)^T \in \mathbf{R}_+^3)$$

을 생각한다. 단,

$$\begin{aligned} k(w) = &\eta_1[-u_1(1)+\lambda(l_u-\delta_1)]+\eta_2[-v_1(1)+\lambda(l_v-\delta_2)] \\ &+\eta_3[u_1(1)^2+v_1(1)^2-1+\lambda(l_{u^2}-l_{v^2}-\delta_3)] \end{aligned}$$

지금 $w^* = (u^*, v^*, 0, 0, 0)$로 하고, $u^* = (u_1(1), l_{u^*})_L$, $v^* = (v_1(1), l_{v^*})_L$에 관한 조건을 구한다. 미니맥스 정리에서

$$\mathcal{L}(z^*, \eta) \leq_\lambda \mathcal{L}(w^*) \leq_\lambda \mathcal{L}(z, 0, 0, 0)$$

($\eta \in \mathbf{R}_+^3$, $(u, v) \in \mathcal{C}$)이어야 한다. 따라서

$$-u^* - v^* \leq_\lambda -u - v$$

이고, $\mathcal{L}$의 안점이 [예 3.1]의 최적해이기 때문에 다음의 경우의 (i)−(ii)가 얻어진다.

(i) $l_{u^*} + l_{v^*} \geq l_u + l_v$일 때, 다음과 같다.

$$-u_1^*(1) - v_1^*(1) + \lambda(l_{u^*} + l_{v^*}) \leq -u_1(1) - v_1(1) + \lambda(l_u + l_v)$$

(ii) $l_{u^*} + l_{v^*} < l_u + l_v$일 때, 다음과 같다.

$$-u_1^*(1) - v_1^*(1) + \lambda(l_{u^*} + l_{v^*}) < -u_1(1) - v_1(1) + \lambda(l_u + l_v)$$

실행가능집합은 다음과 같다:

$\mathcal{C}_\lambda^\delta = \{(u, v) \in \mathcal{F}_L^2 : u = (u_1(1), l_u)_L,\ v = (v_1(1), l_v)_L$은
다음의 (c−i)~(c−iii)를 만족한다$\}$

(c−i) $u_1(1) \geq \lambda(l_u - \delta_1)$

(c−ii) $v_1(1) \geq \lambda(l_v - \delta_2)$

(c−iii) $u_1(1)^2 + v_1(1)^2 \leq 1 + \lambda[\delta_3 - l_{u^2} - l_{v^2}]$

여기서

$$l_{u^2} = \begin{cases} 2u_1(1)l_u - (l_u)^2 & (u_1(1) \geq l_u) \quad (U_1) \\ (l_u)^2 & (|u_1(1)| \leq l_u) \quad (U_2) \\ -2u_1(1)l_u - (l_u)^2 & (u_1(1) \leq -l_u) \quad (U_3) \end{cases}$$

$$l_{v^2} = \begin{cases} 2v_1(1)l_v - (l_v)^2 & (v_1(1) \geq l_v) \quad (V_1) \\ (l_v)^2 & (|v_1(1)| \leq l_v) \quad (V_2) \\ -2v_1(1)l_v - (l_v)^2 & (v_1(1) \leq -l_v) \quad (V_3) \end{cases}$$

이 성립한다. 집합 $\mathcal{C}_\lambda^\delta$는 공집합이 아니다. 왜냐하면 $u_1(1) \geq l_u$, $v_1(1) \geq l_v$인 경우, 점

$(u_1(1),\ v_1(1))^T = (\lambda(l_u - \delta_1),\ \lambda(l_v - \delta_2))^T$가 (c−iii)을 만족하기 때문이다. 조건 (c−i)~(c−iii)에서

$$\begin{aligned} &(\text{c}-\text{i})' \quad && u_1(1) \geq -\lambda\delta_1 \\ &(\text{c}-\text{ii})' \quad && v_1(1) \geq -\lambda\delta_2 \\ &(\text{c}-\text{iii})' \quad && u_1(1)^2 + v_1(1)^2 \leq 1 + \lambda\delta_3 \end{aligned}$$

가 얻어진다. 따라서 집합

$$C_e = \{(u_1(1),\ v_1(1))^T \in \mathbf{R}^2 :\ (\text{c}-\text{i})'\sim(\text{c}-\text{iii})'\text{이 성립한다}\}$$

은 콤팩트이다. 또한, 다음 집합의 콤팩트성을 조사하자.

$$S_{pq} = \{(l_u,\ l_v) \in \mathbf{R}_+^2 :\ (U_p),\ (V_q)\text{가 성립}\}$$

$p = 1,\ 3\ ;\ q = 1,\ 3$일 때는 명백하다. $p = 1,\ q = 1,\ 2,\ 3$일 때는,

$$\lambda(l_u)^2 \leq 1 + \lambda\delta_3,\ \lambda l_{v^2} \leq 1 + \lambda\delta_3$$

가 된다. 후반의 부등식에서 $l_v \leq |v_1(1)|$ 즉 $\lambda(l_v)^2 \leq 1 + \lambda\delta_3$에서 $S_{pq}(p = 2\ ;\ q = 1,\ 2,\ 3)$은 콤팩트인 것을 알 수 있다. 같은 식으로 $S_{pq}(p = 1,\ 3\ ;\ q = 2)$의 콤팩트성도 알 수 있다. 따라서 $C_e \subset \mathbf{R}^2$와 $S_{pq} \subset \mathbf{R}_+^2\ (p,\ q = 1,\ 2,\ 3)$의 콤팩트성으로부터 실행가능집합 C_λ^δ는 $\mathcal{F}_L$에서 콤팩트이다.

(c−i)와 (c−ii)로부터

$$-u_1(1) - v_1(1) + \lambda(l_u + l_v) \leq \lambda(\delta_1 + \delta_2)$$

따라서 $f(z) \leq_\lambda (0,\ \delta_1 + \delta_2)_L$이다.

(c−iii)로부터

$$-u_1(1) - v_1(1) \geq -\sqrt{2(1 + \lambda\delta_3)}$$

이고, 최적값은

$$u_1(1) = v_1(1) = \left(-\sqrt{\frac{1 + \lambda\delta_3}{2}},\ 0\right)_L$$

에서 실현한다. 따라서 그 값은

$$\min_z f(z) = \left(-\sqrt{\frac{1+\lambda\delta_3}{2}},\ 0\right)_L$$

이고, 최적해 $z^* = (u^*, v^*)$는 다음과 같다.

$$u^* = v^* = \left(-\sqrt{\frac{1+\lambda\delta_3}{2}},\ 0\right)_L$$

다음 예는 $X = \mathcal{F}_L^\infty$인 경우이다. 전장에서 다룬 유전시설교체문제 (2.2)를 Fuzzy화한 모델을 생각하자.

[예 3.2] 유전시설교체문제에서 지수적 감쇠과정을 Fuzzy화 해서 Fuzzy 미분방정식의 초기문제 (2.2)가 얻어진다. P를 석유판매이득의 단가로 하고 충분히 큰 가격으로 생각하자. 석유시설을 건설·유지하기 위한 비용을 $f(\nu)$라 하자. 이것은 시설건설 시의 초기 석유매시산출량 ν의 함수로 하고, f는 연속미분가능, $f(0)=0$, $f'(\nu)\geq 0$라 하자. 상수 $V>0$에 대하여 $0\leq\nu\leq V$로 하자.

석유판매시에 따르는 할인효과를 고려하여 할인율을 $r>0$라 하자. 항상 1시설이 가동한다고 가정하고, 각 시설의 초기매시산출량 ν_i $(i=1, 2, \cdots)$의 어느 정도를 사용하면 좋을까, 시설의 대체 시기 t_i $(i=1, 2, \cdots)$를 어떤 식으로 결정하면 좋을까 하는 문제를 석유판매의 총이득을 목적함수로 해서, 그 최대화문제를 생각하자. 각 시설에서 산출되는 석유에 관한 Fuzzy 초기문제 (2.2)의 해를 x_i $(i=1, 2, \cdots)$라 하고 $\mathcal{T}=\{t_1 : i=1, 2, \cdots\}$은 시설대체시기 t_i의 점렬이고, $0\leq t_i<t_{i+1}$라 하자. $\mathcal{V}=\{\nu_i : i=1, 2, \cdots\}$은 시각 t_i에 건설된 시설의 매시산출량이고, $0\leq\nu_i\leq V$라 하자. 그때 총이득을 의미하는 목적함수는

$$J(\mathcal{T}, \mathcal{V}) = \sum_{i=1}^{\infty}\left[\int_{t_i}^{t_{i+1}} Px_i(t-t_i)e^{-r(t-t_i)}dt - f(\nu_i)\right]e^{-rt_i}$$

로 얻어진다. 다음 절에서 $J(\mathcal{T}, \mathcal{V})$의 최대화문제를 취급한다.

3. L 퍼지 최적화문제의 실최적해와 실최적값

이 절에서는 L Fuzzy 최적화(최대화, 최소화)문제

$$\text{minimize } f(z) \text{ subject to } z \in \mathcal{C}_\lambda^\delta \tag{3.9}$$

는 실수의 최적값이 실수의 최적해로 주어지는 것을 의미한다. $X \subset \mathcal{F}_L^\infty$ 라 하고 L Fuzzy 함수 $f, g_j : X \to \mathcal{F}_L$을 생각하자. 실행가능집합은

$$\mathcal{C}_\lambda^\delta = \{z = (z_1, z_2, \cdots) : g_j(z) \preceq_\lambda (0, \delta_j)_L \quad (j = 1, 2, \cdots)\}$$

라고 두자. $0 \le \lambda \le 1$은 전순서관계를 결정하는 파라미터이고, $\lambda = 0$인 경우 순서(대소)는 Fuzzy수 사이의 센터를 비교해서, $\lambda = 1$인 경우는 (센터)+(폭) 또는 (센터)−(폭)의 대소관계를 비교한다. 또 $\delta = (\delta_1, \delta_2, \cdots)$, $\delta_j \ge 0 \ (j = 1, 2, \cdots)$이다. $(0, \delta_j)_L$은 센터 0, 폭 δ_j인 L Fuzzy수이다($j = 1, 2, \cdots$).

L 최적화문제 (3.9)의 최적해 $z^* \in \mathcal{C}_\lambda^\delta$이란

$$f(z^*) = \min\{f(z) : z \in \mathcal{C}_\lambda^\delta\}$$

인 것이다. 그 해법을 논의하기 위해 다음과 같은 Fuzzy수 $z \in \mathcal{C}_\lambda^\delta$의 센터 z_c에 주목해서 실수형 최적화문제를 생각하는 것이 유효하다.

$$\text{minimize } f(z) \text{ subject to } z \in \mathcal{C}_\lambda^\delta \cap \mathbf{R} \tag{3.10}$$

위 (3.10)의 최적해를 $f_0^* \in \mathbf{R}$라 하자. 즉, L 퍼지 최적화문제 (3.9)의(L 퍼지수의) 실행가능집합을 실수로 제한한 경우의 최적해가 f_0^*이다.

$$f_0^* = \min_{z_c \in \mathcal{C}_\lambda^\delta \cap \mathbf{R}} f(z_c)$$

다음 보제에서는「임의의 실수 $f^* \in \mathbf{R}$은, 실수가 아닌 L Fuzzy 수와 같아지는 경우는 없다. 즉, 랜덤퍼지맥스 (전)순서관계에 의한 대소비교를 하는 경우, 실수는 폭이 0이 아닌 L Fuzzy수와는 같지 않다」라는 것을 의미한다.

> [보제 3.1] $f^* \in \mathbf{R}$라 하자. 이 경우, $f = f^*$을 만족하는 $f \in \mathcal{F}_L \setminus \mathbf{R}$은 존재하지 않는다. 즉 $f \preceq_\lambda f^*$이고, 동시에 $f^* \preceq_\lambda f$는 성립하지 않는다.

증명 L Fuzzy수 $f = (f_c, l_f)_L$는

$$f=f^*,\quad f_c\in \mathbf{R}\quad l_f>0$$

라 한다. f의 센터는 f_c, 폭은 l_f이다. 이때 $f_c+\lambda l_f=f^*$가 성립한다. 또 $f^*\leq_\lambda f$도 성립하기 때문에 [보제 1.1] (a)에서 $l>0$에서 $f^*<f_c+\lambda l_f$이다. 즉 $f^*<f^*$가 유도된다. 이것은 불합리하기 때문에 $f\in \mathcal{F}_L\setminus R$인 f는 존재하지 않는다. ◀

상기의 보제로부터 다음의 보제가 얻어진다.

> [보제 3.2] 다음과 같이 여러 가지 최적해를 정의한다.
>
> $$f_1^\delta=\min\{f(z) : z\in \mathcal{C}_\lambda^\delta\},\qquad f_2^\delta=\min\{f(z_c) : z\in \mathcal{C}_\lambda^\delta\}\in \mathbf{R}$$
> $$f_3^\delta=\min\{f(z)_c : z\in \mathcal{C}_\lambda^\delta\}\in \mathbf{R},\quad f_0^*=\min\{f(z) : z\in \mathcal{C}_0^0\}\in \mathbf{R}$$
>
> 단, $z_c\in \mathbf{R}$, $f(z)_c\in \mathbf{R}$은 각각 z, $f(z)$의 센터라 하자. 또한 $\mathcal{C}_0^0=\mathcal{C}_\lambda^0\cap \mathbf{R}$라 둔다.
> 이 경우, f_i^δ $(i=1, 2, 3)$과 f_0^*가 존재한다면 $f_i^\delta\in \mathbf{R}$이고
>
> $$f_1^\delta=f_2^\delta=f_3^\delta\leq f_0^*$$
>
> 이 성립한다. 또한 $\delta=0$인 경우 $f_1^0=f_2^0=f_3^0=f_0^*$이다.

증명 우선 $f_2^\delta=f_3^\delta$임을 밝히자. $f(z)$의 멤버십 함수를 $\mu_{f(z)}(\xi)=L\left(\dfrac{\xi-f(z)_c}{l_{f(z)}}\right)$라 하면 $\mu_{f(z_c)}(f(z)_c)=L\left(\dfrac{0}{l_{f(z_c)}}\right)=0$이고 $f(z)_c$가 $f(z_c)$의 센터임을 알 수 있다. 따라서 $f(z_c)_c=f(z)_c$를 얻는다. 또 $f(z_c)\in \mathbf{R}$로부터 $f(z^c)=f(z)^c$이기 때문에 $f_2^\delta=f_3^\delta$이다.

다음은 $f_1^\delta=f_3^\delta$임을 밝히자. 윗 정의에서 $(f_1^\delta)_c\leq_\lambda f_1^\delta$이고, 또한 $(f_1^\delta)_c=f_3^\delta\in \mathbf{R}$이다. 이 경우, $f_3^\delta\leq (f_1^\delta)^c+\lambda l_{f_1^\delta}$이다. 여기서 $l_{f_1^\delta}>0$라 한다. f_3^δ은 (3.9)의 실최적해이므로 $f\in \mathcal{F}_L\setminus \mathbf{R}$이며, 동시에 $f=f_1^\delta$가 $f\neq f_3^\delta$를 만족하는 최적해 f는 존재하지 않는다. 따라서 $l_{f_1^\delta}=0$이 되지만 불합리하다. 따라서 $l_{f_1^\delta}=0$이 성립하고 $f_1^\delta=f_3^\delta$이다.

$\mathcal{C}_0^\delta\cap \mathbf{R}=\{z_c\in \mathbf{R} : (g_j(z))_c\leq 0,\ j\geq 1\}$이기 때문에 $f_1^\delta\leq_\lambda f_4^\delta$를 얻는다. 또 $f_1^\delta=f_2^\delta\in \mathbf{R}$이고, 또한 $f_1^4\in \mathbf{R}$에서 $f_1^\delta\leq f_4^\delta$임을 알 수 있다. 명확히 $f_1^0=f_2^0=f_3^0=f_4^0$가 성립한다. 만약, $\delta\neq 0$이면 $f_1^\delta=f_2^\delta=f_3^\delta<f_4^\delta$가 되는 예를 앞 절에서 밝혀둔 바 있다. ◀

또한 다음의 사실이 성립한다.

$$\mathcal{C}_0^0 = \{z : g_j(z) \leq_0 (0,\ 0)_L \quad (j=1, 2, \cdots)\} = \mathcal{C}_\lambda^\delta \cap \mathbf{R}$$

앞에서 기술한 보제로부터 L Fuzzy 최적화문제 (3.9)가 실행가능영역과 실수집합과의 공통부분에 관한 최적해를 가지면 그 최적치는 실수라고 말할 수 있다.

> [정리 3.3] 다음과 같이
>
> $$f^* = \min\{f(z) : z \in \mathcal{C}_\lambda^\delta\},\quad f_0^* = \min\{f(z) : z \in \mathcal{C}_\lambda^\delta \cap \mathbf{R}\}$$
>
> 가 존재하면 $f^* = f_0^*$가 성립한다.

[예 3.3] 앞 절에서 석유산출률이 지수적으로 감쇠하는 Fuzzy 미분방정식을 취급했다. 그 Fuzzy 초기값문제와 관련해서 또한 $X = \mathcal{F}_L^\infty$의 예로서, 유정시설대체문제의 해법을 소개한다. 여기서는 L Fuzzy화된 다음 목적함수 J의 최적해를 유도한다.

$$J(\mathcal{T}, \mathcal{V}) = \sum_{i=1}^{\infty}\left[\int_{t_i}^{t_{i+1}} Px_i(t-t_i)e^{-r(t-t_i)}dt - f(\nu_i)\right]e^{-rt_i}$$

단지,

$$\mathcal{T} = \{t_i : 0 \leq t_i < t_{i+1} \quad (i=1, 2, \cdots)\}$$
$$\mathcal{V} = \{\nu_i : 0 \leq \nu_i < V \quad (i=1, 2, \cdots)\}$$

이다.

실수형의 J의 해석에 관한 자세한 내용은 [43]을 참조바란다. 그러나 최적해의 존재가 보증되어지는 것은 거기서는 설명되어 있지 않다. 여기서는 다음과 같은 가정하에서 고찰한다.

가정 (A1) $t_1^* = 0$라 하자. 상수 $T > 0$가 존재하고

$$\Delta t_i = t_i - t_{i-1} \leq T \ (i=1, 2, \cdots)$$

라 하자. 최초의 시설의 건설시각을 $t_1 = 0$라 하자. 또 시설이 소모되는 것도 고려해 시설의 내구시간은 $T > 0$를 넘지 않는다.

(A2) Fuzzy수 D의 함수를 고정하고 부등식

$$\frac{P(1-e^{-(D_1(1)+r)T})}{D_1(1)+r} \geq \max_{0 \leq \nu \leq V} \frac{f(\nu)}{\nu}$$

가 성립한다고 하자. $D_1(1)$는 D의 센터이다.

시각 t_i $(i=1, 2, \cdots)$에서 건설되는 석유시설에 관해서 L Fuzzy화 되어진 초기값문제 (2.2)의 해를 파라미터 표시하고 $x_i(t)=(x_1^i, x_2^i)(t)$라 하자. $x_1^i(t, \alpha)$, $x_2^i(t, \alpha)$는 각각 시각 t에 있어서의 α-컷 집합의 좌 · 우 끝점을 표시한다. 그때, $x(t)$는 L Fuzzy 수라고는 한정할 수 없기 때문에 Fuzzy 함수 J도 Fuzzy 함수라고는 한정할 수 없다.

$$J(\mathcal{T}, \mathcal{V})=(J_1, J_2)(\mathcal{T}, \mathcal{V})$$

의 α-컷 집합에 있어서는 좌 · 우 끝점은

$$J_1(\mathcal{T}, \mathcal{V}, \alpha)=\sum_{i=1}^{\infty}\left[\int_{t_i}^{t_{i+1}} Px_1^i(t-t_i, \alpha)e^{-r(t-t_i)}dt-f(\nu_i)\right]e^{-rt_i}$$

$$J_2(\mathcal{T}, \mathcal{V}, \alpha)=\sum_{i=1}^{\infty}\left[\int_{t_i}^{t_{i+1}} Px_2^i(t-t_i, \alpha)e^{-r(t-t_i)}dt-f(\nu_i)\right]e^{-rt_i}$$

로 표시된다. J의 최대화문제를 논의하기 위해서는 D의 형함수를 고정하고, J를 L Fuzzy화해서 생각한다. 여기서는 각 L Fuzzy 수는 센터와 폭에 의해 특징지워진다(또한 여기서의 L Fuzzy화는 앞장과는 달리 오른쪽 폭을 애매성 정보로서 활용한다). $J: X \times Y \rightarrow \mathrm{F}_L$은

$$J(\mathcal{T}, \mathcal{V})=(J_1(\mathcal{T}, \mathcal{V}, 1), J_2(\mathcal{T}, \mathcal{V}, 0)-J_2(\mathcal{T}, \mathcal{V}, 1))_L$$

라 한다. 이때 L Fuzzy 수 $x=(x_1, x_2)$, $y=(y_1, y_2) \in \mathcal{F}_L$가 $x \leq_\lambda y$이면, $\lambda=1$인 경우에는 $x_2(0) \leq y_2(0)$ (서포트의 오른쪽 끝점 간의 비교)를 의미하고, $\lambda=0$인 경우 $x_1(1) \leq y_1(1)$ (센터 간의 비교)를 의미한다.

목적함수 $J_1(\mathcal{T}, \mathcal{V}, \alpha)$, $J_2(\mathcal{T}, \mathcal{V}, \alpha)$는 다음 직적집합 $X \times Y$로 정의되는 실수값함수이다.

$$X=\{\mathcal{T}=(t_1, t_2, \cdots): t_i \in \mathbf{R}, 0 \leq t_i < t_{i+1}\}$$
$$Y=\{\mathcal{V}=(\nu_1, \nu_2, \cdots): \nu_i \in \mathbf{R}, 0 \leq \nu_i \leq V\}$$

또, Fuzzy 수의 센터에 있어서의 α-컷 집합($\alpha=1$)의 좌 · 우 끝점은 일치하기 때문에

$$x_1^i(t-t_i, 1)=x_2^i(t-t_i, 1), \ J_1(\mathcal{T}, \mathcal{V}, 1)=J_2(\mathcal{T}, \mathcal{V}, 1) \ (i=1, 2, \cdots)$$

이다. [정리 3.3]에서 $J(X \times Y) \cap \mathbf{R}$에 있어서의 최대값이 존재하면 최대값은 실수값이다. 그 최대값 $\max\{J(\mathcal{T}, \mathcal{V}) \cap \mathbf{R}: X \times Y\}$의 존재를 확인하기 위해서 다음과 같은 max · max의 정

리의 확장을 응용한다. max · max 정리 [44]는 2변수 함수의 최대화를 차례로 실행해서 최대값을 유도하는 판정법이다. 그 확장은 아래와 같다.

> [정리 3.4] X와 Y는 집합이다. 함수 $g: X \times Y \to Y$에 관해서 각 $x \in X$에 있어서 $g(x, \cdot): Y \to Y$에는 $g(x, \max_{y \in y(x)} h(x, y))$가 존재하고 $g(x, h(x, y)) \leq g(x, \max_{y \in y(x)} h(x, y))$라 하자. 여기서 함수 $y(\cdot): X \times 2^Y$를 집합값함수(set-valued mapping)라 하자. 점 $x \in X$에 집합 $y(x) \subset Y$가 대응한다. 2^Y는 Y의 멱집합이라 한다. $G(y) = \{(x, y) \in X \times Y : x \in X, y \in y(x)\}$라 놓고 함수 $h: G(y) \to Y$는
>
> $$\max_{x \in X} g(x, \max_{y \in y(x)} h(x, y)) \quad (= c\text{라 놓는다})$$
>
> 가 존재한다고 한다. 이 경우 최대값 $\max_{x \in X, y \in Y} g(x, h(x, y))$가 존재하고
>
> $$c = \max_{x \in X, y \in Y} g(x, h(x, y))$$
>
> 가 성립한다.

앞의 정리에서 $Y = \mathbf{R}$인 경우 max · max 정리 [44]가 얻어진다. max · max 정리의 확장을 응용하면, [43]에서 설명하지 않은 [예 3.3]의 최적해의 존재조건이 유도된다. 이하에서는 실수형의 목적함수 $J: X \times Y \to \mathbf{R}$에 관해서 최적해의 존재성을 보증하는 정리를 설명한다.

> [정리 3.5] 가정 $(A1-A2)$ 아래에서 다음 결론 (1)과 (2)가 성립한다.
>
> (1) 최적해의 쌍
>
> $$\mathcal{T}^* = \{t_i^* : i = 1, 2, \cdots\}, \ \mathcal{V}^* = \{\nu_i : i = 1, 2, \cdots\}$$
>
> 가 존재하고, 실최적값
>
> $$\max_{(\mathcal{T}, \mathcal{V}) \in X \times Y} J(\mathcal{T}, \mathcal{V}) = J(\mathcal{T}^*, \mathcal{V}^*) \in \mathbf{R}$$
>
> 가 주어진다.
>
> (2) 특히

$$\backslash t_1^* = 0,\ t_2^* = t_{i+1}^* - t_1^*,\ \nu_1^* = \nu_1^* \in \mathbf{R}\ \ (i = 1, 2, \cdots)$$

가 된다. 지금, $T = t_2^*$, $\nu = \nu_1^*$라 놓으면 실최적값은

$$J(\mathcal{T}^*, \mathcal{V}^*) = \frac{\nu}{1 - e^{-rT}} \left[\frac{P(1 - e^{-(D+r)T})}{D+r} - \frac{f(\nu)}{\nu} \right]$$

가 된다.

증명 다음과 같이 놓는다:

$$J(\mathcal{T}, \mathcal{V}) \qquad = g(\mathcal{T}, \mathcal{V}) = \sum_{i=1}^{\infty} h(t_{i+1}, t_i, \nu_i) e^{-rt_i},$$

$$h(t_{i+1}, t_i, \nu_i) = \frac{P(1 - e^{-(D+r)(t_{i+1} - t_i)}) \nu_i}{D+r} - f(\nu_i)$$

또한

$$X = \{\mathcal{T} = \{t_1, t_2, \cdots\}\},\ Y = \{\mathcal{V} = \{\nu_1, \nu_2, \cdots\}\}$$

라 하자. 이 경우, $\mathcal{T} \in X$에 대해서

$$\max_{\mathcal{V} \in Y(\mathcal{T})} h(t_{i+1}, t_i, \nu_i) = \left[\frac{P(1 - e^{-(D+r)(t_{i+1} - t_i)}) \nu_i}{D+r} - f(\nu_i^*) \right] e^{-rt_i}$$

을 얻는다. 여기서

$$Y(\mathcal{T}) = \left\{ \mathcal{V}^* = \{\nu_1^*, \nu_1^*, \cdots\} : \nu_i^* = \min(V, \bar{\nu}_i), \text{or } f'(\bar{\nu}_i^*) = \frac{P(1 - e^{-(D+r)(t_{i+1} - t_i)})}{D+r} \right\}$$

이다. 또한 $\mathcal{T}^* = \{t_i^*\}$는 $T = t_{i+1}^* - t_i^* = t_2^*$라 하자. 그러면

$$f'(\bar{\nu}_i^*) = \frac{P(1 - e^{-(D+r)T})}{D+r},\ \ \nu_i^* = \nu_{i+1}^*\ \ (i \geq 1)$$

가 된다. max · max 정리의 확장으로부터

$$\begin{aligned} &\max_{\mathcal{T} \in X,\ \mathcal{V} \in Y(\mathcal{T})} J(\mathcal{T}, \mathcal{V}) \\ &= g(\mathcal{T}^*, \mathcal{V}^*) \\ &= \max_{\mathcal{T} \in X,\ \mathcal{V} \in Y} g(\mathcal{T}, \mathcal{V}) \end{aligned}$$

$$= \frac{\nu}{1-e^{-rT}} \left\{ \frac{P(1-e^{-(D+r)}T)}{D+r} - \frac{f(\nu)}{\nu} \right\}$$

를 얻는다. ◀

끝으로 max · max 정리의 확장정리를 응용해서 fuzzy 감쇠적인 유전시설교체문제에 관한 최적화판정법을 소개한다. 목적함수는 L Fuzzy 수치의 함수

$$J(\mathcal{T}, \mathcal{V}) = (J_1(\mathcal{T}, \mathcal{V}, 1), J_2(\mathcal{T}, \mathcal{V}, 0) - J_2(\mathcal{T}, \mathcal{V}, 1))_L$$

을 생각한다. $J_1(\mathcal{T}, \mathcal{V}, 1)$, $J_2(\mathcal{T}, \mathcal{V}, 0) - J_2(\mathcal{T}, \mathcal{V}, 1)$는 각각, $J(\mathcal{T}, \mathcal{V})$의 센터, 오른쪽 폭이다. 유전방정식 $\frac{dC}{dt} = -DC$의 감쇠계수 $D=(D_1, D_2)$는 L Fuzzy 수로 가정하고 있다. 그 형 함수에 대해서 목적함수 J의 최적화를 검토하고 최대치 $J(\mathcal{T}^*, \mathcal{V}^*)$와 최적해 $\mathcal{T}^*$, $\mathcal{V}^*$를 구하는 것이 목표이다. 최대값 $J(\mathcal{T}^*, \mathcal{V}^*)$는 L Fuzzy 수로 구하는 것인데, 자세한 설명은 다음 기회로 돌린다.

만약 최대값이 실수이면 아래의 기술과 같은 최대값이 쉽게 얻어지는 것을 설명하고 제2장을 마치겠다.

[정리 3.6] L Fuzzy 함수 $J : X \times Y \to \mathcal{F}_L$에 관해서 최적값 $\max_{(\mathcal{T}, \mathcal{V}) \in X \times Y} J(\mathcal{T}, \mathcal{V})$는 존재하고, 실수라고 가정한다. 이 경우

$$t_1^* = 0,\ t_2^* = t_{i+1}^* - t_i^*,\ \ \nu_1^* = \nu_1^* \in \mathbf{R}\ \ (i = 1, 2, \cdots)$$

특히, $T = t_2^*$, $\nu = \nu_1^*$라 두면 실최적값은

$$J = J(\mathcal{T}^*, \mathcal{V}^*) = \int_0^T P\nu e^{-(D+r)t} dt - f(\nu) + Je^{-rT}$$

즉, 최적값은

$$J = \frac{\nu}{1-e^{-rT}} \left[\frac{P(1-e^{-(D+r)T})}{D+r} - \frac{f(\nu)}{\nu} \right]$$

가 된다. 또한 $D = D_1(1)$이다.

참고문헌

[1] M. L. Puri, D. A. Ralescu, 「Differential of Fuzzy Functions」, J. Mathematical Analysis and Application, Vol. 91, p. 552-558(1983).

[2] R. Horst, P. M. Pardalos and N. V. Thoai "Introduction to Global Optimization", Kluwer Academic Press Publ(1995).

[3] 高橋渉, 『距離空間と位相空間』, 横浜図書(2001).

[4] H. Tuy, "Convex Analysis and Global Optimization", Kluwer Academic Publ(1998).

[5] 石井博昭, 坂和正敏, 岩本誠一, 『ファジィ OR』, 朝倉出版(2001).

[6] 中島信之, 竹田英二, 石井博昭, 『ファジィ 理論入門』, 裳華房(1994).

[7] 日本ファジィ学会編, 講座ファジィ『ファジィ 集合』, 日刊工業新聞社(1993).

[8] 西田俊夫, 田畑吉雄編, 『現代OR入門』, 現代教学社(1995).

[9] 坂和正敏, 石井博昭, 西崎一郎, 『ソフト最適化』, 朝倉書店(1995).

[10] 古川長太, 『ファジィ 最適化の数理』, 森北出版(1999).

[11] Jr. R. Goetschel, W. Voxman, "Topological Properties of Fuzzy Numbers", Fuzzy Sets and Systems, Vol. 9, p. 87-99(1983).

[12] Jr. R. Goetschel, W. Voxman, "Elementary Fuzzy Calculus", Fuzzy Sets and Systems, Vol. 18, p. 31-43(1986).

[13] 坂和正敏, 数理計劃法の基礎, 森北出版(1999).

[14] 坂和正敏, 『ファジィ 理論の基礎と応用』, 森北出版(1989).

[15] 河田敬義, 三村征雄, 『現代数学概説 II』, 岩波書店(1965).

[16] コルモゴロフ, フォミーソ著, 山崎三郎, 柴岡泰光訳, 『函数解釈の基礎(原書 第4判) 上』, 岩波書店(1979).

[17] 田邊広城, 『函数解釈(上)』, 実教出版(1983).

[18] V. Lakshmikanthan and R. N. Mohapatra : "Theory of Fuzzy Differential Equations and Inclusions", Taylor & Francis(2003).

[19] 山中健, 『フレツシコ微分の理論とその応用』, 東海大学出版会(1992).

[20] D. Dubois, H. Prade, "Operations on Fuzzy Numbers", Internat. J. of Systems Vol. 9, p. 613-626(1978).

[21] D. Dubois, H. Prade, "Towards Fuzzy Differential Calculus Part I : Integration of

Fuzzy Mappings", Fuzzy Sets and Systems, Vol. 8, p. 1–17(1982).

[22] D. Dubois, H. Prade, "Towards Fuzzy Differential Calculus Part Ⅱ : Integration of Fuzzy Intervals", Fuzzy Sets and Systems, Vol. 8, p. 105–116(1982).

[23] D. Dubois, H. Prade, "Towards Fuzzy Differential Calculus Part Ⅲ : Differentiation", Fuzzy Sets and Systems, Vol. 8, p. 225–233(1982).

[24] R. J. Aumann, "Integrals of Set–valued Fucntions", J. of Math. Anal. Appl., Vol. 12, p. 1–12(1965).

[25] O. Kaleva, "Fuzzy Differential Equations", Fuzzy Sets and Systems, Vol. 24, p. 301–317(1987).

[26] O. Kaleva, "The Cauchy Problem for Fuzzy Differential Equations", Fuzzy Sets and Systems, Vol. 35, p. 389–396(1990).

[27] M. L. Puri, D. A. Ralescu, "Fuzzy Random Variables", J. Mathematical Analysis and Applications, Vol. 114, p. 409–422(1986).

[28] J. Y. Park, H. K. Han, "Fuzzy Differential Equations", Fuzzy Sets and Systems, Vol. 110, p. 69–77(2000).

[29] S. Song, C. Wu, "Existence and Uniqueness of Solutions to Cauchy Problem of Fuzzy Differential Equations", Fuzzy Sets and Systems, Vol. 110, p. 55–67(2000).

[30] T. A. Burton, "Existence and Uniqueness of Periodic Ordinary Diffemetial Equations and Differential Integral Equations", Academic Press(1985).

[31] D. R. Smart, "Fixed Point Theorems", Cambridge Press(1980).

[32] A. G. Kartsatos, "Advanced Differential Equations", Mariner(1980).

[33] S. Saito, "Qualitative Approaches to Boundary Value Problems of Fuzzy Differential Equations by Theory of Ordinary Differential Equations", J. Nonlinear and Convex Analysis, Vol. 5, No. 1(2004).

[34] S. Seikkala, "On Fuzzy Initial Problems", Fuzzy Sets and Systems, Vol. 24, p. 319–330(1987).

[35] R. D. Driver, "Ordinary and Delay Differential Equations", Springer - Verlarg(1977).

[36] 山本稔, 『常微分方程式の安定性』, 実教出版(1979).

[37] S. Saito, "On Some Topics of Fuzzy Differential Equations and Fuzzy Optimization Problems via a Parametric Representation of Fuzzy Numbers", "Differential Equations and Applications, Vol. 3", Nova Science Publishers, Inc(2004).

[38] P. Diamond, "Time–Dependent Differential Inclusions, Cocycle Attractors and

Fuzzy Differential Equations", IEEE Trans. on Fuzzy Systems, Vol. 7, No. 6, p. 734–740(1999).

[39] P. Diamond, "Stability and Periodicity in Fuzzy Differential Equations", IEEE Trans. on Fuzzy Systems, Vol. 8, No. 5, p. 583–590(2000).

[40] E. Hüllermeier, "An Approach to Modeling and Simulation of Uncertain Dynamical Systems", J Uncertainty, Fuzziness, Knowledge–based Systems, Vol. 5, p. 117–137(1997).

[41] J. P. Aubin and A. Celina, "Differential Inclusions", Springer - Verlag(1984).

[42] R. T. Rockafellar, *Convex Analysis*, Princeton Univ, Press(1970).

[43] S. P. Sethi, G. L. Thompson and V. Udayabhanu, "Profit Maximization Models for Exponential Decay Processes", European J. OR, Vol. 22, p. 101–115(1985).

[44] 岩本誠一, 『動的計劃論』, 九州大学出版(1987).

제 3 부

불확실·불확정인 경우의 의사결정

여기까지는 확률적 또는 애매함이 포함된 데이터를 어떻게 처리하는가의 기초적 이론이 주가 되었었는데 여기서는 이러한 상황에서의 의사결정 모델의 소개와 확률적, 애매함 양쪽이 존재하는 경우의 의사결정에 대하여 생각해 나간다. 일상의 세계에서는 확률적 현상과 애매한 것은 구별하지 않고 약간 루즈하게 사용되고 있는 일도 많다. 가령, 몇 %의 확률로 바르다고 하는 사용법이 있다. 정확도와 확률을 혼돈해서 쓰고 있는 예도 있고, 이 경우는 어느 쪽인가 하면 애매성을 의미한다. 정보의 부족에 의한 애매성도 있다. 이 두 개념의 차이를 나타내는 예로서 잘 쓰이고 있는 것이 한스의 계란이다. 한스는 매일 계란을 먹는 것이 통계적으로 몇 개의 계란을 먹는가가 확률적이고, 무리없이 몇 개를 먹을 수 있는가가 가능성이다. 이들 확률과 가능성을 맺는 것이 정보이다.

옛부터 사람들은 정보를 이용해서 의사결정을 해왔다. 단, 정보를 전달하는 수단이나 속도는 오늘날만큼은 발달하고 있지 않았기 때문에 연기신호나 편지를 전하는 비둘기라든가 자연의 힘을 이용하여 왔다. 그 후부터 수기 신호라든가 발달해 온 전화나 몰스 신호를 지나 현재의 휴대전화의 시대가 도래했다. 그러나 불확실, 불확정의 정보는 빨리 전하게 되었으나, 정보의 변화에 걸리는 시간은 변하지 않았다. 그 결과 의사결정이 "리스크"가 있는 상황에서 이루어지지 않으면 안되고, 이 점에서 데이터를 잘 분석해서 의사결정하는 것이 중요하다. 특히 이산적인 결정이 상황의 변화에 의하여 극적으로 영향을 받기 쉽다. 또, 확률적 변동 또는 퍼지성이 있는 경우에 이산적 결정이 필요한 상황은 지금까지 고찰되어 있지 않았기 때문에 우선 이 경우를 소개한다.

1. 이산적인 결정이 필요한 경우

이산적인 결정은 연속적인 결정보다도 실생활에서 많고 또, 환경의 변화에 민감하다. 연속적이란 말에서 해가 돌연 격변하지는 않으리라고 생각된다. 우선 확률변동하는 요소가 포함되고 있는 경우의 의사결정을 생각하자.

점과 가지로 되는 구조, 그래프(graph) $G=(V,E)$를 생각한다. 여기서, $V=\{v_1, v_2, \cdots, v_n\}$는 점집합, $E=\{e_1, e_2, \cdots, e_m\}\subseteq V\times V$는 점과 점을 맺는 가지의 집합이다. 통신망의 설계에서는 V는 통신기지의 집합, E는 통신 가능한 회신건설후보의 집합이 된다. 그래프 G가 다음의 등가인 세 조건의 하나를 만족할 때 트리(tree)라고 한다.

[정의 1] (Ⅰ) 폐로를 갖지 않은 연결 그래프가 있다. (Ⅱ) 변의 개수가 점의 개수보다 1개 적은 연결그래프이다. (Ⅲ) 어느 두 점도 유일한 단순경로에 의하여 연결되는 그래프이다.

여기서 **단순경로**(simple path)란 [그림 1]의 그래프상에서, 점선으로 나타낸 v_1에서 v_4에의 e_1, e_2, e_3을 지나가는 경우와 같이 어느 점, 어느 변도 많아도 1회 지나서, 어느 점에서 어느 점으로 가는 길을 나타낸다. **폐로**(circuit)란 [그림 1]에서 변 e_2, e_{10}, e_5가 나타내는 것처럼 최초와 최후의 점이 같이 닫혀진 경로인 길이다. 그래프 G에서 어느 두 점 간에도 기본경로가 존재할 때, 연결(connected)이라 한다. [그림 1]은 **연결그래프**(connected graph)이다.

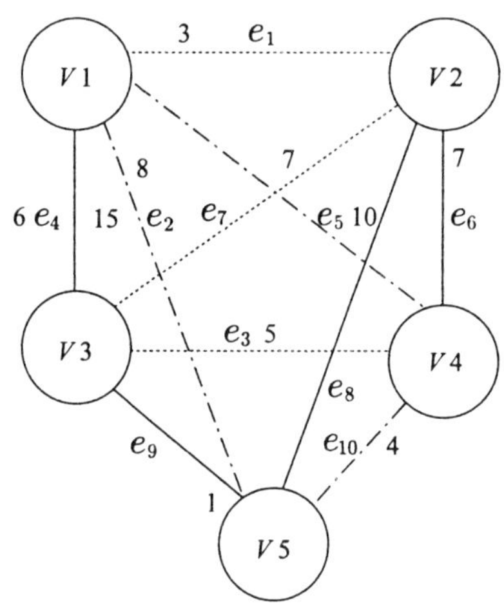

[그림 1] 그래프 단순경로(점선), 폐로(쇄선)의 보기

[정의 2] 연결그래프 G에 대한 **생성트리**(spanning tree, 이하 ST로 약한다)란 트리가 되는 G의 부분그래프이다. 여기서 **부분그래프**(subgraph)란 점집합은 G와 동일하고 변집합이 G의 변집합 E의 부분집합으로 되는 그래프를 말한다.

$G=(V, E)$를 점의 개수 n, 변의 개수 m의 연결그래프라 하고, 각 변 e_i에는 코스트 c_i가 부수되고 있다. 가령 [그림 1]의 각 변 e_1, e_2, $\cdots$, e_{10}에 대하여 그의 변의 옆의 수치가 코스트이다.

최소 생성트리문제(minimum spanning tree problem)는 생성트리 가운데 그것에 속하는 변의 코스트의 합이 최소가 되는 것을 구하는 문제이다. [그림 1]에서는 e_1, e_4, e_9, e_{10}으로 되는 아래의 생성트리가 **최소 생성트리**(minimum spanning tree)가 된다. 이후, 최소 생성트리문제를 SP, 대응하는 최소 생성트리를 SST로 약하기로 한다. SP는 여러 가지 응용을 갖는 동시에 여러 가지 문제를 푸는 경우의 부분문제 또는 근사값을 구하는데 유익하다. 또, 조합 최적화의 우등생으로 SP는 여러 가지 알고리즘으로 효율적으로 풀 수 있으나 여기서는 Kruskal([1])의 알고리즘을 소개한다.

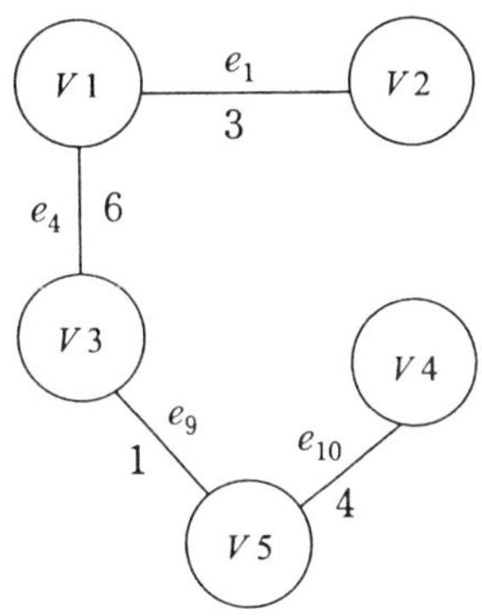

[그림 2] 최소생성트리

• Kruskal의 알고리즘

step 1 : G의 변을 코스트의 작은 순으로 나열한 리스트 L을 만든다. 또 $T=(V, \phi)$로 하여 step 2로 간다.

step 2 : 리스트 L에 남아 있는 최초의 변에서 검색해서, T에 부가한 폐로를 만들지 않으면 T에 부가하여 L에서 제외한다. 그렇지 않으면 L에서 단순히 제외한다. 이 조작을 반복하여, $(n-1)$개의 변이 T에 부가될 때까지 계속한다. 이 시점에서의 T를 SST로 하고 stop한다.

[그림 1]의 그래프에 Kruskal의 알고리즘을 적용하면, e_9, e_1, e_{10}, e_4의 순서로 변이 선정되어 [그림 2]의 생성트리를 얻고, 이것이 최소 생성트리가 된다. 각 점이 기지이고, 변이 기지를 연결하는 통신회선이라 하면 최소생성트리는 최소의 경비로 각 기지 간을 연결하는 회선망이 된다. 통상 이와 같은 회선망을 건설하는 경우에는 그 경비는 계획단계에서는 확정되어 있지 않아서 확률변동 또는 애매성을 갖고 있다. 여기서는 우선 경비가 확률적으로 변동하는 경우를 생각한다. 이 경우 되도록 예산 내에 건설경비가 들어

맞도록 회선망인 생성트리를 구성하는 아래의 *SSP* 문제를 생각한다.

SSP : $f \to$ 최소

$$\text{조건} \quad \Pr\left(\sum_{j=1}^{m} c_j x_j \le f\right) \ge \alpha, \quad x_j = 0 \text{ 또는 } 1,\ j = 1, \cdots, m$$

$$\mathbf{x} = (x_j) : \text{생성트리}$$

여기서 $\mathbf{x} = (x_j)$: 생성트리는 $x_j = 1$은 e_j가 생성트리의 변으로서 선정되고 있는 것을 나타내고, $x_j = 0$은 선정되고 있지 않는 것을 나타낸다면 선정된 변과 점집합이 생생트리가 된다는 조건을 나타내고 있다. $\Pr\left(\sum_{j=1}^{m} c_j x_j \le f\right) \ge \alpha$이라는 조건은 생성트리로서 선정된 변의 비용의 합 $\sum_{j=1}^{m} c_j x_j$이 예산 f를 넘지 않을 확률이 α 이상으로 하지 않으면 안된다는 조건으로 이것은 **기회제약조건**(chance constraint)이라 한다. 지금 비용 c_j가 각각 독립으로 정규분포 $N(m_j,\ \sigma_j^2)$에 따르는 확률변수라 할 때, 정규분포의 재생성에서 $\sum_{j=1}^{m} c_j x_j$은 정규분포 $N\left(\sum_{j=1}^{m} m_j x_j,\ \sum_{j=1}^{m} \sigma_j^2 x_j^2\right)$에 따르는 확률변수가 된다. 따라서

$\dfrac{\sum_{j=1}^{m} c_j x_j - \sum_{j=1}^{m} m_j x_j}{\sqrt{\sum_{j=1}^{m} \sigma_j^2 x_j^2}}$는 표준정규분포 $N(0, 1)$에 따르는 조건

$$\Pr\left(\sum_{j=1}^{m} c_j x_j \le f\right) \ge \alpha \Leftrightarrow$$

$$\Pr\left(\frac{\sum_{j=1}^{m} c_j x_j - \sum_{j=1}^{m} m_j x_j}{\sqrt{\sum_{j=1}^{m} \sigma_j^2 x_j^2}} \le \frac{f - \sum_{j=1}^{m} m_j x_j}{\sqrt{\sum_{j=1}^{m} \sigma_j^2 x_j^2}}\right) \ge \alpha \Leftrightarrow \frac{f - \sum_{j=1}^{m} m_j x_j}{\sqrt{\sum_{j=1}^{m} \sigma_j^2 x_j^2}} \ge K_\alpha$$

여기서 K_α는 표준정규분포에서의 분포함수를 $F(\cdot)$로 해서 $K_\alpha = F^{-1}(\alpha)$ 되는 값을 나타내고 있다.

기회제약조건에서는 성립하는 확률은 최저 50% 이상이어야 되므로 $1 - \alpha \le 0.5$ 되는 것에서 $K_\alpha \ge 0$으로 가정된다. $x_j = 0$ 또는 1이므로, $x_j^2 = x_j$가 되고, 결국 상기 기회제약조건은 다음과 같은 **결정론적 등가조건**(deterministic equivalent constraint)

$$f \geq \sum_{j=1}^{m} m_j x_j + K_\alpha \sqrt{\sum_{j=1}^{m} \sigma_j^2 x_j}$$

이 된다. 따라서 *SSP*는 아래의 문제 *SSPD*와 등가가 된다.

$$\textbf{\textit{SSPD}} : \sum_{j=1}^{n} m_j x_j + K_\alpha \sqrt{\sum_{j=1}^{n} \sigma_j^2 x_j} \rightarrow \text{최소}$$

$$\text{조건} \quad x_j = 0 \text{ 또는 } 1,\ j = 1, \cdots, n$$

$$\mathbf{x} = (x_j) : \text{생성트리}$$

*SSPD*는 아래와 같은 부분문제 *SSPD*(*R*)를 써서 풀 수 있음을 밝히자.

$$\textbf{\textit{SSPD}}(R) : R \sum_{j=1}^{n} m_j x_j + K_\alpha \sum_{j=1}^{n} \sigma_j^2 x_j \rightarrow \text{최소}$$

$$\text{조건} \quad x_j = 0 \text{ 또는 } 1,\ j = 1, \cdots, m$$

$$\mathbf{x} = (x_j) : \text{생성트리}$$

*SSPD*의 최적해를 x^*, *SSPD*(*R*)의 최적해를 $x^*(R)$라 할 때 다음 관계가 성립한다(증명은 [2, 3]를 보라).

> [정리 1] $D^* \sqrt{\sum_{j=1}^{m} \sigma_j^2 x_j^*}$라 놓을 때 $x^*(2D^*)$는 *SSPD*의 최적해 x^*가 된다.

SSPD(*R*)는 변의 코스트가 $Rm_j + K_\alpha \sigma_j^2$일 때의 최소 생성트리를 구하는 문제이다. 정리 1에서, 모든 *R*에 관하여 최소 생성트리를 구하여 그 안에서 $\sum_{j=1}^{m} m_j x_j + K_\alpha \sqrt{\sum_{j=1}^{m} \sigma_j^2 x_j}$를 최소로 하는 생성트리가 원문제 *SSPD*의 최적해가 된다. 다행히도 *R*이 변해도 최소 생성트리는 Kruskal의 알고리즘에서 알 수 있듯이 변의 코스트의 순번이 변하지 않는 범위에서는 같으므로, *R*을 아래와 같이 유한 개의 부분구간으로 나누어서 구한 각 부분구간에서의 최적해를 검토하면 된다.

그러기 위하여 우선 각 $i \neq j$에 대하여 $Rm_i + K_\alpha \sigma_i^2 = Rm_j + K_\alpha \sigma_j^2$가 된다. $R =$

$K_\alpha \dfrac{\sigma_j^2 - \sigma_i^2}{\mu_i - \mu_j}$ (= R_{ij}라 놓는다)를 구한다. 다음에 $2\sqrt{m_D} \le R_{ij} \le 2\sqrt{M_D}$ 되는 R_{ij}를 분류한다. (여기서 m_D는 변의 코스트가 $\sigma_1^2, \sigma_2^2, \cdots, \sigma_m^2$일 때의 최소 생성트리의 코스트 합, M_D는 동최대 생성트리일 때의 코스트 합이다. 최대 생성트리는 Kruskal의 알고리즘에서 큰 차례로 변을 선정해 나가면 되므로 본질적으로 마찬가지로 구성된다.) 그 결과를

$$R_0 \triangleq 2\sqrt{m_D} < R_1 < R_2 < \cdots < R_l < R_{l+1} \triangleq 2\sqrt{M_D}$$

(l은 위 범위에서의 서로 다른 R_{ij}의 개수)라 하자. 다음에 부분구간 $[R_k, R_{k+1}]$, $k = 0, 1, \cdots, l$을 구성한다. 각 부분 구간의 중점 $R = (R_k + R_{k+1})/2$에서의 $SSPD(R)$의 최적 생성트리 $\mathbf{x}^{(k)} = (x_j^{(k)})$를 구하여 그 안에서 $\sum_{j=1}^{m} m_j x_j^{(k)} + K_\alpha \sqrt{\sum_{j=1}^{m} \sigma_j^2 x_j^{(k)}}$ 를 최소로 하는 것을 $SSPD$의 최적해로 한다.

다음 보기에서 이런 것을 설명하자.

[보기 1] [그림 3]에서 주어진 그래프를 생각하자. 여기서 각 변의 코스트는 아래의 정규분포에 따라서 독립으로 변동한다 하자.

$e_1 \sim N(16, 0.6)$, $e_2 \sim N(49/3, 0.1)$, $e_3 \sim N(14, 1.0)$, $e_4 \sim N(44/3, 0.7)$,
$e_5 \sim N(15, 0.2)$, $e_6 \sim N(43/3, 0.2)$, 또한 $\alpha = 0.95$라 하자.

이 경우 $K_\alpha = 1.64$. 부분문제

$$e_1 : 16R + 0.984,\ e_2 : 49R/3 + 0.164,\ e_3 : 14R + 1.640$$
$$e_4 : 44R/3 + 1.148,\ e_5 : 15R + 0.328,\ e_6 : 43R/3 + 0.328$$

또, $R_{12} = 2.46$, $R_{13} = 0.328$, $R_{14} = 0.123$, $R_{15} < 0$, $R_{16} < 0$

$R_{23} = 0.633$, $R_{24} = 0.590$, $R_{25} = 0.123$, $R_{26} < 0$, $R_{34} = 0.738$

$R_{35} = 1.312$, $R_{36} = 3.936$, $R_{45} = 2.46$, $R_{46} < 0$, $R_{56} = 0$이고, m_D, M_D는 각 변의 코스트를 분산의 값, 즉 $e_1 : 0.6$, $e_2 : 0.1$, $e_3 : 1.0$, $e_4 : 0.7$, $e_5 : 0.2$, $e_6 : 0.2$로 하여 각각 최소 생성트리, 최대 생성트리를 구하면 된다. 이 경우 e_2, e_5, e_6가 최소 생성트리를 구성하는 변이고, e_3, e_4, e_5가 최대 생성트리를 구성하는 변이 된다. 따라서

$$m_D = 0.1 + 0.2 + 0.2 = 0.5 \rightarrow 2\sqrt{m_D} = 1.414$$
$$M_D = 1 + 0.7 + 0.2 = 1.9 \rightarrow 2\sqrt{M_D} = 2.757$$

이 되므로, 이 사이에 있는 R_{ij}를 분류하여 그의 결과는

$$R_0 = 1.414 < R_1 (= R_{12} = R_{45}) = 2.46 < R_2 = 2.757, \quad l = 1$$

이 된다. 부분구간으로서는 [1.414, 2.46], [2.46, 2.757]를 생각한다. 최초의 구간의 중점에서는 변의 코스트는 작은 쪽에서 e_3, e_6, e_5, e_4, e_2, e_1이 되므로 이 구간에서의 최소 생성트리는 변 e_3, e_5, e_6으로 구성되고, 그 경우의 원 문제에서의 코스트의 총합은 $130/3 + 1.64\sqrt{1.4} = 45.273$이 된다. 한편 두 번째 구간의 중점에서의 변의 코스트는 작은 쪽에서 e_3, e_6, e_4, e_5, e_1, e_2가 되므로, 최소 생성트리의 변은 e_3, e_4, e_6으로 구성되는 생성트리가 된다.

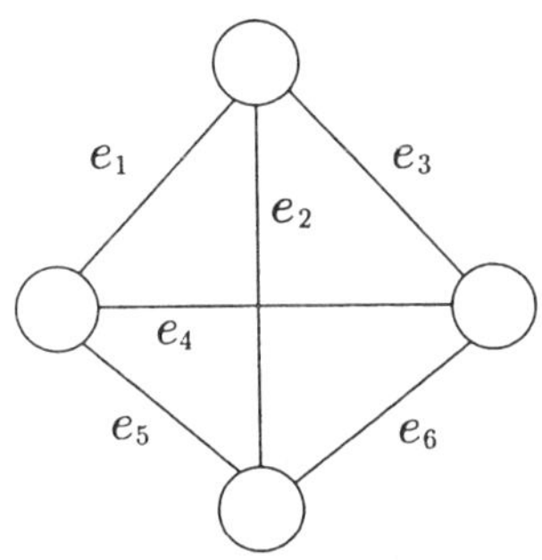

[그림 3] 확률적 생성트리 문제의 예의 네트워크

다음에 같은 생성트리문제에서 변의 코스트에 애매성이 포함되는 경우를 생각한다.

통신 네트워크의 구성에서 기지 간의 케이블 등의 건설비는 계획단계에서는 정확히는 알 수 없으므로 대개 얼마 정도로 추정한다. 그러나 전체의 건설비는 되도록 절약하고 싶다. 여기서 아래와 같은 *SFP*를 생각한다.

$$\boldsymbol{SFP}: \sum_{j=1}^{m} c_j x_j \rightarrow \text{최소}$$

$$\text{조건} \quad x_j = 0 \text{ 또는 } 1,\ j = 1, \cdots, m \quad \mathbf{x} = (x_j) : \text{생성트리}$$

단, $\mathbf{c} = (c_1, c_2, \cdots, c_m)^t$ (t는 전치)는 **가능성분포**(possibility distribution) **C에서 규정된 가능성변수벡터(퍼지수벡터)**(possibility variable vector)이다. 가능성분포는 다음과 같은 멤버십 함수로 나타내진다 하자.

$$\mu_C(\mathbf{c}) = L((\mathbf{c}-\mathbf{d})^t U^{-1}(\mathbf{c}-\mathbf{d}))$$

여기서, $\mathbf{d}=(d_1, d_2, \cdots, d_m)^t$, U는 대각양정치행렬

$L:[0, +\infty]\to[0, 1]$, $L(0)=1$에서 상반연속(upper sem-continuous) 비증가함수라 하자. 목적함수 $\sum_{j=1}^{m} c_j x_j \to$ 최소는 $-\sum_{j=1}^{m} c_j x_j \to$ 최대와 마찬가지이므로 후자는 $y=-\sum_{j=1}^{m} c_j x_j$로 하여 그의 가능성분포 Y를 생각하면 다음 정리 2에서 멤버십함수 $\mu_Y(y)= L\left(\frac{(y+\mathrm{d}^2\mathrm{x})^2}{\mathrm{x}^t U\mathrm{x}}\right)$로 규정된다.

[정리 2] $y=-\mathbf{c}^t\mathbf{x}$, $\mu_C(\mathbf{c})=L((\mathbf{c}-\mathbf{d})^t U^{-1}(\mathbf{c}-\mathbf{d})) \Leftrightarrow \mu_y(y)=L\left(\frac{(y+\mathbf{d}^t\mathbf{x})^2}{\mathbf{x}^t U\mathbf{x}}\right)$

증명 伊藤(이또), 石井(이시이) [4]를 보기 바란다. ◀

통상 건설 코스트는 대개 얼마 정도로 하겠다는 것이 결정되어 있으므로, "y를 대개 f_0 이상으로 한다"이라는 퍼지목표 G(상반연속이고, 비감소인 멤버십함수 $\mu_G(\cdot)$를 갖는다 하자)를 설정하고, 이하와 같은 **필연성측도최대화문제**(necessity measure maximization problem)를 생각한다.

$\boldsymbol{SFN}$: $N_y(G)\to$ 최대

$$\text{조건} \quad y=-\sum_{j=1}^{m} c_j x_j,\ x_j=0 \text{ 또는 } 1,\quad j=1, \cdots, m \quad \mathbf{x}=(x_j) : \text{생성트리}$$

여기서 $N_y(\cdot)$은 **필연성측도**(necessity measure)이고 $N_y(G)=\inf[\max\{(1-\mu_Y(y)), \mu_G(y)\}|y]$이다. $N_G(y)\ge h$로 해서 $0\le h\le 1$에서 h를 최대로 하게 되는 생성트리를 생각하면 되는데

$$\begin{aligned}
&\inf[\max\{(1-\mu_Y(y)), \mu_G(y)\}|y]\ge h\\
&\Leftrightarrow \forall y : [1-\mu_Y(y)<h \Rightarrow \mu_G(y)\ge h]\\
&\Leftrightarrow \forall y : [\mu_Y(y)>1-h \Rightarrow \mu_G(y)\ge h]\\
&\Leftrightarrow \forall y : \left[L\left(\frac{(y+d^t x)^2}{x^t U x}\right)>1-h \Rightarrow \mu_G(y)\ge h\right]
\end{aligned}$$

$$\Leftrightarrow \forall y: \left[|y+\mathbf{d}^t\mathbf{x}| < \sqrt{L^*(1-h)\mathbf{x}^t U\mathbf{x}} \Rightarrow y \geq \mu_G^+(h) \right]$$

$$\Leftrightarrow -\mathbf{d}^t\mathbf{x} - \sqrt{L^*(1-h)\mathbf{x}^t U\mathbf{x}} \geq \mu_G^*(h)$$

가 된다. 단,

$$L^*(h) = \begin{cases} \sup\{r | L(r) > h,\ r > 0\} & (h < 1) \\ -\infty & (h = 1) \end{cases}$$

$$\mu_G^*(h) = \inf\{r | \mu_G(r) \geq h\}$$

이라는 의역함수(pseudo inverse function)이다. 이 결과에서 SFN는 다음 $SFND$로 변환된다.

SFND : $h \rightarrow$ 최대

$$\text{조건} \quad -\mathbf{d}^t\mathbf{x} - \sqrt{L^*(1-h)\mathbf{x}^t U\mathbf{x}} \geq \mu_G^*(h),\ 1 \geq h \geq 0$$

$$x_j = 0 \text{ 또는 } 1,\ j = 1, \cdots, n, \quad \mathbf{x} = (x_j) : \text{생성트리}$$

이 $SFND$의 해법을 생각해보자. 우선

$$z(\mathbf{x},\ h) \triangleq -\mathbf{d}^t\mathbf{x} - \sqrt{L^*(1-h)\mathbf{x}^t U\mathbf{x}} - \mu_G^*(h)$$

로 놓는다. $h = h_0$로 한 경우, $z(x,\ h_0)$를 최대로 하는 생성트리는 $(\mathbf{d}^t\mathbf{x},\ \sqrt{\mathbf{x}^t U\mathbf{x}})$를 최소로 하는 2목적계획문제(bi-criteria problem)의 비열해(non-dominated solution) 안에 있다. 여기서 어떤 해가 비열해라는 것은 아래에서 나타내는 우월성에 관해서 그의 해에 우월하는 해가 존재하지 않는 것을 말한다.

(우월성)(dominance relation)

해 $\mathbf{x}^1$이 $\mathbf{x}^2$에 우월한다는 것은

$$\mathbf{d}^t\mathbf{x}^1 \leq \mathbf{d}^t\mathbf{x}^2, \quad \sqrt{\mathbf{x}^{1t} U\mathbf{x}^1} \leq \sqrt{\mathbf{x}^{2t} U\mathbf{x}^2}$$

이고, 적어도 하나의 참인 부등호가 성립하는 것이다.

비열해로서는 분명히 $(\mathbf{d}^t\mathbf{x},\ \sqrt{\mathbf{x}^t U\mathbf{x}})$의 최소화와 $(\mathbf{d}^t\mathbf{x},\ \mathbf{x}^t U\mathbf{x})$의 최소화는 동치이다. 후자의 비열해는 아래의 Geetha&Nair [5]의 알고리즘으로 구할 수 있다. U의 제 i 대각

성분을 u_i라면 여기서 $x_i=0$ 또는 1이기 때문에 $x_i^2=x_i$가 되므로 최종적으로 $\left(\sum_{i=1}^{m} d_i x_i, \sum_{i=1}^{m} u_i x_i\right)$의 최소화에서의 비열해를 구하면 되는 것이다. 여기서부터는 생성트리를 나타내는 $\mathbf{x}$의 집합을 F로 나타낸다.

Geetha & Nair의 알고리즘

단계 I

step 1 : $z_1^{(1)}=\min\left\{\sum_{i=1}^{m} d_i x_i | \mathbf{x}\in F\right\}$ 및 이것들을 실현하는 해 $\mathbf{x}^{(1)}$와 대응하는 $z_2^{(1)}=\sum_{i=1}^{m} u_i x_i^{(1)}$를 계산한다. $(z_1^{(1)}, z_2^{(1)})$, $\mathbf{x}^{(1)}$을 유지하고, $k=1$로 둔다. 마찬가지로 해서 $z_2^{(2)}=\min\left\{\sum_{i=1}^{m} u_i x_i | \mathbf{x}\in F\right\}$ 및 이것을 실현하는 해 $\mathbf{x}^{(2)}$와 대응하는 $z_1^{(2)}=\sum_{i=1}^{m} d_i x_i^{(2)}$를 계산한다. 만일 $(z_1^{(1)}, z_2^{(1)})=(z_1^{(2)}, z_2^{(2)})$이면 끝내서, 단계 II에 간다. 그렇지 않으면, $k=k+1$로 해서 $(z_1^{(2)}, z_2^{(2)})$ 및 $\mathbf{x}^{(2)}$을 유지한다. $DS=\{(1, 2)\}$로 해서 step 2로 간다.

step 2 : 하나의 요소 $(r, s)\in DS$를 선정하여,

$\alpha(r, s)=|z_2^{(r)}-z_2^{(s)}|$, $\beta(r, s)=|z_1^{(r)}-z_1^{(s)}|$라 놓는다. $\tilde{\mathbf{x}}$를 생성트리문제

$$\text{minimize}\left\{\sum_{i=1}^{m}(\alpha(r, s)d_i+\beta(r, s)u_i)x_i | \mathbf{x}\in F\right\}$$

의 최적해로 한다. 만일 $\mathbf{x}^{(r)}$가 또 이 문제의 최적해이면, $\tilde{\mathbf{x}}$를 버리고, $DS=DS-\{(r, s)\}$로 하여 step 3으로 간다. 그렇지 않으면 $k=k+1$, $z_1^{(k)}=\sum_{i=1}^{m} d_i \tilde{x}_i$, $z_2^{(k)}=\sum_{i=1}^{m} u_i \tilde{x}_i$ 및 $DS=DS\cup\{(r, k), (k, s)\}-\{(r, s)\}$라 하고, $(z_1^{(k)}, z_2^{(k)})$ 및 $\mathbf{x}^{(k)}=\tilde{\mathbf{x}}$를 유지해서 step 3으로 간다.

step 3 : 만일 $DS=\phi$이면, 단계 II로 간다. 그렇지 않으면 step 2에 돌아간다.

단계 II

단계 I에서의 각 효율적 단점(efficient point) $(z_1^{(k)}, z_2^{(k)})$에서

2목적문제 $\min\{(\mathbf{d}^t\mathbf{x}, \sqrt{\mathbf{x}^t U\mathbf{x}}) | \mathbf{x}\in F\}$의 효율적 단점

$(a^{(k)}, b^{(k)}) = \left(z_1^{(k)}, \sqrt{z_2^{(k)}}\right)$과 대응하는 비열해 $\mathbf{x}^{(1)}, \mathbf{x}^{(2)}, \cdots, \mathbf{x}^{(p)}$ (p는 비열해의 수)를 유지한다.

상기의 Geetha & Nair의 알고리즘에 의한 비열해 $\mathbf{x}^{(1)}, \mathbf{x}^{(2)}, \cdots, \mathbf{x}^{(p)}$에서 p개의 곡선 $y = z(\mathbf{x}^{(i)}, h)$, $i = 1, 2, \cdots, p$를 생각한다. 곡선 $y = z(\mathbf{x}^{(i)}, h)$과 $y = z(\mathbf{x}^{(j)}, h)(1 \le i \le j \le p)$의 교점 h_{ij}에 관한 정보로서

$$r_{ij} \triangleq \sqrt{L^*(1-h_{ij})} = \frac{a^{(j)} - a^{(i)}}{b^{(i)} - b^{(j)}}$$

이 있다. r_{ij}을 분류해서, 그 결과를 $r_1 < r_2 < \cdots < r_q$ (q는 서로 다른 r_{ij}의 갯수)라 하자. L의 단조비증가성에서, r_{ij}의 순번과 대응하는 $h_i j$의 순번은 일치하는 것에 주의하라. $z(h) \triangleq Max\{z(\mathbf{x}^{(i)}) | i = 1, 2, \cdots, p\}$로 놓으면, $z(h) = 0$을 만족하는 $h = h^*$가 $SFND$의 최적해가 된다. 이상의 결과에서 다음 해법 알고리즘 **ASFND**을 생각할 수 있다.

ASFND

step 1 : $r_1, r_2, \cdots, r_q$의 중앙값 r_t를 선택한다. $l = 1$, $u = q$로 해서 step 2에 간다.

step 2 : $\max\{-a^{(k)} - r_t b^{(k)} | k = 1, 2, \cdots, p\} = -a^{(k')} - r_t b^{(k')}$되는 k'을 구하여 step 3으로 간다.

step 3 : $h' = \mu_G(-a^{(k')} - r_t b^{(k')})$, $h_t = 1 - L(r_t^2)$로 하여 $h' - h_t$의 양음에서

$$h' - h_t = \begin{cases} < 0 \rightarrow u = t \\ > 0 \rightarrow l = t \\ = 0 \rightarrow u = l = t \end{cases}$$ 로 놓고, step 4로 간다.

step 4 : $u - l \le 1$이면, $SFND$ 최적해 $\mathbf{x}^* = \mathbf{x}^{(k')}$로 하여 끝낸다. 그렇지 않으면 r_u와 r_l 사이의 중앙값을 r_t로 해서 step 2로 돌아간다.

알고리즘 **ASFND**의 타당성은 다음 정리 3에 의하여 필요하나 증명은 생략한다. (문헌 [4]를 보기 바란다.)

$$[\text{정리 } 3] \quad h' - h_t = \begin{cases} < 0 \rightarrow h^* < h_t \\ > 0 \rightarrow h^* > h_t \\ = 0 \rightarrow h^* = h_t \end{cases}$$

또 알고리즘 **ASFND**의 계산복잡성은 $O(n^5 \log n)$가 되는 것을 밝힐 수 있다.

2. 퍼지 랜덤 변수

종래에는 애매성도 확률적인 경우도 혼동하여 써왔는데, 어느 쪽인가 하면 가능성과 확률이라는 본래 다른 개념이 같은 개념으로 취급되어 왔다. 그것은 현실적으로 확률변동요소와 퍼지요소가 양쪽 동시에 존재하는 또는 양쪽의 요소들을 모두 갖는 요인이 있음을 암시하고 있다. 실제, 실험 결과를 디지털 측정기로 측정하면 실험 결과 그 자신이 갖는 랜덤성과 디지털 표시에 따르는 최소 자리 이하의 애매성이 측정값에 포함된다. 또 예측으로는 투표율 등이 그의 예이고, 날씨라는 확률적 요소에 의하여 투표소에 오는 사람수가 다르므로, 맑으면 몇 명 정도이고, 흐리면 몇 명 정도이고, 비가 오면 확률변동의 실현값이 애매한 수(퍼지 수)가 된다(그림 4 참조). 이와 같은 확률변동의 실현값이 퍼지수인 변수를 **퍼지랜덤변수**(fuzzy random variable)이라 한다.

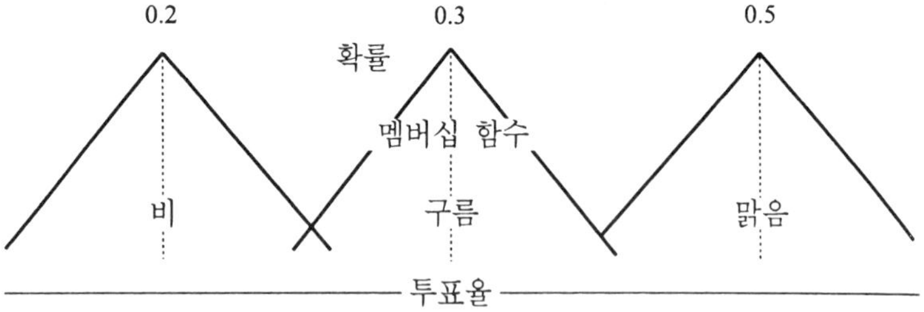

[그림 4] 퍼지랜덤변수의 보기(투표율)

퍼지랜덤변수는 1978년에 Kwakernaak[6]에 의하여 도입되어, 그후 Puri와 Ralescu[7, 8]에 의하여 수리적인 토대가 구축되었다. Kwakernaak에 의한 정의는 다치논리의 입장에서 도출된 것이므로, 랜덤집합을 확장한 Puri-Ralescu에 의한 정의와는 좀 다른 점이 있으나, Puri-Ralescu의 정의쪽이 보다 일반적이다. 또, 양자의 정의가 어떤 조건에서 일치하는 것이 알려져 있다[9]. 퍼지랜덤변수의 정의는 이미 몇 개가 있으나 [10, 11, 12, 13, 14], Watanabe [14]의 정의를 소개하자.

> [정의 3] ([14]) Ω를 **표본공간**(sample space), Λ를 퍼지집합의 족이라 하고, B_Ω, B_Λ를 각각의 σ집합체, P를 **확률측도**(probability measure)라 하자. (Ω, B_Ω, P), (Λ, B_Λ)를 각각 **확률공간**(probability space), **가측공간**(measurable space)이라 할 때, Ω에서 Λ에의 **가측사상**(measurable mapping) X를 퍼지랜덤변수이라 한다.

다음 정리는 이 정의 3의 충분조건이 된다.

> [정리 4] ([4]) x를 확률공간 (Ω, B_Ω, P)에서 가측공간 (Γ, B_Γ)에의 가측사상이라 하고, X를 Ω에서 Λ에의 사상이라 하자. 만일 전단사 $h : \Lambda \to \Gamma$가 존재하면, 가측공간 (Λ, B_Λ)와 (Ω, B_Ω, P)에서 (Λ, B_Λ)에의 사상 X는 퍼지랜덤변수이다.

다음 계에서 조건은 꽤 강하나, 그것을 만족하는 것은 응용상 유용하고, 여기서 응용하는 퍼지랜덤변수는 이 조건을 만족하고 있다. 또, Kaufmann과 Gupta [15]에 의하여 도입된 **하이브리드수**(hybrid number)나 Puri와 Ralescu[8]에 의한 **정규 퍼지랜덤변수**(normal fuzzy random varible)도 이 조건을 만족한다.

[계 1] [(13)] X를 Ω에서 Λ에의 사상이라 하자. $^\forall\omega \in \Omega$에 대하여 퍼지집합 $X(\Omega)$의 멤버십함수 $\mu_{X(\omega)}(\cdot)$가 어떤 함수 $f(u;\ \theta)$에 대하여 $\mu_{x(\Omega)}(u) = f(u;\ x(\omega))$로 나타내진다 하자. 여기서 θ에 관하여 $\theta_1 \neq \theta_2$일 때 $f(u;\ \theta_1) \neq f(u;\ \theta_2)$가 성립하면 X는 퍼지랜덤변수이다.

하이브리드수(hybrid number)는 퍼지와 확률변수의 합으로 나타내지는 퍼지랜덤변수이다. 즉, Kaufmann, Gupta[15]에 따라서 A를 퍼지수, l을 확률변수로 하면 퍼지랜덤변수 $X = A + l$이 되는 특별한 퍼지랜덤변수이다. 이 경우 퍼지수 A의 랜덤한 소프트이고, 그의 멤버십함수는 $\mu_{A+l}(\cdot)$의 꼴이 된다. 상기의 투표율은 만일 추정폭이 같다면, 바로 이 하이브리드수가 된다. 기호가 확률변수이고, 기후에 따라 추정의 가능성이 제일 높은 위치가 바뀌는 것이다. 일반으로 퍼지랜덤변수의 기대값 $E(X)$는 퍼지수가 된다.

다음에 퍼지랜덤변수를 응용하는 기초로서, 의사결정의 기초적인 수법인 **선형계획문제**(linear programming problem)에 불확실하고 불확정상황을 생각한다. 즉 **퍼지랜덤선형계획문제**(fuzzy random linear programming poblem)를 취급한다. 선형계획문제를 구성하는 여러 가지 데이터, 계수행렬(coefficient matrix) 또는 우변, 또는 목적함수(objective function)의 계수(coefficient)가 퍼지랜덤변수인 경우나, 어떤 것은 확률변동하고, 또 어떤 것은 애매성 또는 융통성을 갖고 있는 경우 등 여러 가지 상황이 생각된다. 여기서 간단히 하기 위하여 부등식제약의 상수항이 퍼지랜덤변수인 선형계획문제를 다룬다. **퍼지수리계획법**(fuzzy mathematical programming)에서 **가능성계획**(possibility programming)과 **확률계획법**(stochastic programming)에서의 **기회제약조건계획**(chance constrained programming)에 따르는 의사결정법을 생각한다.

다음 선형계획문제를 생각한다.

$$\mathbf{P}_1 : \sum_{j=1}^{n} c_j x_j \to \text{최소}$$

$$\text{조건} \ \sum_{i=1}^{n} a_i x_i \geq b,\ x_i \geq 0,\ j=1,\ 2,\ \cdots,\ n.$$

위의 부등식의 우변 b를 다음 멤버십함수 $\mu_{B(\omega)}$로 특징지워지는 퍼지랜덤변수 $B(\omega)$라 하자.

$$\mu_{B(\omega)} = \begin{cases} L\left(\dfrac{d(\omega)-b}{\alpha}\right) & (b \leq d(\omega)) \\ R\left(\dfrac{b-d(\omega)}{\beta}\right) & (b \geq d(\omega)) \end{cases}$$

여기서 L, R은 다음 조건을 만족하는 상반연속인 비증가함수이고, $d(\omega)$은 확률밀도함수를 갖는 확률분모함수가 있다 하자.

$$L : [0, +\infty) \to [0, 1],\ L(0)=1,\ {}^{\exists}r' > 0 \quad L(r')=0$$

$$R : [0, +\infty) \to [0, 1],\ R(0)=1,\ {}^{\exists}r'' > 0 \quad R(r'')=0$$

이 경우 상기 선형계획문제 $\mathbf{P}_1$의 부등식제약은 b의 불확실성 때문에, 일반적으로는 어떠한 $\mathbf{x}=(x_1,\ x_2,\ \cdots,\ x_n)^t$ (t는 전치)를 선정해도 늘 성립하는 것은 아니다. 게다가 그차 $y=b-\mathbf{ax}$ ($\mathbf{a}=(a_1, a_2, \cdots, a_n)$는 계수벡터) 자신 다음 멤버십 함수 $\mu_{Y(\omega)}(y)$를 갖는 퍼지랜덤변수 $Y(\omega)$가 된다.

$$\mu_{Y(\omega)}(y)=\mu_{B(\omega)}(y+\mathbf{ax})$$

여기서 이 제약식이 성립하지 않는 정도를 y의 크기에 의하여 측정하고, 대체로 f_0 이하가 되어야 하는 것으로 생각된다. 이와 같은 목표를 **퍼지목표**(fuzzy goal)라고 한다. 여기서는 G로 나타낸다. 이 주변은 어느 의미에서 자유성을 갖기 때문에 퍼지이론을 싫어하는 사람이 우리들을 비난하는 원인으로 되고 있다. 그러나 극단적으로 말하면 목적함수 자신 대체안을 선정하는 수단인 것에 지나지 않는 것이며, 무엇을 지향하고 있는지에 따라서 달라지는 것이다. 다시 말하면 같은 최적해를 구할 수 있다면 어떠한 변형도 허용되는 것이다. 바로 그것이 흥미있는 점이고, 불확실성·불확정성 밑에서 생기는 지혜이다.

여기서 퍼지목표 G에 대한 y의 가능성의 정도 $\Pi_{Y(\omega)}(G)$를 다음과 같이 정의한다.

$$\begin{aligned}\Pi_{Y(\omega)}(G)&=\sup_y \min\{\mu_{Y(\omega)}(y),\ \mu_G(Y)\}\\&=\sup_y \min\{\mu_{B(\omega)}(y+\mathbf{ax}),\ \mu_G(Y)\}\in[0,\ 1]\end{aligned}$$

y는 불확정성만이 아니고, 불확실성도 갖고 있기 때문에 $\Pi_{Y(\omega)}(G)$는 확률적으로 변동한다. 그래서 $\mathbf{P}_1$에 관하여 $\mathbf{P}_2$를 생각한다.

$$\begin{aligned}&\mathbf{P}_2:-\mathbf{c}^t\mathbf{x}+Q(\Pi_Y(G))\rightarrow \text{최소}\\&\text{조건}\quad \Pr\{\Pi_Y(G)\geq h\}\geq\theta,\ \mathbf{x}\geq\mathbf{0}\end{aligned}$$

기회제약조건 $\Pr\{\Pi_Y(G)\geq h\}\geq\theta$을 등가확정조건으로 변동한다. 우선 $\Pi_Y(G)\geq h$는 이하와 같이 변형된다.

$$\begin{aligned}&\Pi_{Y(\omega)}(G)=\sup_y \min\{\mu_{B(\omega)}(y+\mathbf{ax}),\ \mu_G(Y)\}\geq h\\&\Leftrightarrow\ ^{\exists}y:\mu_{B(\omega)}(y+\mathbf{ax})\geq h,\ \mu_G(y)\geq h\\&\Leftrightarrow\ ^{\exists}y:L\left(\frac{d(\omega)-y-\mathbf{a}^t\mathbf{x}}{\alpha}\right)\geq h,\ R\left(\frac{y+\mathbf{a}^t\mathbf{x}-d(\omega)}{\beta}\right)\geq h,\\&\qquad l(y)\geq h,\ r(y)\geq h\end{aligned}$$

$$\Leftrightarrow \exists y : d(\omega)-y-\mathbf{a}^t\mathbf{x} \geq \alpha L^*(h),\ y+\mathbf{a}^t\mathbf{x}-d(\omega) \leq \beta R^*(h),\ \mu_G^*(h)^- \leq y \leq \mu_G^*(h)^+$$

$$\Leftrightarrow \mu_G^*(h)^- \leq d(\omega)-\mathbf{a}^t\mathbf{x}+\beta R^*(h),\ \mu_G^*(h)^+ \geq d(\omega)-\mathbf{a}^t\mathbf{x}+\beta L^*(h)$$

$$\Leftrightarrow \mathbf{a}^t\mathbf{x}-\beta R^*(h)+\mu_G^*(h)^- \leq d(\omega) \leq \mathbf{a}^t\mathbf{x}+\alpha L^*(h)+\mu_G^*(h)^+$$

단, 설정상 $\mu_G(r)$는 $r<-f_0$에서 비감소, $r>f_0$에서 단조증가, 또한 $-f_0 \leq r \leq f_0$에서 1이 되는 상반연속함수이다. 또, $L^*(h)$, $R^*(h)$, $\mu_G^*(h)^-$, $\mu_G^*(h)^+$는 의역함수이고, 다음 조건에 의하여 정의된다.

$$L^*(h)=\sup\{r|L(r)>h,\ r\geq 0\},\ R^*(h)=\sup\{r|R(r)>h,\ r\geq 0\},$$
$$\mu_G^*(h)^- = \inf\{r|\mu_G(r)>h\},\ \mu_G^*(h)^+=\sup\{r|\mu_G(r)>h\}.$$

여기서

$$t(\mathbf{x},h) \triangleq \mathbf{a}^t\mathbf{x}-\beta R^*(h)+\mu_G^*(h)^-,$$
$$T(h) \triangleq \alpha L^*(h)+\beta R^*(h)+\mu_G^*(h)^+-\mu_G^*(h)^-$$

로 놓으면 $\mathbf{P}_2$는 다음의 $\mathbf{P}_3$으로 변환된다.

$$\begin{aligned} &\mathbf{P}_3 : -\mathbf{cx}+Q(h) \rightarrow \text{최대} \\ &\text{조건}\quad \Pr\{t(\mathbf{x},h) \leq d(\omega) \leq t(\mathbf{x},h)+T(h)\} \geq \theta \\ &\qquad\qquad 0 \leq h \leq 1,\ \mathbf{x} \geq \mathbf{0}. \end{aligned}$$

다음에 $\mathbf{P}_3$의 제약식을 등가확정조건으로 변환한다. $T(h)$는 h의 감소함수이고, 적분구간의 크기를 나타내고 있다. $d(\omega)$의 확률분포함수 F를 쓰면 제약식은 $F(t+T)-F(t) \geq \theta$가 된다. $s(t)=F(t+T)-F(t)$로 놓고, $s(t) \geq \theta$를 만족하는 $s(t)$의 범위를 구한다. $s(t)$의 도함수는 $\dfrac{ds(t)}{dt}=f(t+T)-f(t)$가 된다. f를 **단봉함수**(unimodal function), 즉 $t<m$에서는 단조증가함수이고, $t \geq m$에서는 단조감소함수로 가정한다. 이 경우, $\dfrac{ds(t)}{dt}=0$을 만족하는 t를 t_0라면, t_0는 단 1개로 정해지고, $s(t)$의 증감은 다음 〈표 1〉과 같이 된다. 따라서 $s(t) \geq \theta$ 되는 범위는

$$\gamma^*(h)^- \leq t(\mathbf{x},h) \leq \gamma^*(h)^+ \Rightarrow$$
$$\gamma^*(h)^- \leq \mathbf{a}^t\mathbf{x}-\beta R^*(h)+\mu_G^*(h)^- \leq \gamma^*(h)^+$$

〈표 1〉 $s(t)$의 증감표

t	$-\infty$	$\cdots$	t_0	$\cdots$	$+\infty$
$s'(t)$		$+$	0	$-$	
$s(t)$	0	↗	최대	↘	0

가 된다. 단, $\gamma^*(h)^- = \inf\{t|s(t) \geq \theta\}$, $\gamma^*(h)^+ = \sup\{t|s(t) \geq \theta\}$이다. 따라서 P_3은 다음 P_4와 등가가 된다.

$$\mathbf{P}_4 : -\mathbf{cx} + Q(h) \rightarrow \text{최대}$$
$$\text{조건} \quad v_1(h) \leq \mathbf{a}^t\mathbf{x} \leq v_2(h), \ \mathbf{x} \geq \mathbf{0}$$

여기서 $v_1(h) = \gamma^*(h)^- + \beta R^*(h) - \mu_G^*(h)^-$, $v_2(h) = \gamma^*(h)^+ + \beta R^*(h) - \mu_G^*(h)^+$이다. P_4는 Ishii 등 [3]에서의 방법으로 풀 수 있다. 그러나 $v_1(h)$, $v_2(h)$의 부호가 관계해서 오므로 확률분포를 구체적으로 주지 않으면 안된다.

추가로 목적함수에서 계수가 퍼지랜덤변수인 선형계획문제를 보기로 들어보자.

다음 문제 P_5를 생각한다.

$$\mathbf{P}_5 : \mathbf{cx} \rightarrow \text{최소}$$
$$\text{조건} \quad A\mathbf{x} \leq \mathbf{b}, \ \mathbf{x} \geq \mathbf{0}$$

단, $\mathbf{c} = (c_1, c_2, \cdots, c_n)$, $A = (a_{ij})$, $\mathbf{b} = (b_1, b_2, \cdots, b_m)^t$, $\mathbf{x} = (x_1, x_2, \cdots, x_n)^t$이라 하자. c_j, $j = 1, 2, \cdots, n$를 다음 멤버십함수 $\mu_{C_j(\omega)}(c_j)$로 특징지워지는 퍼지랜덤변수 $C_j(\omega)$로 한다.

$$\mu_{C_j(\omega)}(c_j) = \begin{cases} L\left(\dfrac{c_j - d_j(\omega)}{\alpha_j}\right) & (c_j \leq d_j(\omega)) \\ R\left(\dfrac{d_j(\omega) - c_j}{\beta_j}\right) & (c_j \geq d_j(\omega)) \end{cases}$$

여기서 L은 $(0, \infty)$에서 $[0, 1]$에의 함수이고 $0 \leq r \leq r'$에서 협의감소이고, $r \geq r'$에서 값 0을 취하는 연속함수로 한다. R에 관하여도 마찬가지의 조건을 만족한다고 하자. α_j, β_j는 멤버십함수의 넓어짐을 나타내는 파라미터이고, 양의 상수이다. $d_j(\omega)$는 평균값 m_j와 분산공분산행렬 $V=[v_{kl}]$를 갖는 다차원 정규분포에 따르는 확률변수이라 하고, 이 분산공분산 행렬은 양정치라 하자. 간략화 때문에 퍼지랜덤변수 $C_j(\omega)$를 이하에서는 $(d_j(\omega),\ \alpha_j,\ \beta_j)_{LR}$로 나타내는 것으로 한다. **확장원리**(extension principle)에 의하여 목적함수 $y=\mathbf{cx}$는 다음에 도출되는 멤버십함수에 의하여 특정지어지는 퍼지랜덤변수 $Y(\omega)$로 된다.

$$\mu_{Y(\omega)}(y)=\sup_{y=\mathbf{cx}}\{\mu_{C_1(\omega)}(c_1)\wedge\mu_{C_2(\omega)}(c_2)\wedge\cdots\wedge\mu_{C_n(\omega)}(c_n)\}$$

계수 c_j는 $L-R$ 퍼지수의 평균이 확률변수로 된 것이기 때문에 $L-R$ 퍼지수의 연산이 적용되고, 퍼지랜덤변수 $Y(\omega)$는

$$Y(\omega)=\left(\sum_{j=1}^{n}d_j(\omega)x_j,\ \sum_{j=1}^{n}\alpha_j x_j,\ \sum_{j=1}^{n}\beta_j x_j\right)_{LR}$$

이 된다.

목적함수값에 대하여 "대체로 f_0 이하이다"이란 퍼지목표 G를 설정한다. 퍼지목표는 멤버십함수 $\mu_G(\cdot)$로 특정지어지는 것으로 하고, 멤버십함수 $\mu_G(\cdot)$는 $y\geq 0$에서 정의되어 $0\leq y\leq f_0$에서 1이고, $y\geq f_0$에서 단조감소인 연속함수라 하자. 최적화기준으로서 다음 가능성측도 $\Pi_{Y(\omega)}(G)$를 정의한다.

$$\Pi_{Y(\omega)}(G)=\sup_{y}\min\{\mu_{Y(\omega)}(y),\ \mu_G(y)\}$$

이러한 경우에 P_5에 대하여 다음 의사결정모델로서 P_6을 생각한다. 여기에서 앞에서와 같은 입장에서 행동하느냐에 따라서 모델의 설정이 달라지는 것에 주의하기 바란다.

$\mathbf{P}_6$: $h\rightarrow$ 최대

조건 $\Pr\{\Pi_{Y(\omega)}(G)\geq h\}\geq\alpha,\ A\mathbf{x}\leq\mathbf{b},\ \mathbf{x}\geq\mathbf{0}$

$\mathbf{P}_6$은 $\mathbf{P}_2$에서 $\mathbf{P}_4$를 얻은 것같이 변형을 하여 다음 $\mathbf{P}_7$, 그리고 불확실성이 정규분포에 의하여 주어지는 것에서 최종적으로 등가확정문제(deterministic equivalent problem) $\mathbf{P}_8$로 변환된다.

$\mathbf{P}_7$: $h\rightarrow$ 최대

조건 $\Pr\left(\sum_{j=1}^{n}\{d_j(\omega)-L^*(h)\alpha_j\}x_j \le \mu_G^*(h)\right)\ge \alpha,\ A\mathbf{x}\le \mathbf{b},\ \mathbf{x}\ge \mathbf{0}$

$\mathbf{P}_8$: $h\rightarrow$ 최대

조건 $\sum_{j=1}^{n}\{m_j-L^*(h)\alpha_j\}x_j+K_\alpha\sqrt{\sum_{j=1}^{n}\sigma_j^2x_j^2}\le \mu_G^*(h),\ A\mathbf{x}\le \mathbf{b},\ \mathbf{x}\ge \mathbf{0}$

여기서 $F(\cdot)$를 표준정규분포의 분포함수로 하여 $K_\alpha=F^{-1}(\alpha)$, 또한 $L^*(h)$, $\mu_G^*(h)$는 의역함수이고, 아래와 같이 정의된다.

$$L^*(h)=\begin{cases}\sup\{r|L(r)>h,\ r\ge 0\} & (0<h\le 1)\\ \infty & (h=0)\end{cases}$$

$$\mu_G^*(h)=\sup\{r|\mu_G(r)\ge h\}\quad(0\le h\le 1)$$

이 문제는 우리들이 [16]에서 개발한 해법으로 풀 수 있으나 자세한 것은 생략한다. 상기와 같이 원래는 선형계획문제라도 등가확정문제는 복잡한 비선형계획문제가 되고, 일반적으로 해법은 곤란하다. 또한 얻어진 최적해의 해석도 중요하다.

3. 퍼지랜덤모델의 응용 예

보기로서 재고문제를 들어보고 싶은 것은 두 가지 이유에서이다. 하나는 퍼지랜덤변수를 최초로 응용한 모델이 **신문팔이 아이문제**(news boy problem)라는 고전적이고 기초적인 재고문제였기 때문이다. 둘째는 첫 번째와도 관계하고 있는데 **품절비용**(shortage cost)이 옛부터 정확한 누계가 어렵고, 애매하고 한쪽에서의 수요는 제품이 있어서 처음으로 생기는 것으로 적어도 제조시점 또는 물품을 사들이는 시점에서는 확률변동으로 생각할 수가 있으므로 합하면 그의 **이익함수**(profit function)는 Kaufman, Gupta [15]에서 정의된 하이브리드수라고 할 수 있는 퍼지랜덤변수가 될 수 있는 것이다. 이 **퍼지신문팔이 아이문제**(fuzzy news boy problem)에 관하여 생각해 나간다.

지금은 없어졌으나 옛 오사카우메다(大阪梅田)의 지하상가, 특히 지하철 미도스지선과 한신백화점 사이의 광장에서 신문을 판매대에서 팔고 있었다. 신문마다 틀릴수는 있지만, 경쟁이 치열했다고 생각된다. 이와 같은 상황에서의 신문을 사들이는 양의 결정은

정확히 퍼지랜덤변수의 응용문제이다.

퍼지 신문팔이 아이문제

종래의 모델을 우선 설명한다.

b : 신문의 단위당의 구입 가격(상수), a : 신문 단위당 판매이익(상수), c : 품절비용(상수, 퍼지판에서는 퍼지수), Y : 신문의 수요량(음수가 아닌 이산값을 취하는 확률변수)이라 하자. 사들이는 양이 x로 실제의 수요량이 y일 때의 이익은

$$e(x, y)=\begin{cases} ay-b(x-y) & (y \le x) \\ ax-c(y-x) & (y > x) \end{cases}$$

이 되므로, $Y=y$일 확률을 $p(y)$라면 기대이익함수 $E(x)$는

$$\begin{aligned} E(x) &= \sum_{y=0}^{\infty} e(x, y)p(y) \\ &= \sum_{y=0}^{x} \{ay-b(x-y)\}p(y) + \sum_{y=x+1}^{\infty} \{ax-c(y-x)\}p(y) \end{aligned}$$

로 나타낼 수가 있다.

$$\begin{cases} E(x) \ge E(x-1) \Leftrightarrow \displaystyle\sum_{y=0}^{x-1} p(y) \le \frac{a+c}{a+b+c} \\ E(x+1) \le E(x) \Leftrightarrow \displaystyle\sum_{y=0}^{x} p(y) \ge \frac{a+c}{a+b+c} \end{cases}$$

가 성립하므로 최적의 사들이는 양 x^*는 다음 조건을 만족하지 않으면 안된다.

$$\sum_{y=0}^{x^*-1} p(y) \le \frac{a+c}{a+b+c} \le \sum_{y=0}^{x^*} p(y)$$

즉, 확률분포함수가 최초에 $\dfrac{a+c}{a+b+c}$를 넘을 때의 사들이는 양이 최적이 된다. 다음에 품절비용이 다음과 같은 멤버십함수로 나타내지는 L퍼지수 $\tilde{c}$로 추정되는 경우를 생각하자.

$$\mu_{\tilde{c}}(t)=\max\{L(t-m), 0\}$$

여기에 m을 양의 실수라 하고, 형함수 $L : R \to R$는 아래의 조건을 만족한다 하자.

1. $L(t)=L(-t)\ \forall t\in R$
2. $L(t)=1$ ($t=0$일 때만)
3. L은 $(0, +\infty)$에서 광의단조감소
4. $t_0=\inf\{t>0|L(t)=0\}$라 놓을 때, $0<t_0<+\infty$가 성립한다.

기대이익함수

$$E(x)=\sum_{y=0}^{x}\{ay-b(x-y)\}p(y)+\sum_{y=x+1}^{\infty}\{ax-c(y-x)\}p(y)$$

도 확장원리에서 다음과 같은 멤버십함수를 갖는 L 퍼지수가 된다.

$$\mu_{E(x)}(t)=\max\left\{L\left(\frac{t-m\alpha'(x)-\beta(x)}{\alpha'(x)}\right),\ 0\right\}$$

여기서

$$\alpha'(x)=-\sum_{y=x+1}^{\infty}(y-x)p(y),\ \beta(x)=ax+(a+b)\left\{\sum_{y=0}^{x}yp(y)-x\sum_{y=0}^{x}p(y)\right\}$$

이다. 또한 $\tilde{C}(x)=-E(x)$, $\alpha(x)=-\alpha'(x)$라 놓으면, $\tilde{C}(x)$의 멤버십함수 $\mu_{\tilde{C}(x)}(t)$가 다음과 같이 주어진다.

$$\mu_{\tilde{C}(x)}(t)=\max\left\{L\left(\frac{t-m\alpha(x)+\beta(x)}{\alpha(x)}\right),\ 0\right\}.$$

퍼지수끼리의 순서에 관하여는 제Ⅱ부에서 기술되었으나, 여기서의 논의에는 Furukawa [17]이 유효하다. L 퍼지수를 더욱 한정해서 아래의 꼴의 멤버십함수를 갖는다고 생각하고 있다. 실제는 품절비용은 추정하여 쓰이고 있어서 이 형태라고 생각된다. 중복되는지 모르겠으나 여기서 소개한다.

[가정] 아래의 조건을 만족하는 L 퍼지수 $\tilde{A}$를 가정한다.

1. $\mu_{\tilde{A}}: R\rightarrow[0, 1]$
2. 다음과 같은 유일한 실수 m_A가 존재한다.
   (a) $\mu_{\tilde{A}}(m_A)=1$
   (b) $\mu_{\tilde{A}}$는 $(\infty, m_A]$에서 비감소함수

(c) $\mu_{\tilde{A}}$는 $[m_A, +\infty)$에서 비증가함수

이 m_A를 $\tilde{A}$의 중심이라 하자. 이후 이 조건을 만족하는 멤버십함수

$$\mu_{\tilde{A}} = \max\{L((t-m_A)/\alpha),\ 0\}\ t \in R$$

를 갖는 L 퍼지수 $\tilde{A}$를 $\tilde{A} = (m_A,\ \alpha)_L$로 나타낸다.

[정의 4] 퍼지순서(fuzzy ordering)

두 개의 퍼지수 $\tilde{A}$, $\tilde{B}$에 관하여 퍼지순서 $\tilde{A} \leq \tilde{B}$를 다음과 같이 정의한다.

1. $m_A \leq m_B$
2. 다음과 같은 실수 d가 존재한다.

(a) $m_A \leq d \leq m_B$　　(b) $\mu_{\tilde{A}}(t) \geq \mu_{\tilde{B}}(t)(^{\forall}t < d)$

(c) $\mu_{\tilde{A}}(t) \leq \mu_{\tilde{B}}(t)(^{\forall}t > d)$

이 순서는 반순서이고, 다음 판정정리가 유효하다.

[정의 5] 두 개의 L 퍼지수 $\tilde{A} = (m_A,\ \alpha)_L$, $\tilde{B} = (m_B,\ \beta)_L$에 대하여

$$\tilde{A} \leq \tilde{B} \Leftrightarrow t_0|\alpha - \beta| \leq m_B - m_A$$

이 순서에서 $\tilde{C}(x)$가 최소 되는 x가 최적구입량이 되는데, 반순서(partial order) 때문에 일의적으로 정해지지 않는다. 이 때문에 기준은 다음 정리로 주어진다.

[정리 6] $F(x) = \sum_{y=0}^{x} p(y)$로 하고, x^l은 $F(x-1) \leq \frac{a+m}{a+b+m}$를 만족하는 최대의 x, x^u는 $F(x) \geq \frac{a+m+t_0}{a+b+m+t_0}$를 만족하는 최소의 x라면, 퍼지순서의 의미에서 최적인 구입량 x^f는 $x^l \leq x^f \leq x^u$가 된다. 즉, 애매성이 있을 때는 확정적인 경우보다도 얼마의 여유로 구입한 쪽이 좋은 것이 된다.

더 하나의 보기로서 농업문제에의 응용을 생각한다. 오늘날 일본의 농업은 대단한 상황에서 근대화를 맞고 있다. 농업 경영자가 직면하는 큰 문제는 어느 작물을 어느 정도 재배할 것인가이다. 가장 이익률이 높은 작물은 일반적으로는 수확이 불안정하고, 또 가격변동도 심하다. 그래서 이익률만이 아니고 그 위험도 생각하여 심을 필요가 있다. 소위, 금융공학의 농업판이다. 즉 한정된 토지에 몇 개의 작물을 재배하여 수확 시에 총수익을 최대로 하도록 작물의 조합을 생각하는 문제이다.

우선 작물로서 n종류를 생각하여 아래의 가정을 한다.

R : 재배 가능한 농지의 총면적,

W : 노동가능시간

x_i : 작물 i의 작부면적(결정변수), $i=1, 2, \cdots, n$

c_i : 작물 i의 단위면적당의 이익(이익계수), $i=1, 2, \cdots, n$

w_i : 작물 i의 단위면적당 재배하는데 필요한 노동시간, $i=1, 2, \cdots, n$

작부 면적의 합계는 농지면적 R 이하가 아니면 안된다. 마찬가지로 재배에 쓰일 수 있는 노동시간은 W 이하이다. 이들은 조건식

$$x_1+x_2+\cdots+x_n \leq R \text{ (토지제약)}, \quad \sum_{i=1}^{n} w_i x_i \leq W \text{ (노동제약)}$$

으로 기술된다. 또, 작부면적 x_i는 음수가 아니고, 농가의 총이익을 Y라면, $Y=\sum_{i=1}^{n} c_i x_i$가 된다. 따라서 기본이 되는 작부계획은 다음과 같은 선형계획문제가 된다.

$$\mathbf{P}_9 : Y=\sum_{i=1}^{n} c_i x_i \to \text{최대}$$

$$\text{조건} \quad x_1+x_2+\cdots+x_n \leq R, \quad \sum_{i=1}^{n} w_i x_i \leq W, \quad x_i \geq 0, i=1, 2, \cdots, n.$$

그러나 일반적으로 농작물의 가격은 심을 때가 아니고, 출하 시에 정해지므로 계획단계에서 이익률은 불확정이다. 그래서 각 작물의 이익계수를 퍼지수 C_i로 한다. 이익계수 벡터 $\mathbf{C}^t=(C_1, C_2, \cdots, C_n)$는 멤버십함수 $\mu_C(\mathbf{c})=L((\mathbf{c}-\mathbf{d})^t U(\mathbf{c}-\mathbf{d}))$를 갖는다 하자. 단, $\mathbf{d}=(d_1, d_2, \cdots, d_n)^t$은 μ_C의 평균에 대응하고, U는 n차의 음수 아닌 대각행렬로 μ_C의 범위와 대응하고 있다. 또, $L:[0, +\infty) \to [0, 1]$, $L(0)=1$을 만족하는 연속감소함수로

한다. 이 경우 상술한 작부계획문제는 다음과 같다.

$$\mathbf{P}_{10} : Y = \sum_{i=1}^{n} C_i x_i \rightarrow \text{최대}$$

$$\text{조건} \quad x_1 + x_2 + \cdots + x_n \leq R, \quad \sum_{i=1}^{n} w_i x_i \leq W, \quad x_i \geq 0,\ i = 1,\ 2,\ \cdots,\ n.$$

이 경우, 목적함수 Y도 퍼지수가 되고, 그의 멤버십함수는 $\mu_Y(y) = L\left(\frac{(y - \mathbf{d}^t \mathbf{x})^2}{\mathbf{x}^t U^{-1} \mathbf{x}}\right)$가 된다. 목적함수가 퍼지수이기 때문에 단순하게 최적화할 수 없어서, “Y는 대개 θ보다 크다”이라는 퍼지목표를 설정하고, 그의 멤버십함수를

$$\mu_G(t) = \begin{cases} 0 & (0 \leq t < \theta_l) \\ \dfrac{t - \theta_l}{\theta - \theta_l} & (\theta_l \leq t < \theta) \\ 1 & (\theta \leq t) \end{cases}$$

로 한다(그림 5 참조).

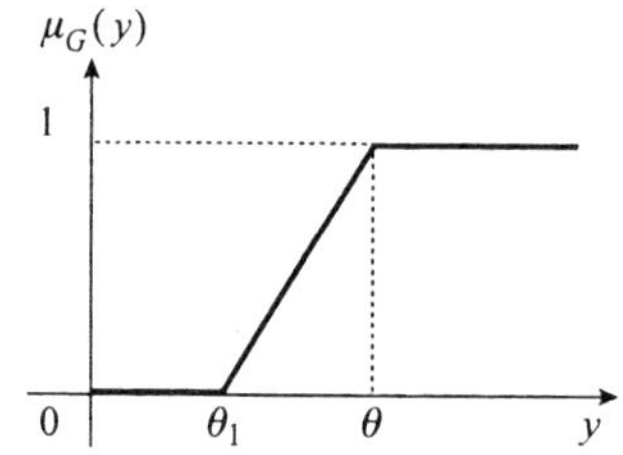

[그림 5] 퍼지 목표 G의 멤버십함수 $\mu_G(t)$

이 퍼지목표 G의 실현가능성을 최대로 하는 작부할당을 구하는 아래의 문제를 생각한다.

$$\mathbf{P}_{11} : \Pi_Y(G) \triangleq \sup \min \{\mu_Y(y),\ \mu_G(y)\} \rightarrow \text{최대}$$

$$\text{조건} \quad x_1 + x_2 + \cdots + x_n \leq R, \quad \sum_{i=1}^{n} w_i x_i \leq W, \quad x_i \geq 0,\ i = 1,\ 2,\ \cdots,\ n$$

여기서 $\Pi_Y(G)$는 Y에 관한 퍼지목표 G의 가능성측도이다.

여기서 함수 L, μ_G에 관한 의역함수 $L^*(t)$, $\mu_G^*(t)$를

$$L^*(G) = \begin{cases} \min\{r | L(r) \le t\} & (0 \le t < 1) \\ 0 & (t = 1) \end{cases}$$

$$\mu_G^*(t) = \begin{cases} 0 & (t = 0) \\ \min\{r | \mu_G(r) \ge t\} & (0 < t \le 1) \end{cases}$$

로 정의하면 $h \ne 0$일 때, $\Pi_Y(G) \ge h \Leftrightarrow \mu_G^*(h) \le \mathbf{d}^t\mathbf{x} + \sqrt{\mathbf{x}^t U^{-1}\mathbf{x} L^*(h)}$ 가 성립한다. 이 사실을 근거로 문제 $\mathbf{P}_{11}$은 아래의 문제 $\mathbf{P}_{12}$와 등가가 된다.

$\mathbf{P}_{12}$: $h \rightarrow$ 최대

조건 $x_1 + x_2 + \cdots + x_n \le R, \quad \sum_{i=1}^{n} w_i x_i \le W, \quad x_i \ge 0, \ i = 1, 2, \cdots, n$

$\mathbf{d}^t\mathbf{x} + \sqrt{\mathbf{x}^t U^{-1}\mathbf{x} L^*(h)} - \mu_G^*(h) \ge 0, \ 0 \le h \le 1$

더욱 퍼지목표의 실현가능성은 기호 등의 각년의 기상조건에 의존하므로 실현가능성이 h 이상될 확률이 어떤 일정 확률 α 이상이라는 기회제약조건, 즉 $\Pr(\Pi_Y(G) \ge h) \ge \alpha$에서 h를 최대로 하는 것을 생각한다.

조건 $\Pr(\Pi_Y(G) \ge h) \ge \alpha \Leftrightarrow \Pr(\mathbf{d}^t\mathbf{x} + \sqrt{\mathbf{x}^t U^{-1}\mathbf{x} L^*(h)}) - \mu_G^*(h) \ge 0) \ge \alpha$

이므로, 이것은 이익계수의 불확정성과 기후의 불확실성의 양쪽을 고려한 다음 문제를 생각하는 것과 등가가 된다.

$\mathbf{P}_{13}$: $h \rightarrow$ 최대

조건 $x_1 + x_2 + \cdots + x_n \le R, \quad \sum_{i=1}^{n} w_i x_i \le W, \quad x_i \ge 0, \ i = 1, 2, \cdots, n$

$\Pr(\mathbf{d}^t\mathbf{x} + \sqrt{\mathbf{x}^t U^{-1}\mathbf{x} L^*(h)}) - \mu_G^*(h) \ge 0) \ge \alpha, \ 0 \le h \le 1$

기후에 따라서 이익률의 평균 $\mathbf{d}$가 변하는, 즉 이산적으로 평균이 m개의 상태를 취하고, 각 상태 $\mathbf{d}^j$가 일어날 확률을 p_j라 하자. 이 경우 $\sum_{j=1}^{m} p_j = 1, \ p_j \ge 0, \ j = 1, 2, \cdots, m$이다. 이들은 과거의 기후 데이터와 농작물의 데이터에서 추정된다. m이 작은 경우는 그의 확률의 합이 α를 넘는 조합에서 그 가운데 하나라도 제외하면 확률의 합이 α를 밑

도는 것만을 뽑아낸다. 그와 같은 각 상대조합의 번호집합을 $D_1, D_2, \cdots, D_q$ (q는 이와 같은 조합의 개수)라 하자. 또, 각 D_i의 요소를 $\mathbf{d}_i^1, \mathbf{d}_i^2, \cdots, \mathbf{d}_i^{n_i}$, n_i는 조합 i의 요소의 수 $i=1, 2, \cdots, q$로 한다. 문제 $\mathbf{P}_{13}$은 아래의 부분문제 $\mathbf{Q}_i$, $i=1, 2, \cdots, q$를 모두 풀어서 그 가운데에서 가장 최적값이 높은 것이 최적해가 $\mathbf{P}_{13}$의 최적해가 된다.

$$\mathbf{Q}_i : h \rightarrow \text{최대}$$

$$\text{조건} \quad x_1+x_2+\cdots+x_n \le R, \quad \sum_{i=1}^{n} w_i x_i \le W, \quad x_i \ge 0,\ i=1, 2, \cdots, n$$

$$\mathbf{d}_i^{j'}\mathbf{x}+\sqrt{\mathbf{x}^t U^{-1}\mathbf{x} L^*(h)}-\mu_G^*(h) \ge 0,\ j=1, 2, \cdots, n_i,\ 0 \le h \le 1$$

$\mathbf{Q}_i$를 풀기 위해서 아래와 같은 보조문제 $\mathbf{Q}_i^j$, $j=1, 2, \cdots, n_i$를 도입한다.

$$\mathbf{Q}_i^j : h \rightarrow \text{최대}$$

$$\text{조건} \quad x_1+x_2+\cdots+x_n \le R, \quad \sum_{i=1}^{n} w_i x_i \le W, \quad x_i \ge 0,\ i=1, 2, \cdots, n$$

$$\mathbf{d}_i^{j'}\mathbf{x}+\sqrt{\mathbf{x}^t U^{-1}\mathbf{x} L^*(h)}-\mu_G^*(h) \ge 0,$$

$$\mathbf{d}_i^{k'}\mathbf{x} \ge \mathbf{d}_i^{j'}\mathbf{x},\ k \ne j,\ k=1, 2, \cdots, n_i,\ 0 \le h \le 1.$$

이들 보조문제 $\mathbf{Q}_i^j$, $j=1, 2, \cdots, n_i$를 모두 풀어서, 그 안에서 최적값이 가장 높은 것이 최적해가 $\mathbf{Q}_i$의 최적해가 된다. $\mathbf{Q}_i^j$는 $\mathbf{P}_{12}$에서 $\mathbf{d}$ 대신에 $\mathbf{d}_i^j$을 생각하여, n_i-1개의 조건 $\mathbf{d}_i^k \ge \mathbf{d}_i^j$, $k \ne j$, $k=1, 2, \cdots, n_i$를 부가한 것이다. 가타키리(片桐) [21]을 상세한 설명은 생략하나, $\mathbf{Q}_i^j$의 최적해는 볼록다면체집합

$$R_i^j \triangleq \Big\{ (x_1, x_2, \cdots, x_n)^t \mid x_1+x_2+\cdots+x_n \le R,$$

$$\sum_{i=1}^{n} w_i x_i \le W,\ x_i \ge 0,\ i=1, 2, \cdots, n,\ \mathbf{d}_i^k \ge \mathbf{d}_i^j,\ k \ne j,\ k=1, 2, \cdots, n_i \Big\}$$

의 단점에서 일어나는 것을 알 수 있다. 따라서 h를 파라미터로 하여 $\mathbf{x} \in R_i^j$의 조건에서 $\mathbf{d}_i^{j'}\mathbf{x}+\sqrt{\mathbf{x}^t U^{-1}\mathbf{x} L^*(h)}-\mu_G^*(h)$를 최대로 할 때, 최대값이 음이 안되는 최대의 h가 $\mathbf{Q}_i^j$

의 최적값, 그 경우의 최대값을 주는 $\mathbf{x}$가 $\mathbf{Q}_i^j$의 최적해가 된다. 이쪽의 상세한 것은 1에서의 *SFND*의 해법과 마찬가지이나 $\sqrt{\quad}$의 안이 2차함수가 되므로 약간 귀찮다. 상세한 것은 풍영(豊永) [18]을 보기 바란다. 이 책에서는 퍼지랜덤변수를 중심으로 도움되리라는 예를 두 개만 들었으나, 가장 유효하다고 생각되는 랜덤퍼지변수(random fuzzy unmber)이라는 어떤 가능성에서 확률변동이 일어난다는 변동 패턴의 이론이 최근 고려되고 있다. 이것은 주가의 변동 등에 들어맞는다고 생각되어 이론적으로도 응용면에서도 유망하다. 그러나 아직 연구가 시작된 것뿐이므로 말만으로의 소개로 끝이다. 여운을 남기고, 이 책을 닫는다.

참고문헌

[1] J. B. Kruskal, "On the Shortest Spanning Subtree of a Graph and Traveling Salesman Problem", Proceedings of ACM 7(1956), p. 45-50.

[2] Hiroaki Ishii, S. Shiode, T. Nishida and Y. Namasuya, "Stochastic Spanning Tree Problem", Discrete Applied Mathematics 3(1981), p. 263-273.

[3] Hiroaki Ishii, S. Shiode, T. Nishida, "Chance Constrained Spanning Tree Problem", Journal of the Operations Research Society of Japan 24(1981), p. 147-157.

[4] 伊藤健, 石井博昭,「必然性測度とづくファヅィスパニング. ツリー·問題の一解法」, 日本オペレーションズ·リサーチ学会論文誌 38(1996), p. 247-257.

[5] S. Geetha and K P. K. Nair, "On stochastic Spanning Tree Problem", Nteworks 23(1993), p. 675-679.

[6] H. Kwakernnak, "Fuzzy Random Variable, Definition and Theorems", Information Sciences 15(1978), p. 1-29

[7] M. L. Puri and D. A. Ralescu, "The Concept of Normality for Fuzzy Random Variables", The Annals of Probability 13(1985), p. 1373-1379.

[8] M. L. Puri and D. A. Ralescu, "Fuzzy Random Variables", Journal of Mathematical Analysis and Application 114(1986), p. 409-422.

[9] C. Zhong and Z. Guohua, "he Equivalence of Two Definitions of Fuzzy Random Variable", Preprints of Second IFSA Congress(1986), p. 59-62.

[10] T. Fukuda, "On a Class of Fuzzy random vectors", Journal of Japan Society for Fuzzy Theory and Systems 10(1998), p. 499-505.

[11] R. Kruse and K. D. Meyer, "Statistics with Vague Data", D. Reidel Publishers (1987).

[12] S. Li and Y. Ogura, "Fuzzy Random Variables, Conditional Expectation and Fuzzy Valued Martingales", Journal of Fuzzy Mathematics 4(1996), p. 905-927.

[13] G. Wang and Y. Zhang, "The Theory of Fuzzy Stochastic Process", Fuzzy Sets and Systems 51(1994), p. 161-178.

[14] N. Watanabe, "Fuzzy Random Variables and Statistical Inferences", Journal of Japan Society for Fuzzy Theory and Systems 8(1996), p. 126-135.

[15] A. Kaufman and M. M. Gupta, "Introduction to Fuzzy Arithmetic; Theory and Applications", Van Nostrand Publishers(1998).

[16] Hiroaki Ishii, S. Shiode, T. Nishida and K. Iguchi, "An Algorithm for a Partially Chance Constrained E-Model", Journal of the Operations Research Society of Japan 22(1979), p. 263-273.

[17] N. Furukawa, "A Parametric Total Order on Fuzzy Numbers and A Fuzzy Shortest Route Problem", Optimization 10(1994), p. 367-377.

[18] 豊永亮, 「ファヅィランダム作付問題に関する研究」, 大阪大学修士論文(2003).

[19] T. Itoh and Hiroaki Ishii, "Fuzzy Two-Stage Problem by Possibility Measure", Mathematica Japonica 46(1997), p. 279-288.

[20] 石井博昭：確率的最適化, 伊理正夫, 今野造編 講座数理計劃法10数理計劃法の 応用 <理論編> 第1章産業図書(1982).

[21] 片桐英樹, 「不確実性・不確定状況下での数理的意思決定の基礎的 研究」, 大阪大学学位論文(1999).

부 록

1. 정규분포표

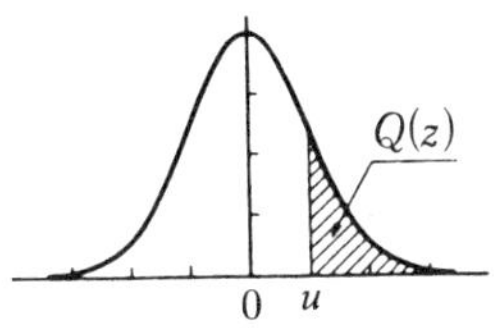

z	.00	.01	.02	.03	.04	.05	.06	.07	.08	.09
.0	.50000	.49601	.49202	.48803	.48405	.48006	.47608	.47210	.46812	.46414
.1	.46017	.45620	.45224	.44828	.44433	.44038	.43644	.43251	.42858	.42465
.2	.42074	.41683	.41294	.40905	.40517	.40129	.39743	.39358	.38974	.38591
.3	.38209	.37828	.37448	.37070	.36693	.36317	.35942	.35569	.35197	.34827
.4	.34458	.34090	.33724	.33360	.32997	.32636	.32276	.31918	.31561	.31207
.5	.30854	.30503	.30153	.29806	.29460	.29116	.28774	.28434	.28096	.27760
.6	.27425	.27093	.26763	.26435	.26109	.25785	.25463	.25143	.24825	.24510
.7	.24196	.23885	.23576	.23270	.22965	.22663	.22363	.22065	.21770	.21476
.8	.21186	.20897	.20611	.20327	.20045	.19766	.19489	.19215	.18943	.18673
.9	.18406	.18141	.17879	.17619	.17361	.17106	.16853	.16602	.16354	.16109
1.0	.15866	.15625	.15386	.15151	.14917	.14686	.14457	.14231	.14007	.13786
1.1	.13567	.13350	.13136	.12924	.12714	.12507	.12302	.12100	.11900	.11702
1.2	.11507	.11314	.11123	.10935	.10749	.10565	.10383	.10204	.10027	.098525
1.3	.096800	.095098	.093418	.091759	.090123	.088508	.086915	.085343	.083793	.082264
1.4	.080757	.079270	.077804	.076359	.074934	.073529	.072145	.070781	.069437	.068112
1.5	.066807	.065522	.064255	.063008	.061780	.060571	.059380	.058208	.057053	.055917
1.6	.054799	.053699	.052616	.051551	.050503	.049471	.048457	.047460	.046479	.045514
1.7	.044565	.043633	.042716	.041815	.040903	.040059	.039204	.038364	.037538	.036727
1.8	.035930	.035148	.034380	.033625	.032884	.032157	.031443	.030742	.030054	.029379
1.9	.028717	.028067	.027429	.026803	.026190	.025588	.024998	.024419	.023852	.023295
2.0	.022750	.022216	.021692	.021178	.020675	.020182	.019699	.019226	.018763	.018309
2.1	.017864	.017429	.017003	.016586	.016177	.015778	.015386	.015003	.014629	.014262
2.2	.013903	.013553	.013209	.012874	.012545	.012224	.011911	.011604	.011304	.011011
2.3	.010724	.010444	.010170	$.0^{2}99031$	$.0^{2}96419$	$.0^{2}93867$	$.0^{2}91375$	$.0^{2}88940$	$.0^{2}86563$	$.0^{2}84242$
2.4	$.0^{2}81975$	$.0^{2}79763$	$.0^{2}77603$	$.0^{2}75494$	$.0^{2}73436$	$.0^{2}71428$	$.0^{2}69469$	$.0^{2}67557$	$.0^{2}65691$	$.0^{2}63872$
2.5	$.0^{2}62097$	$.0^{2}60366$	$.0^{2}58677$	$.0^{2}57031$	$.0^{2}55426$	$.0^{2}53861$	$.0^{2}52336$	$.0^{2}50849$	$.0^{2}49400$	$.0^{2}47988$
2.6	$.0^{2}46612$	$.0^{2}45271$	$.0^{2}43965$	$.0^{2}42692$	$.0^{2}41453$	$.0^{2}40246$	$.0^{2}39070$	$.0^{2}37926$	$.0^{2}36811$	$.0^{2}35726$
2.7	$.0^{2}34670$	$.0^{2}33642$	$.0^{2}32641$	$.0^{2}31667$	$.0^{2}30720$	$.0^{2}29798$	$.0^{2}28901$	$.0^{2}28028$	$.0^{2}27179$	$.0^{2}26354$
2.8	$.0^{2}25551$	$.0^{2}24771$	$.0^{2}24012$	$.0^{2}23274$	$.0^{2}22557$	$.0^{2}21860$	$.0^{2}21182$	$.0^{2}20524$	$.0^{2}19884$	$.0^{2}19262$
2.9	$.0^{2}18658$	$.0^{2}18071$	$.0^{2}17502$	$.0^{2}16948$	$.0^{2}16411$	$.0^{2}15889$	$.0^{2}15382$	$.0^{2}14890$	$.0^{2}14412$	$.0^{2}13949$
3.0	$.0^{2}13499$	$.0^{2}13062$	$.0^{2}12639$	$.0^{2}12228$	$.0^{2}11829$	$.0^{2}11442$	$.0^{2}11067$	$.0^{2}10703$	$.0^{2}10350$	$.0^{2}10008$
3.1	$.0^{3}96760$	$.0^{3}93544$	$.0^{3}90426$	$.0^{3}87403$	$.0^{3}84474$	$.0^{3}81635$	$.0^{3}78885$	$.0^{3}76219$	$.0^{3}73638$	$.0^{3}71136$
3.2	$.0^{3}68714$	$.0^{3}66367$	$.0^{3}64095$	$.0^{3}61895$	$.0^{3}59765$	$.0^{3}57703$	$.0^{3}55706$	$.0^{3}53774$	$.0^{3}51904$	$.0^{3}50094$
3.3	$.0^{3}48342$	$.0^{3}46648$	$.0^{3}45009$	$.0^{3}43423$	$.0^{3}41889$	$.0^{3}40406$	$.0^{3}38971$	$.0^{3}37584$	$.0^{3}36243$	$.0^{3}34946$
3.4	$.0^{3}33693$	$.0^{3}32481$	$.0^{3}31311$	$.0^{3}30179$	$.0^{3}29086$	$.0^{3}28029$	$.0^{3}27009$	$.0^{3}26023$	$.0^{3}25071$	$.0^{3}24151$
3.5	$.0^{3}23263$	$.0^{3}22405$	$.0^{3}21577$	$.0^{3}20778$	$.0^{3}20006$	$.0^{3}19262$	$.0^{3}18543$	$.0^{3}17849$	$.0^{3}17180$	$.0^{3}16534$
3.6	$.0^{3}15911$	$.0^{3}15310$	$.0^{3}14730$	$.0^{3}14171$	$.0^{3}13632$	$.0^{3}13112$	$.0^{3}12611$	$.0^{3}12128$	$.0^{3}11662$	$.0^{3}11213$
3.7	$.0^{3}10780$	$.0^{3}10363$	$.0^{4}99611$	$.0^{4}95740$	$.0^{4}92010$	$.0^{4}88417$	$.0^{4}84957$	$.0^{4}81624$	$.0^{4}78414$	$.0^{4}75324$
3.8	$.0^{4}72348$	$.0^{4}69483$	$.0^{4}66726$	$.0^{4}64072$	$.0^{4}61517$	$.0^{4}59059$	$.0^{4}56694$	$.0^{4}54418$	$.0^{4}52228$	$.0^{4}50122$
3.9	$.0^{4}48096$	$.0^{4}46148$	$.0^{4}44274$	$.0^{4}42473$	$.0^{4}40741$	$.0^{4}39076$	$.0^{4}37475$	$.0^{4}35936$	$.0^{4}34458$	$.0^{4}33037$
4.0	$.0^{4}31671$	$.0^{4}30359$	$.0^{4}29099$	$.0^{4}27888$	$.0^{4}26726$	$.0^{4}25609$	$.0^{4}24536$	$.0^{4}23507$	$.0^{4}22518$	$.0^{4}21569$

2. t 분포표

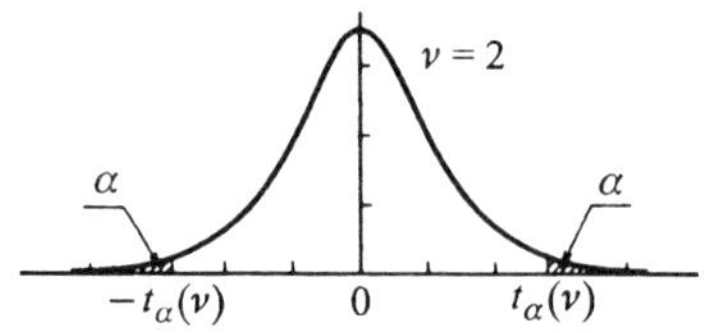

ν \ α (2α)	.250 (.500)	.200 (.400)	.150 (.300)	.100 (.200)	.050 (.100)	.025 (.050)	.010 (.020)	.005 (0.10)	.0005 (.0010)
1	1.000	1.376	1.963	3.078	6.314	12.706	31.821	63.657	636.619
2	.816	1.061	1.386	1.886	2.920	4.303	6.965	9.925	31.599
3	.765	.978	1.250	1.638	2.353	3.182	4.541	5.841	12.924
4	.741	.941	1.190	1.533	2.132	2.776	3.747	4.604	8.610
5	.727	.920	1.156	1.476	2.015	2.571	3.365	4.032	6.869
6	.718	.906	1.134	1.440	1.943	2.447	3.143	3.707	5.959
7	.711	.896	1.119	1.415	1.895	2.365	2.998	3.499	5.408
8	.706	.889	1.108	1.397	1.860	2.306	2.896	3.355	5.041
9	.703	.883	1.100	1.383	1.833	2.262	2.821	3.250	4.781
10	.700	.879	1.093	1.372	1.812	2.228	2.764	3.169	4.587
11	.697	.876	1.088	1.363	1.796	2.201	2.718	3.106	4.437
12	.695	.873	1.083	1.356	1.782	2.179	2.681	3.055	4.318
13	.694	.870	1.079	1.350	1.771	2.160	2.650	3.012	4.221
14	.692	.868	1.076	1.345	1.761	2.145	2.624	2.977	4.140
15	.691	.866	1.074	1.341	1.753	2.131	2.602	2.947	4.073
16	.690	.865	1.071	1.337	1.746	2.120	2.583	2.921	4.015
17	.689	.863	1.069	1.333	1.740	2.110	2.567	2.898	3.965
18	.688	.862	1.067	1.330	1.734	2.101	2.552	2.878	3.922
19	.688	.861	1.066	1.328	1.729	2.093	2.539	2.861	3.883
20	.687	.860	1.064	1.325	1.725	2.086	2.528	2.845	3.850
21	.686	.859	1.063	1.323	1.721	2.080	2.518	2.831	3.819
22	.686	.858	1.061	1.321	1.717	2.074	2.508	2.819	3.792
23	.685	.858	1.060	1.319	1.714	2.069	2.500	2.807	3.768
24	.685	.857	1.059	1.318	1.711	2.064	2.492	2.797	3.745
25	.684	.856	1.058	1.316	1.708	2.060	2.485	2.787	3.725
26	.684	.856	1.058	1.315	1.706	2.056	2.479	2.779	3.707
27	.684	.855	1.057	1.314	1.703	2.052	2.473	2.771	3.690
28	.683	.855	1.056	1.313	1.701	2.048	2.467	2.763	3.674
29	.683	.854	1.055	1.311	1.699	2.045	2.462	2.756	3.659
30	.683	.854	1.055	1.310	1.697	2.042	2.457	2.750	3.646
35	.682	.852	1.052	1.306	1.690	2.030	2.438	2.724	3.591
40	.681	.851	1.050	1.303	1.684	2.021	2.423	2.704	3.551
45	.680	.850	1.049	1.301	1.679	2.014	2.412	2.690	3.520
50	.679	.849	1.047	1.299	1.676	2.009	2.403	2.678	3.496
60	.679	.848	1.045	1.296	1.671	2.000	2.390	2.660	3.460
80	.678	.846	1.043	1.292	1.664	1.990	2.374	2.639	3.416
120	.677	.845	1.041	1.289	1.658	1.980	2.358	2.617	3.373
240	.676	.843	1.039	1.285	1.651	1.970	2.342	2.596	3.332
∞	.674	.842	1.036	1.282	1.645	1.960	2.326	2.576	3.291

3. χ^2 분포표

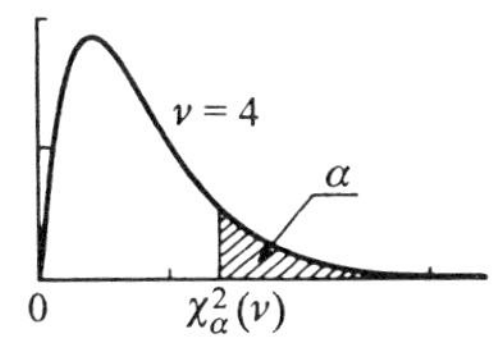

ν \ α	.975	.950	.100	.050	.025	.010	.005
1	$.0^{3}982069$	$.0^{2}393214$	2.70554	3.84146	5.02389	6.63490	7.87944
2	.0506356	.102587	4.60517	5.99146	6.37776	9.21034	10.5966
3	.215795	.351846	6.25139	7.81473	9.34840	11.3449	12.8382
4	.484419	.710723	7.77944	9.48773	11.1433	13.2767	14.8603
5	.831212	1.14548	9.23636	11.0705	12.8325	15.0863	16.7496
6	1.23734	1.63538	10.6446	12.5916	14.4494	16.8119	18.5476
7	1.68987	2.16735	12.0170	14.0671	16.0128	18.4753	20.2777
8	2.17973	2.73264	13.3616	15.5073	17.5345	20.0902	21.9550
9	2.70039	3.32511	14.6837	16.9190	19.0228	21.6660	23.5894
10	3.24697	3.94030	15.9872	18.3070	20.4832	23.2093	25.1882
11	3.81575	4.57481	17.2750	19.6751	21.9200	24.7250	26.7568
12	4.40379	5.22603	18.5493	21.0261	23.3367	26.2170	28.2995
13	5.00875	5.89186	19.8119	22.3620	24.7356	27.6882	29.8195
14	5.62873	6.57063	21.0641	23.6848	26.1189	29.1412	31.3193
15	6.26214	7.26094	22.3071	24.9958	27.4884	30.5779	32.8013
16	6.90766	7.96165	23.5418	26.2962	28.8454	31.9999	34.2672
17	7.56419	8.67176	24.7690	27.5871	30.1910	33.4087	35.7185
18	8.23075	9.39046	25.9894	28.8693	31.5264	34.8053	37.1565
19	8.90652	10.1170	27.2036	30.1435	32.8523	36.1909	38.5823
20	9.59078	10.8508	28.4120	31.4104	34.1696	37.5662	39.9968
21	10.2829	11.5913	29.6151	32.6706	35.4789	38.9322	41.4011
22	10.9823	12.3380	30.8133	33.9244	36.7807	40.2894	42.7957
23	11.6886	13.0905	32.0069	35.1725	38.0756	41.6384	44.1813
24	12.4012	13.8484	33.1962	36.4150	39.3641	42.9798	45.5585
25	13.1197	14.6114	34.3816	37.6525	40.6465	44.3141	46.9279
26	13.8439	15.3792	35.5632	38.8851	41.9232	45.6417	48.2899
27	14.5734	16.1514	36.7412	40.1133	43.1945	46.9629	49.6449
28	15.3079	16.9279	37.9159	41.3371	44.4608	48.2782	50.9934
29	16.0471	17.7084	39.0875	42.5570	45.7223	49.5879	52.3356
30	16.7908	18.4927	40.2560	43.7730	46.9792	50.8922	53.6720
40	26.5093	29.0505	51.8051	55.7585	59.3417	63.6907	66.7660
50	34.7643	37.6886	63.1671	67.5048	71.4202	76.1539	79.4900
60	43.1880	46.4589	74.3970	79.0819	83.2977	88.3794	91.9517
70	51.7393	55.3289	85.5270	90.5312	95.0232	100.425	104.215
80	60.3915	64.2778	96.5782	101.879	106.629	112.329	116.321
90	69.1260	73.2911	107.565	113.145	118.136	124.116	128.299
100	77.9295	82.3581	118.498	124.342	129.561	135.807	140.169

4. F 분포표($\alpha=0.05$)

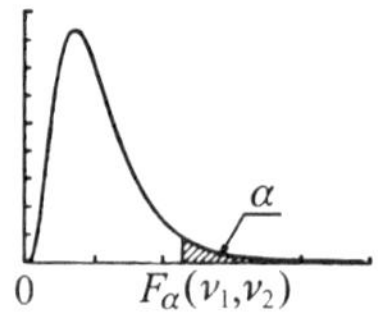

v_2 \ v_1	1	2	3	4	5	6	7	8	9
1	161.448	199.500	215.707	224.583	230.162	233.986	236.768	238.883	240.543
2	18.513	19.000	19.164	19.247	19.296	19.330	19.353	19.371	19.385
3	10.128	9.552	9.277	9.117	9.013	8.941	8.887	8.845	8.812
4	7.709	6.944	6.591	6.388	6.256	6.163	6.094	6.041	5.999
5	6.608	5.786	5.409	5.192	5.050	4.950	4.876	4.818	4.772
6	5.987	5.143	4.757	4.534	4.387	4.284	4.207	4.147	4.099
7	5.591	4.737	4.347	4.120	3.972	3.866	3.787	3.726	3.677
8	5.318	4.459	4.066	3.838	3.687	3.581	3.500	3.438	3.388
9	5.117	4.256	3.863	3.633	3.482	3.374	3.293	3.230	3.179
10	4.965	4.103	3.708	3.478	3.326	3.217	3.135	3.072	3.020
11	4.844	3.982	3.587	3.357	3.204	3.095	3.012	2.948	2.896
12	4.747	3.885	3.490	3.259	3.106	2.996	2.913	2.849	2.796
13	4.667	3.806	3.411	3.179	3.025	2.915	2.832	2.767	2.714
14	4.600	3.739	3.344	3.112	2.958	2.848	2.764	2.699	2.646
15	4.543	3.682	3.287	3.056	2.901	2.790	2.707	2.641	2.588
16	4.494	3.634	3.239	3.007	2.852	2.741	2.657	2.591	2.538
17	4.451	3.592	3.197	2.965	2.810	2.699	2.614	2.548	2.494
18	4.414	3.555	3.160	2.928	2.773	2.661	2.577	2.510	2.456
19	4.381	3.522	3.127	2.895	2.740	2.628	2.544	2.477	2.423
20	4.351	3.493	3.098	2.866	2.711	2.599	2.514	2.447	2.393
21	4.325	3.467	3.072	2.840	2.685	2.573	2.488	2.420	2.366
22	4.301	3.443	3.049	2.817	2.661	2.549	2.464	2.397	2.342
23	4.279	3.422	3.028	2.796	2.640	2.528	2.442	2.375	2.320
24	4.260	3.403	3.009	2.776	2.621	2.508	2.423	2.355	2.300
25	4.242	3.385	2.991	2.759	2.603	2.490	2.405	2.337	2.282
26	4.225	3.369	2.975	2.743	2.587	2.474	2.388	2.321	2.265
27	4.210	3.354	2.960	2.728	2.572	2.459	2.373	2.305	2.250
28	4.196	3.340	2.947	2.714	2.558	2.445	2.359	2.291	2.236
29	4.183	3.328	2.934	2.701	2.545	2.432	2.346	2.278	2.223
30	4.171	3.316	2.922	2.690	2.534	2.421	2.334	2.266	2.211
40	4.085	3.232	2.839	2.606	2.449	2.336	2.249	2.180	2.124
50	4.034	3.183	2.790	2.557	2.400	2.286	2.199	2.130	2.073
60	4.001	3.150	2.758	2.525	2.368	2.254	2.167	2.097	2.040
80	3.960	3.111	2.719	2.486	2.329	2.214	2.126	2.056	1.999
120	3.920	3.072	2.680	2.447	2.290	2.175	2.087	2.016	1.959
240	3.880	3.033	2.642	2.409	2.252	2.136	2.048	1.977	1.919
∞	3.841	2.996	2.605	2.372	2.214	2.099	2.010	1.938	1.880

10	12	15	20	24	30	40	60	120	∞	v_1 / v_2
241.882	243.906	245.950	248.013	249.052	250.095	251.143	252.196	253.253	254.314	1
19.396	19.413	19.429	19.446	19.454	19.462	19.471	19.479	19.487	19.496	2
8.786	8.745	8.703	8.660	8.639	8.617	8.594	8.572	8.549	8.526	3
5.964	5.912	5.858	5.803	5.774	5.746	5.717	5.688	5.658	5.628	4
4.735	4.678	4.619	4.558	4.527	4.496	4.464	4.431	4.398	4.365	5
4.060	4.000	3.938	3.874	3.841	3.808	3.774	3.740	3.705	3.669	6
3.637	3.575	3.511	3.445	3.410	3.376	3.340	3.304	3.267	3.230	7
3.347	3.284	3.218	3.150	3.115	3.079	3.043	3.005	2.967	2.928	8
3.137	3.073	3.006	2.936	2.900	2.864	2.826	2.787	2.748	2.707	9
2.978	2.913	2.845	2.774	2.737	2.700	2.661	2.621	2.580	2.538	10
2.854	2.788	2.719	2.646	2.609	2.570	2.531	2.490	2.448	2.404	11
2.753	2.687	2.617	2.544	2.505	2.466	2.426	2.384	2.341	2.296	12
2.671	2.604	2.533	2.459	2.420	2.380	2.339	2.297	2.252	2.206	13
2.602	2.534	2.463	2.388	2.349	2.308	2.266	2.223	2.178	2.131	14
2.544	2.475	2.403	2.328	2.288	2.247	2.204	2.160	2.114	2.066	15
2.494	2.425	2.352	2.276	2.235	2.194	2.151	2.106	2.059	2.010	16
2.450	2.381	2.308	2.230	2.190	2.148	2.104	2.058	2.011	1.960	17
2.412	2.342	2.269	2.191	2.150	2.107	2.063	2.017	1.968	1.917	18
2.378	2.308	2.234	2.155	2.114	2.071	2.026	1.980	1.930	1.878	19
2.348	2.278	2.203	2.124	2.082	2.039	1.994	1.946	1.896	1.843	20
2.321	2.250	2.176	2.096	2.054	2.010	1.965	1.916	1.866	1.812	21
2.297	2.226	2.151	2.071	2.028	1.984	1.938	1.889	1.838	1.783	22
2.275	2.204	2.128	2.048	2.005	1.961	1.914	1.865	1.813	1.757	23
2.255	2.183	2.108	2.027	1.984	1.939	1.892	1.842	1.790	1.733	24
2.236	2.165	2.089	2.007	1.964	1.919	1.872	1.822	1.768	1.711	25
2.220	2.148	2.072	1.990	1.946	1.901	1.853	1.803	1.749	1.691	26
2.204	2.132	2.056	1.974	1.930	1.884	1.836	1.785	1.731	1.672	27
2.190	2.118	2.041	1.959	1.915	1.869	1.820	1.769	1.714	1.654	28
2.177	2.104	2.027	1.945	1.901	1.854	1.806	1.754	1.698	1.638	29
2.165	2.092	2.015	1.932	1.887	1.841	1.792	1.740	1.683	1.622	30
2.077	2.003	1.924	1.839	1.793	1.744	1.693	1.637	1.577	1.509	40
2.026	1.952	1.871	1.784	1.737	1.687	1.634	1.576	1.511	1.438	50
1.993	1.917	1.836	1.748	1.700	1.649	1.594	1.534	1.467	1.389	60
1.951	1.875	1.793	1.703	1.654	1.602	1.545	1.482	1.411	1.325	80
1.910	1.834	1.750	1.659	1.608	1.554	1.495	1.429	1.352	1.254	120
1.870	1.793	1.708	1.614	1.563	1.507	1.445	1.375	1.290	1.170	240
1.831	1.752	1.666	1.571	1.517	1.459	1.394	1.318	1.221	1.000	∞

5. F 분포표($\alpha = 0.01$)

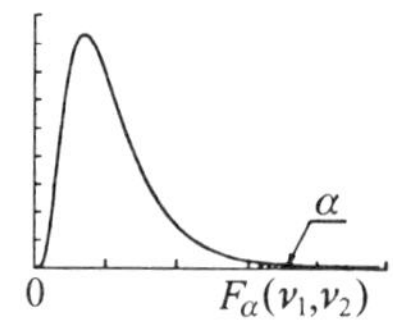

v_2 \ v_1	1	2	3	4	5	6	7	8	9
1	4052.181	4999.500	5403.352	5624.583	5763.650	5858.986	5928.356	5981.070	6022.473
2	98.503	99.000	99.166	99.249	99.299	99.333	99.356	99.374	99.388
3	34.116	30.817	29.457	28.710	28.237	27.911	27.672	27.489	27.345
4	21.198	18.000	16.694	15.977	15.522	15.207	14.976	14.799	14.659
5	16.258	13.274	12.060	11.392	10.967	10.672	10.456	10.289	10.158
6	13.745	10.925	9.780	9.148	8.746	8.466	8.260	8.102	7.976
7	12.246	9.547	8.451	7.847	7.460	7.191	6.993	6.840	6.719
8	11.259	8.649	7.591	7.006	6.632	6.371	6.178	6.029	5.911
9	10.561	8.022	6.992	6.422	6.057	5.802	5.613	5.467	5.351
10	10.044	7.559	6.552	5.994	5.636	5.386	5.200	5.057	4.942
11	9.646	7.206	6.217	5.668	5.316	5.069	4.886	4.744	4.632
12	9.330	6.927	5.953	5.412	5.064	4.821	4.640	4.499	4.388
13	9.074	6.701	5.739	5.205	4.862	4.620	4.441	4.302	4.191
14	8.862	6.515	5.564	5.035	4.695	4.456	4.278	4.140	4.030
15	8.683	6.359	5.417	4.893	4.556	4.318	4.142	4.004	3.895
16	8.531	6.226	5.292	4.773	4.437	4.202	4.026	3.890	3.780
17	8.400	6.112	5.185	4.669	4.336	4.102	3.927	3.791	3.682
18	8.285	6.013	5.092	4.579	4.248	4.015	3.841	3.705	3.597
19	8.185	5.926	5.010	4.500	4.171	3.939	3.765	3.631	3.523
20	8.096	5.849	4.938	4.431	4.103	3.871	3.699	3.564	3.457
21	8.017	5.780	4.874	4.369	4.042	3.812	3.640	3.506	3.398
22	7.945	5.719	4.817	4.313	3.988	3.758	3.587	3.453	3.346
23	7.881	5.664	4.765	4.264	3.939	3.710	3.539	3.406	3.299
24	7.823	5.614	4.718	4.218	3.895	3.667	3.496	3.363	3.256
25	7.770	5.568	4.675	4.177	3.855	3.627	3.457	3.324	3.217
26	7.721	5.526	4.637	4.140	3.818	3.591	3.421	3.288	3.182
27	7.677	5.488	4.601	4.106	3.785	3.558	3.388	3.256	3.149
28	7.636	5.453	4.568	4.074	3.754	3.528	3.358	3.226	3.120
29	7.598	5.420	4.538	4.045	3.725	3.499	3.330	3.198	3.092
30	7.562	5.390	4.510	4.018	3.699	3.473	3.304	3.173	3.067
40	7.314	5.179	4.313	3.828	3.514	3.291	3.124	2.993	2.888
50	7.171	5.057	4.199	3.720	3.408	3.186	3.020	2.890	2.785
60	7.077	4.977	4.126	3.649	3.339	3.119	2.953	2.823	2.718
80	6.963	4.881	4.036	3.563	3.255	3.036	2.871	2.742	2.637
120	6.851	4.787	3.949	3.480	3.174	2.956	2.792	2.663	2.559
240	6.742	4.695	3.864	3.398	3.094	2.878	2.714	2.586	2.482
∞	6.635	4.605	3.782	3.319	3.017	2.802	2.639	2.511	2.407

보기 : $\alpha = 0.01$, $v_1 = 26$, $v_2 = 150$에 대하여는 2단계로 보간한다. 우선 v_1에 대하여 보간한다.

$$p = \frac{\left(\frac{1}{26} - \frac{1}{30}\right)}{\left(\frac{1}{24} - \frac{1}{30}\right)} = 0.6154$$

$$F_{0.01}(26,\ 120) = pF_{0.01}(24,\ 120) + (1-p)F_{0.01}(30,\ 120) = 1.915$$

$$F_{0.01}(26,\ 240) = pF_{0.01}(24,\ 240) + (1-p)F_{0.01}(30,\ 240) = 1.835$$

10	12	15	20	24	30	40	60	120	∞	v_1 / v_2
6055.847	6106.321	6157.285	6208.730	6234.631	6260.649	6286.782	6313.030	6339.391	6365.864	1
99.399	99.416	99.433	99.449	99.458	99.466	99.474	99.482	99.491	99.499	2
27.229	27.052	26.872	26.690	26.598	26.505	26.411	26.316	26.221	26.125	3
14.546	14.374	14.198	14.020	13.929	13.838	13.745	13.652	13.558	13.463	4
10.051	9.888	9.722	9.553	9.466	9.379	9.291	9.202	9.112	9.020	5
7.874	7.718	7.559	7.396	7.313	7.229	7.143	7.057	6.969	6.880	6
6.620	6.469	6.314	6.155	6.074	5.992	5.908	5.824	5.737	5.650	7
5.814	5.667	5.515	5.359	5.279	5.198	5.116	5.032	4.946	4.859	8
5.257	5.111	4.962	4.808	4.729	4.649	4.567	4.483	4.398	4.311	9
4.849	4.706	4.558	4.405	4.327	4.247	4.165	4.082	3.996	3.909	10
4.539	4.397	4.251	4.099	4.021	3.941	3.860	3.776	3.690	3.602	11
4.296	4.155	4.010	3.858	3.780	3.701	3.619	3.535	3.449	3.361	12
4.100	3.960	3.815	3.665	3.587	3.507	3.425	3.341	3.255	3.165	13
3.939	3.800	3.656	3.505	3.427	3.348	3.266	3.181	3.094	3.004	14
3.805	3.666	3.522	3.372	3.294	3.214	3.132	3.047	2.959	2.868	15
3.691	3.553	3.409	3.259	3.181	3.101	3.018	2.933	2.845	2.753	16
3.593	3.455	3.312	3.162	3.084	3.003	2.920	2.835	2.746	2.653	17
3.508	3.371	3.227	3.077	2.999	2.919	2.835	2.749	2.660	2.566	18
3.434	3.297	3.153	3.003	2.925	2.844	2.761	2.674	2.584	2.489	19
3.368	3.231	3.088	2.938	2.859	2.778	2.695	2.608	2.517	2.421	20
3.310	3.173	3.030	2.880	2.801	2.720	2.636	2.548	2.457	2.360	21
3.258	3.121	2.978	2.827	2.749	2.667	2.583	2.495	2.403	2.305	22
3.211	3.074	2.931	2.781	2.702	2.620	2.535	2.447	2.354	2.256	23
3.168	3.032	2.889	2.738	2.659	2.577	2.492	2.403	2.310	2.211	24
3.129	2.993	2.850	2.699	2.620	2.538	2.453	2.364	2.270	2.169	25
3.094	2.958	2.815	2.664	2.585	2.503	2.417	2.327	2.233	2.131	26
3.062	2.926	2.783	2.632	2.552	2.470	2.384	2.294	2.198	2.097	27
3.032	2.896	2.753	2.602	2.522	2.440	2.354	2.263	2.167	2.064	28
3.005	2.868	2.726	2.574	2.495	2.412	2.325	2.234	2.138	2.034	29
2.979	2.843	2.700	2.549	2.469	2.386	2.299	2.208	2.111	2.006	30
2.801	2.665	2.522	2.369	2.288	2.203	2.114	2.019	1.917	1.805	40
2.698	2.562	2.419	2.265	2.183	2.098	2.007	1.909	1.803	1.683	50
2.632	2.496	2.352	2.198	2.115	2.028	1.936	1.836	1.726	1.601	60
2.551	2.415	2.271	2.115	2.032	1.944	1.849	1.746	1.630	1.494	80
2.472	2.336	2.192	2.035	1.950	1.860	1.763	1.656	1.533	1.381	120
2.395	2.260	2.114	1.956	1.870	1.778	1.677	1.565	1.432	1.250	240
2.321	2.185	2.039	1.878	1.791	1.696	1.592	1.473	1.325	1.000	∞

이어서 v_2에 대하여 보간한다.

$$p = \frac{\left(\frac{1}{150} - \frac{1}{240}\right)}{\left(\frac{1}{120} - \frac{1}{240}\right)} = 0.6$$

$$F_{0.01}(26,\ 150) = pF_{0.01}(26,\ 120) + (1-p)F_{0.01}(26,\ 240) = 1.883$$

찾아보기

[ㅎ]

한상수(韓尚秀)
大阪國際大學 대학원 경영정보학연구과 준교수
1986년 한국항공대학교 항공경영학과 졸업
1989년 大阪大學 대학원 공학연구과 수리공학코스 석사과정
1995년 神戶大學 대학원 자연과학연구과 시스템공학코스 박사과정(공학박사)
전공 : Combinatorial Optimization, Operations Reasearch, Fuzzy Theory

불확실성·불확정성 데이터에 의한 의사결정

2008년 10월 1일 초판 인쇄
2008년 10월 10일 초판 발행

저 자 / 石井博昭 · 森田 浩 · 齋藤誠慈
역 자 / 韓尚秀
발행자 / 오판근
발행처 / 교우사

주 소 / 서울 동대문구 제기2동 148-19
전 화 / 925-2861(대), 편집부 / 925-2825
팩 스 / 925-2860
E-mail / kw2861 @ empal.com
http: // www. kyowoo. co. kr
등록 / 1994. 3. 24 제6-0256호

ISBN 978-89-8172-766-6 (93310)
값 17,000원